陆陇其家训
译注

上

〔清〕陆陇其　著

张猛　张天杰　选编／译注

上海古籍出版社

"十三五"国家重点图书出版规划项目

上海市促进文化创意产业发展财政扶持资金资助项目

目录

"中华家训导读译注丛书"出版缘起

一、家训与传统文化

中国传统文化的复兴已然是大势所趋，无可阻挡。而真正的文化振兴，随着发展的深入，必然是由表及里，逐渐贴近文化的实质，即回到实践中，在现实生活中发挥作用，影响和改变个人的生活观念、生命状态，乃至改变社会生态，而不是仅仅停留在学院中的纸上谈兵，或是媒体上的自我作秀。这也已然为近年的发展进程所证实。

文化的传承，通常是在精英和民众两个层面上进行，前者通过经典研学和师弟传习而薪火相传，后者沉淀为社会价值观念、化为乡风民俗而代代相承。这两个层面是如何发生联系的，上层是如何向下层渗透的呢？中华文化悠久的家训传统，无疑在其中起到了重要作用。士子学人

（文化精英）将经典的基本精神、个人习得的实践经验转化为家训家规教育家族子弟，而其中有些家训，由于家族的兴旺发达和名人代出，具有很好的示范效应，而得以向外传播，飞入寻常百姓家，进而为人们代代传诵，其本身也具有经典的意味了。由本丛书原著者一长串响亮的名字可以看到，这些著作者本身是文化精英的代表人物，这使得家训一方面融入了经典的精神，一方面为了使年幼或文化根基不厚的子弟能够理解，并在日常生活中实行，家训通常将经典的语言转化为日常话语，也更注重实践的方便易行。从这个意义上说，家训是经典的通俗版本，换言之，家训是我们重新亲近经典的桥梁。

对于从小接受现代教育（某种模式的西式教育）的国人，经典通常显得艰深和难以接近（其中的原因，下文再作分析），而从家训入手，就亲切得多。家训不仅理论话语较少，更通俗易懂，还常结合身边的或历史上的事例启发劝导子弟，特别注重从培养良好的生活礼仪习惯做起，从身边的小事做起，这使得传统文化注重实践的本质凸显出来（当然经典也是在在处处都强调实践的，只是现代教育模式使得经典的实践本质很容易被遮蔽）。因此，现代人学习传统文化，从家训入手，不失为一个可靠而方便的途径。

此外，很多人学习家训，或者让孩子读诵家训，是为了教育下一代，这是家训学习更直接的目的。年青一代的父母，越来越认识到家庭教育的重要性，并且在当前的语境中，从传统文化为内容的家庭教育可以在很大程度上弥补学校教育的缺陷。这个问题由来已久，自从传统教育让位于西式学校教育（这个转变距今大约已有一百年）以来，很多有识之士认识到，以培养完满人格为目的、德育为核心的传统教育，被以知识技能教育为主的学校教育取代，因而不但在教育领域产生了诸多问题，并且是很多社会问题的根源。在呼吁改革学校教育的同时，很多文化精英选择了加强家庭教育来做弥补，比如被称为"史上最强老爸"的梁启超自己开展以传统德育为主的家庭教育配合西式学校，成就了"一门三院士，九子皆才俊"的佳话（可参阅上海古籍出版社即将出版的《我们今天怎样做父亲——梁启超的家庭教育》）。

本丛书即是基于以上两个需求，为有志于亲近经典和传统文化的人，为有意尝试以传统文化为内容的家庭教育、希望与儿女共同学习成长的朋友量身定做的。丛书精选了历史上最有代表性的家训著作，希望为他们提供切合实用的引导和帮助。

二、读古书的障碍

现代人读古书，概括说来，其难点有二：首先是由于文言文接触太少，不熟悉繁体字等原因，造成语言文字方面的障碍。不过通过查字典、借助注释等办法，这个困难还是相对容易解决的。更大的障碍来自第二个难点，即由于文化的断层，教育目标、教育方式的重大转变，使得现代人对于古典教育、对于传统文化产生了根本性的隔阂，这种隔阂会反过来导致对语词的理解偏差或意义遮蔽。

试举一例。《论语》开篇第一章：

子曰："学而时习之，不亦说（"说"，通"悦"）乎？有朋自远方来，不亦乐乎？人不知而不愠，不亦君子乎？"

字面意思很简单，翻译也不困难。但是，如何理解句子的真实含义，对于现代人却是一个考验。比如第一句，"学而时习之"，很容易想当然地把这里的"学"等同于现代教育的"学习知识"，那么"习"就成了"复习功课"的意思，全句就理解为学习了新知识、新课程，要经常复习它——一直到现在，中小学在教这篇课文时，基本还是这么解释的。但是这里有个疑问：我们每天复习功课，真的会很快乐吗？

对古典教育和传统文化有所理解的人，很容易看到，这里发生了根本性的理解偏差。古人学习的目的跟现代教育不一样，其根本目的是培养一个人的德行，成就一个人格完满、生命充盈的人，所以《论语》通篇都在讲"学"，却主要不是传授知识，而是在讲做人的道理、成就君子的方法。学习了这些道理和方法，不是为了记忆和考试，而是为了在生活实践中去运用、在运用时去体验，体验到了、内化为生命的一部分才是真正的获得，真正的"得"即生命的充盈，这样才能开显出智慧，才能在生活中运用无穷（所以孟子说：学贵"自得"，自得才能"居之安""资之深"，才能"取之左右逢其源"）。如此这般的"学习"，即是走出一条提升道德和生命境界的道路，到达一定生命境界高度的人就称之为君子、圣贤。养成这样的生命境界，是一切学问和事业的根本（因此《大学》说

"自天子以至于庶人，壹是皆以修身为本"），这样的修身之学也就是中国文化的根本。

所以，"学而时习之"的"习"，是实践、实习的意思，这句话是说，通过跟从老师或读经典，懂得了做人的道理、成为君子的方法，就要在生活实践中不断（时时）运用和体会，这样不断地实践就会使生命逐渐充实，由于生命的充实，自然会由内心生发喜悦，这种喜悦是生命本身产生的，不是外部给予的，因此说"不亦说乎"。

接下来，"有朋自远方来，不亦乐乎"，是指志同道合的朋友在一起共学，互相交流切磋，生命的喜悦会因生命间的互动和感应，得到加强并洋溢于外，称之为"乐"。

如果明白了学习是为了完满生命、自我成长，那么自然就明白了为什么会"人不知而不愠"。因为学习并不是为了获得好成绩、找到好工作，或者得到别人的夸奖；由生命本身生发的快乐既然不是外部给予的，当然也是别人夺不走的，那么别人不理解你、不知道你，不会影响到你的快乐，自然也就不会感到郁闷（"人不知而不愠"）了。

以上的这种理解并非新创。从南朝皇侃的《论语义疏》到宋朱熹的《论语集注》（朱熹《集注》一直到清朝都是最权威和最流行的注本），这种解释一直占主流地位。那么问题来了，为什么当代那么多专家学者对此视而不见呢？程树德曾一语道破："今人以求知识为学，古人则以修身为学。"（见程先生撰于1940年代的《论语集释》）之所以很多人会误解这三句话，是由于对古典教育、传统文化的根本宗旨不了解，或者不认同，导致在理解和解释的时候先入为主，自觉或不自觉地用了现代观念去"曲解"古人。因此，若使经典和传统文化在今天重新发挥作用，首先需要站在古人的角度理解经典本身的主旨，为此，在诠释经典时，就需要在经典本身的义理与现代观念之间，有一个对照的意识，站在读者的角度考虑哪些地方容易产生上述的理解偏差，有针对性地作出解释和引导。

三、家训怎么读

基于以上认识，本丛书尝试从以下几个方面加以引导。首先，在每种书前冠以导读，对作者和成书背景做概括介绍，重点说明如何以实践为中心读这本书。

再者，在注释和白话翻译时尽量站在读者的立场，思考可能发生的遮蔽和误解，加以解释和引导。

第三，本丛书在形式上有一个新颖之处，即在每个段落或章节下增设"实践要点"环节，它的作用有三：一是说明段落或章节的主旨。尽量避免读者仅作知识性的理解，引导读者往生活实践方面体会和领悟。

二是进一步扫除遮蔽和误解，防止偏差。观念上的遮蔽和误解，往往先入为主比较顽固，仅仅靠"简注"和"译文"还是容易被忽略，或许读者因此又产生了新的疑惑，需要进一步解释和消除。比如，对于家训中的主要内容——忠孝——现代人往往从"权利平等"的角度出发，想当然地认为提倡忠孝就是等级压迫。从经典的本义来说，忠、孝在各自的语境中都包含一对关系，即君臣关系（可以涵盖上下级关系），父子关系；并且对关系的双方都有要求，孔子说"君君、臣臣，父父、子子"，是说君要有君的样子，臣要有臣的样子，父要有父的样子，子要有子的样子，对双方都有要求，而不是仅仅对臣和子有要求。更重要的是，这个要求是"反求诸己"的，就是各自要求自己，而不是要求对方，比如做君主的应该时时反观内省是不是做到了仁（爱民），做大臣的反观内省是不是做到了忠；做父亲的反观内省是不是做到了慈，做儿子的反观内省是不是做到了孝。（《礼记·礼运》："何谓人义？父慈、子孝，兄良、弟悌，夫义、妇听，长惠、幼顺，君仁、臣忠。"）如果只是要求对方做到，自己却不做，就完全背离了本义。如果我们不了解"一对关系"和"自我要求"这两点，就会发生误解。

再比如古人讲"夫妇有别"，现代人很容易理解成男女不平等。这里的"别"，是从男女的生理、心理差别出发，进而在社会分工和责任承担方面有所区别。不是从权利的角度说，更不是人格的不平等。古人以乾坤二卦象征男女，乾卦的特质是刚健有为，坤卦的特征是宁顺贞静，乾德主动，坤德顺乾德而动；二者又是互补的关系，乾坤和谐，天地交感，才能生成万物。对应到夫妇关系上，做丈夫需要有担当精神，把握方向，但须动之以义，做出符合正义、顺应道理的选择，这样妻子才能顺之而动（"夫义妇听"），如果丈夫行为不合正义，怎能要求妻子盲目顺从呢？同时，坤德不仅仅是柔顺，还有"直方"的特点（《易经·坤·象》："六二之动，直以方也"），做妻子也有正直端方、勇于承担的一面。在传统家庭中，如果丈夫比较昏暗懦弱，妻子或母亲往往默默支撑起整个家庭。总之，夫妇有别，也需要把握住"一对关系"和"自我要求"两个要点来理解。

除了以上所说首先需要理解经典的本义，把握传统文化的根本精神，同时也需要看到，经典和文化的本义在具体的历史环境中可能发生偏离甚至扭曲。当一种文化或价值观转化为社会规范或民俗习惯，如果这期间缺少文化精英的引领和示范作用，社会规范和道德话语权很容易被权力所掌控，这时往往表现为，在一对关系中，强势的一方对自己缺少约束，而是单方面要求另一方，这时就背离了经典和文化本义，相应的历史阶段就进入了文化衰敝期。比如在清末，文化精神衰落，礼教丧失了其内在的精神（孔子的感叹"礼云礼云，玉帛云乎哉？乐云乐云，钟鼓云乎哉？"就是强调礼乐有其内在的精神，这个才是根本），成为了僵化和束缚人性的东西。五四时期的很大一部分人正是看到这种情况（比如鲁迅说"吃人的礼教"），而站到了批判传统的立场上。要知道，五四所批判的现象正是传统文化精神衰敝的结果，而非传统文化精神的正常表现；当代人如果不了解这一点，只是沿袭前代人一些有具体语境的话语，其结果必然是道听途说、以讹传讹。而我们现在要做的，首先是正本清源，了解经典的本义和文化的基本精神，在此基础上学习和运用其实践方法。

三是提示家训中的道理和方法如何在现代生活实践中应用。其中关键的地方是，由于古今社会条件发生了变化，如何在现代生活中保持家训的精神和原则，而在具体运用时加以调适。一个突出的例子是女子的自我修养，即所谓"女德"，随着一些有争议的社会事件的出现，现在这个词有点被污名化了。前面讲到，传统的道德讲究"反求诸己"，女德本来也是女子对道德修养的自我要求，并且与男子一方的自我要求（不妨称为"男德"）相配合，而不应是社会（或男方）强加给女子的束缚。在家训的解读时，首先需要依据上述经典和文化本义，对内容加以分析，如果家训本身存在僵化和偏差，应该予以辨明。其次随着社会环境的变化，具体实践的方式方法也会发生变化。比如现代女子走出家庭，大多数女性与男性一样承担社会职业，那么再完全照搬原来针对限于家庭角色的女子设置的条目，就不太适用了。具体如何调适，涉及具体内容时会有相应的解说和建议，但基本原则与"男德"是一样的，即把握"女德"和"女礼"的精神，调适德的运用和礼的条目。此即古人一面说"天不变道亦不变"（董仲舒语），一面说礼应该随时"损益"（见《论语·为政》）的意思。当然，如何调适的问题比较重大，"实践要点"中也只能提出编注者的个人意见，或者提供一个思路供读者参考。

综上所述，丛书的全部体例设置都围绕"实践"，有总括介绍、有具体分析，反复致意，不厌其详，其目的端在于针对根深蒂固的"现代习惯"，不断提醒，回到经典的本义和中华文化的根本。基于此，丛书的编写或可看做是文化复兴过程中，返本开新的一个具体实验。

四、因缘时节

"人能弘道，非道弘人。"当此文化复兴由表及里之际，急需勇于担当、解行相应的仁人志士；传统文化的普及传播，更是迫切需要一批深入经典、有真实体验又肯踏实做基础工作的人。丛书的启动，需要找到符合上述条件的编撰者，我深知实非易事。首先想到的是陈椰博士，陈博士生长于宗族祠堂多有保留、古风犹存的潮汕地区，对明清儒学深入民间、淳化乡里的效验有亲切的体会；令我喜出望外的是，陈博士不但立即答应选编一本《王阳明家训》，还推荐了好几位同道。通过随后成立的这个写作团队，我了解到在中山大学哲学博士（在读的和已毕业的）中间，有一拨有志于传统修身之学的朋友，我想，这和中山大学的学习氛围有关——五六年前，当时独学而少友的我惊喜地发现，中大有几位深入修身之学的前辈老师已默默耕耘多年，这在全国高校中是少见的，没想到这么快就有一批年轻的学人成长起来了。

郭海鹰博士负责搜集了家训名著名篇的全部书目，我与陈、郭等博士一起商量编选办法，决定以三种形式组成"中华家训导读译注丛书"：一、历史上已有成书的家训名著，如《颜氏家训》《温公家范》；二、在前人原有成书的基础上增补而成为更完善的版本，如《曾国藩家训》《吕留良家训》；三、新编家训，择取有重大影响的名家大儒家训类文章选编成书，如《王阳明家训》《王心斋家训》；四、历史上著名的单篇家训另外汇编成一册，名为《历代家训名篇》。考虑到丛书选目中有两种女德方面的名著，特别邀请了广州城市职业学院教授、国学院院长宋婕老师加盟，宋老师同样是中山大学哲学博士出身，学养深厚且长期从事传统文化的教育和弘扬。在丛书编撰的中期，又有从商界急流勇退、投身民间国学教育多年的邵逝夫先生，精研明清家训家风和浙西地方文化的张天杰博士的加盟，张博士及其友朋团队不仅补了《曾国藩家训》的缺，还带来了另外四种明清家训；至此丛书全部13册的内容和编撰者全部落实。丛书不仅顺利获得上海古籍出版社的选题立项，且有幸列入"十三五"国家重点图书出版规划增补项目，并获上海市促进文化创意产业发展财政扶持资金（成果资助类项目—新闻出版）资助。

由于全体编撰者的和合发心，感召到诸多师友的鼎力相助，获致多方善缘的积极促成，"中华家训导读译注丛书"得以顺利出版。

这套丛书只是我们顺应历史要求的一点尝试，编写团队勉力为之，但因为自身修养和能力所限，丛书能够在多大程度上实现当初的设想，于我心有惴惴焉。目前能做到的，只是自尽其心，把编撰和出版当做是自我学习的机会，一面希冀这套书给读者朋友提供一点帮助，能够使更多的人亲近传统文化，一面祈愿借助这个平台，与更多的同道建立联系，切磋交流，为更符合时代要求的贤才和著作的出现，做一颗铺路石。

刘海滨

2019 年 8 月 30 日，己亥年八月初一

导　读

陆陇其（1630—1692），原名龙其，字稼书，谥清献，学者称当湖先生，浙江平湖人，清代入祀孔庙第一人（九人之一），著名理学家、教育家、政治家，著有《松阳讲义》《四书讲义困勉录》《学术辨》《三鱼堂文集》等，后人辑为《陆子全书》共一百余卷。

一

陆陇其出生地泖口，又名龙头，位于今平湖市新埭镇东北浙沪交界处，原为自然集镇，现为泖河村。泖口之名始于泖水，为长泖、大泖和西来之水汇集之口。泖口水路交通发达，商贸繁盛，历史悠久，文化发达。南北朝顾野王，元代孙固，明代陆东、陆光祖等先后居住于此，相继建有顾书堵、听雪斋、三鱼堂、水月湾别业等人文古迹，而陆陇其及其尔安书院则使泖口成为江南的儒学名镇。

陆陇其是唐代宰相宣公陆贽之后，世居浙江海盐之当湖，明宣德五年（1430）平湖建县，遂为平湖人，六世祖陆东始迁泖口。泖口陆氏三鱼堂堂名来自于陆东之父陆溥。据明天启《平湖县志》记载："陆溥，字文博，号静庵，邑诸生，以资受上海县丞，后调任丰城县丞，领漕兑，夜过采石矶，舟漏，溥跪祷曰：'舟中一钱非法，愿葬身鱼腹。'祷毕漏止，天明视之，有三鱼裹水草堵漏，寻以亢直罢官归。"陆溥返乡之后，以"三鱼"名堂，以志前事。俞金鼎诗曰："堂开轮奂号三鱼，尚义坊头陆氏庐。闻说鄱阳风浪险，漏舟稳渡五更初。"陆光祖《三鱼堂记》则说，陆家世以忠孝节义诗书相传，陆溥以孝友承家，以廉惠守官，仗忠信、踏风波，受天之佑。

陆溥之后，陆家几代人皆以耕读传家，但声名不显。陆陇其伯父陆灿，字振玉，号墨涛，明崇祯七年（1634）进士，初授济南府推官，廉洁正直。陆灿平反冤狱释放死囚，参与乡试选拔人才，为人称赞。崇祯十一年，清兵围困济南，次年正月初二济南城破，陆灿以死殉节。清乾隆四十一年（1776），陆灿被追谥节愍，入忠义祠。陆陇其之父陆元，字叔因，入清后改名标锡，长年任私塾先生。

明崇祯三年，陆陇其生于泖口。少时，其父教导说："居官不入党，秀才不入社，便有一半身份。"又说："贪与酷皆居官大戒。"陆陇其秉承"笃实务本"的庭训，入仕后以正直清廉自励。清顺治七年（1650），受聘到嘉善蒋文琢家担任私塾先生。自二十一岁到六十三岁，有三十多年或受聘坐馆或在家授徒，即使在担任嘉定、灵寿知县之时，也常到县学或士人家中授课。《陆清献公莅嘉遗迹》记载了他到嘉定士人家中授课的诸多事迹，《松阳讲义》则是他在灵寿县学授课时的教材。

康熙十四年（1675）四月选授嘉定知县，七月赴任。据《年谱》记载，嘉定是滨海大邑，土高乏水，民多逐末，以故城居者少，富商巨室散处市镇，武断暴横相沿成俗，号称难治。到任之后，以锄豪强、抑胥吏、禁侈靡、变风俗为主。康熙十五年，左都御史魏象枢荐举陆陇其补福建按察使之缺，而江苏巡抚慕天颜因其不肯送礼，故诬其不能胜任，部议引才干不及例，降级调用。嘉定县民闻讯后罢市争议，连日到巡抚衙门请愿，请求留任，慕天颜不得不上疏请吏部复议。康熙十六年二月，被诬告"讳盗"罢官，嘉定县民不服而罢市三天。其离任时，行李中唯有图书数卷和织机等物，嘉定九乡二十都万余男女执香携酒为他送行，又建生祠纪念。康熙十七年，入京参加博学鸿词科考试。后因其父去世，放弃考试，回家奔丧。丁忧期间，手不释卷，相继完成《读礼志疑》《读朱随笔》等论著。康熙二十二年，出任直隶灵寿知县。灵寿北枕太行，南濒滹沱，水冲沙压，旱涝频仍，且地近京城，劳役繁多。上任之后，务在与民休息，发粟赈灾，奖励农垦，免征赋税，洁己爱民，被誉为"天下第一清廉"。任灵寿知县七年，勤政爱民，政绩卓著，得到灵寿县民和朝野有识之士的一致称赞。康熙二十九年，升任都察院四川道试监察御史，因屡次上疏得罪权贵，部议不称职，于康熙三十年九月弃官返乡。其后，在泖口陆光祖尔庵旧址建尔安书院，著书授徒。康熙三十一年十二月底病逝，葬于泖上画字圩。

陆陇其以其高洁品格和笃实践履，以及在清初"尊朱辟王"思潮中的学术贡献，赢得了生前身后名。去世之后，康熙帝欲任之江南学政，称赞道："朕观原御史陆陇其学问优良，操守甚善，若以补授，必能秉公考校，破除积弊，有裨士习。"得知他已亡，则不禁感叹："本朝如这样人，不可多得了。"雍正四年（1726），因其符合"持身无瑕疵，讲学尚醇谨，能持门户之见，而名登清之仕籍"的儒学模范标准，而成为清代入祀孔庙的第一人。乾隆元年（1736），追赠内阁学士兼礼部侍郎，追谥清献；乾隆二年，朝廷遣员祭祀；乾隆三年，皇帝御赐碑文："研精圣学，作洙泗之干城；辞辟异端，守程朱之嫡派。"还得到同时代学人的诸多称赞。魏象枢说："陇其洁己爱民，去官日，惟图书数卷及其妻织机一具，民爱之比于父母。"王士禛说："近日廉吏，方面有黄州知府于成龙，有司则嘉定知县陆陇其。"

有清一代，陆陇其地位尊崇，及至清末民初，其品格践履仍然得到了肯定和赞扬。梁启超《中国近三百年学术史》说："曾任嘉定、灵寿两县知县，很有惠政，人民极爱戴他。后来行取御史，很上过几篇好奏疏。""平心而论，稼书人格极高洁，践履极笃实，我们对于他不能不表相当的敬意。"

二

陆陇其生前并未编撰名为"家训"的书，但留下了许多家训类的著作、文章。本书第一部分为专著《治嘉格言》，全称《陆清献公治嘉格言》，共一百七十五篇，是其任嘉定知县期间为教化士民而写，旨在"禁奢靡、变风俗"，"以德化民"，上至教孝、教悌、婚嫁宾祭等大端，下至饮食服御等琐事，凡"人生日用之所必资者"均有论及。如《治嘉格言》原序所说，陆陇其爱民如子，"视四境如一家"，"若父诏兄勉，一一代为之筹"，此书实可作为家训看待。附录一选自《三鱼堂文集》与《外集》，包括《读朱子白鹿洞学规》《跋读书分年日程后》《崇明老人记》《翁养斋教子图跋》等。第二部分选自《三鱼堂文集》，为陆陇其的家书，与大儿子陆定徵、三儿子陆宸徵、弟弟陆武修、侄子陆礼徵、女婿李枚吉与曹星佑的书信；另有写给叔叔陆元旂、曾叔祖陆蒿庵的十四封书信，对象虽是长辈，不算严格意义上的家训，但其中涉及家族子弟教育、陆陇其个人为官处事的经历等，可以作为陆陇其家训思想的补充资料，所以一并选编在后。附录二则为与弟子书信，包括与赵鱼裳、赵旂公、席汉翼、席汉廷、周好生等人的七封书信。附录三则为相关传记资料。陆陇其家训重在待人接物处世之道，下面分五点来简论其思想特色。

（一）孝悌

孝悌是中华传统美德。陆陇其"逢人劝读书，出口言孝悌"，其家训中的孝悌思想主要体现在以下四个方面。

第一，真孝真悌，亲睦三族。

孝是人的天性，《治嘉格言·孝亲敬长》说："孩提之童，无不知爱其亲也。及其长也，无不知敬其兄也。孝弟也者，其为仁之本与？尧舜之道，孝弟而已矣。彼不孝不弟者，岂天性然哉？皆由不觉耳。"孝悌是仁之本，天性使然，不孝不悌者是天性不觉，"不知爱亲敬长，不孝不悌，非人也"。《治嘉格言·人所以异》进一步指出："非禽非兽，当孝当悌。不孝不悌，禽兽何异？"

如何才是真孝真悌？《治嘉格言·真孝真悌》说："父慈而后子孝，兄友而后弟恭，此是常事，固不足道。倘父不慈而子自孝，默有以感动父之慈，斯为真孝。兄不友而弟自悌，默有以感动兄之友，斯为真悌。"父不慈而子自孝、兄不友而弟自悌，默默感动父之慈、兄之友，才是真孝真悌。为此陆陇其还提出真孝子方许烧香、真悌方许施布的原则。《治嘉格言·一孝立而万事从，只少肥爷丸也》则强调了以爱妻、子之心爱父、兄而能心中有孝悌："倘能以爱妻子之心爱父兄，庶几其可矣。"

如何才能做到孝悌？《治嘉格言·父在须知》说："凡人子于父在时固当专心读书，然于世务亦不可不知。"孝悌之人除了专心读书，还要知道世务，如钱粮数目、接待礼节等，才能当家作主，井井料理，不被欺辱。陆陇其还要求守身孝子当多读医书、留心药性，以备不时之需。孝亲敬长扩大开来，则是亲睦三族，并重并隆，不可偏颇，如《治嘉格言·亲睦三族》说："父族、母族、妻族，义固并重，情当并隆。"

第二，慈爱率先，教孝教悌。

孝悌是人的天性，慈爱也是人的天性。《治嘉格言·勉兄爱弟》说："天下断无不爱子之父，宜亦无不爱弟之兄。"如果慈爱父兄碰到不孝不悌子弟怎么办？《治嘉格言·慈爱率先》指出："人皆责子之孝，责弟之悌。吾独责父之先慈，责兄之先友。故子或不孝，父不可不慈；弟或不悌，兄不可不友。盖父兄为子弟主，岂可不立子弟之榜样，徒责子弟之孝悌哉？"父兄当先慈爱，为子弟做好榜样，即使子不孝、弟不悌，身为父亲、兄长也绝不能不慈、不友。只有父兄起到榜样示范作用，才能引导子弟。《治嘉格言·勉兄爱弟》向兄嫂提倡"设弟若不悌，兄便有以责其弟，嫂又为之鼓吹。吾为为兄者计，莫若推父母爱子之心以爱弟，则庶几可矣"。大多数人"不教孝而自孝，不教悌而自悌"，有少数人"教之孝而不孝，教之悌而不悌"，对此，《治嘉格言·教孝教悌》说："宁使我教之孝悌而不孝悌，毋使我不教孝悌而不孝悌。"不能因为"教之孝而不孝，教之悌而不悌"，就放弃了教孝教悌，更不能不教而诛。陆陇其还语词严厉地指出："世上有一种人，平日不教之孝悌，而遽责其不孝不悌。噫，何谬谬也！"

少年子弟总有一天会成为成年父兄，如何才能为人父兄呢？陆陇其从子弟孝悌出发，推及父兄慈爱，再从父兄慈爱返回到子弟孝悌，由己到人，再由人到己，就此进行了正反双向的推演。如《治嘉格言·事父为父，事兄为兄》说："人人有为父之日，不思为子之时能竭其力，他日何以责子之孝？人人有为兄之日，不思为弟之时恭敬其兄，他日何以责弟之悌？若吾事父未能，事兄未能，而顿欲求备于子若弟，可谓内省不疚，无恶于志乎？故必修身为本，责己宜严，兢兢自立一标榜，确足为子弟师表，然后可以为人父兄。"

第三，兄弟亲爱，齐心断金。

对于兄弟关系，《治嘉格言·字义联属，共当体认》指出兄弟本是"极亲极爱者也，有兄不可无弟，有弟不可无兄"，"喻人情亲爱之至，必曰如兄如弟"，"兄兄弟弟，父母岂不乐哉？"如果兄弟不和，动辄相残，"充其心岂不欲父母单传而快乎？""父母若单传，恐又自伤其孤特矣"。

关于如何才能处好兄弟关系，《治嘉格言·子尽子责》说："一父母所生兄弟，凡遇公事，皆当协力同心。内而养生送死，外而吉凶庆吊，固必均任。傥或贫富不同、贤愚不等，即一力承充，不必分派兄弟以伤和气。"遇到公事，兄弟应当协力同心。如果有贫有富、有贤有愚，富者、贤者多承担些，关系才能和谐。兄弟之间若因故伤了和气，也应多反思、多自责，不能盲目自尊、苛责他人。《治嘉格言·自反不尤》说："人惟单见人有不是处，故不见自己有不是处。人若知自己有不是处，遂不见人有不是处。此在凡有血气者，时宜省察，而于兄弟叔侄间尤宜刻刻自反自省。有不觉困心横虑不胜自失之悔矣，何至有参商凌竞之日哉？"如此，才能兄弟亲爱，如同古人所说："兄弟齐心，其利断金。"

第四，孝子爱日，逢忌举祀。

父母在时，定当勉力奉养，死后哀荣怎及生前受惠？《治嘉格言·孝子爱日》说："人子于父母在时不思勉力奉养，及至殁后，虽享祀丰洁，一陌纸钱值几文，一滴何曾到九泉耶？况又有一陌不烧、一滴不灌者也。"父母去世之后，子欲养而亲不待，祭祀就成了子女无缘侍奉父母的愧疚心理的精神补偿。因此，《治嘉格言·逢忌举祀》指出："每逢时节，定要备祭馔、纸钱，且必荐一二时物。切勿失礼，使先灵永作饿鬼，使逆子看样效尤。"祭祀父母之时，必须"虔诚恭敬"，如同《论语·八佾》所说"祭如在，祭神如神在"；祭器也必须讲究，"要另备祭器。酒钟、碗箸，弗用家常器皿，使阴灵不以吾为亵"。

陆陇其认为孝悌要从幼儿抓起，"子弟三两岁时便要教之孝悌"，"至长时自然依依爱敬"，"尊长见之自然道好，闲人观之亦自然称赞"，从小注意家教，长大自然就好。

（二）仁爱

仁爱是中国传统家庭教育的重要内容。陆陇其家训中的仁爱思想主要体现以下两个方面。

第一，默体其心，阴行善事。

《治嘉格言·近仁四端》说："亲朋有急难，须多方救济。儿女有过失，须着实切责。嫁人非大过，须佯痴宽恤。租户无好人，须刻意宽恕。"若能做到这四点，也就是有仁爱之心。陆陇其特别关注家中的仆人，如《治嘉格言·恤人》说："我为家主，如下人效力于吾，务要体恤其饥寒劳苦。酒肉饭食，再弗吝惜。若于农工，酒食尤宜加厚。不然，一味掂斤播两，便非体统，且不近人情。"如果仆人做错了事，该怎么处理？陆陇其的做法是默体其心，阴行善事，《治嘉格言·默察仆妇》说："主母托使女淘米，被其做一袋子藏于袖中，逐日不论干湿必撮袖半升三合。主母不觉，或不知如此。即油盐柴草取出，暗藏一处，乘间运出。皆当默默稽察，使其没得做出来，而后为善处两全也。"默默观察，暗暗纠正，自己既没遭受损失，又保全了他人脸面。

第二，体心行善，好义急公。

《治嘉格言·体心行善》说："亲友贫窘时，见吾若难开口，或于冰冻十二月，见其衣单，不妨脱一件与之。或于青黄不接时，见其食贫，不妨携升斗周之。"陆陇其希望人们"善培初念"，"为善止谤"，"为善不求人知，求知非真为善。受谤不急自解，无辩可以止谤"。如有人前来借钱借物，"当借即与"，"或有或无，切勿风雨累人奔走，使人怀恨"；如有人搭船，"无论文人俗人、晴天雨天，察其言貌未必不良，切勿却阻。此是方便事，不过半日光景。无损于我，人亦知感"。

陆陇其还强调要戒刻薄，《治嘉格言·戒刻薄》说："男女刻薄者必不长寿，且必无子。"刻薄之人有子无子且不去说，戒刻薄却是应当的。他希望人们不但不刻薄，还要成人之美，努力做到"人有好事，切勿插入破句，自坏心地"，还希望人们"肯于先生面上加厚一分，亲友面上用情一分，而于租户面上宽让一分，于奴仆面上薄责一分"，如此便能积累功德，胜过烧香拜佛一万倍。

（三）尊敬

尊敬也是中国传统家庭教育的重要内容。陆陇其家训中的尊敬思想主要体现在以下三个方面。

第一，尊师重傅，待师从厚。

陆陇其在做官之外，长期担任私塾先生，深知教书育人的重要意义。《治嘉格言·教子无欲速》说："易子而教，安得不讲尊师重傅四字。"《治嘉格言·尊师重傅》说："只要我尊师重傅为主，一概教法、心思俱不必参用。"在陆陇其看来，读书之家必须尊师重傅，必须以尊师重傅为主。

为何要尊师重傅？《治嘉格言·待师从厚有益》指出："师爱其弟，弟爱其师，加工倍常，无言不悦。其加工处，又要知感知谢。先生晓得主人知感，愈觉有兴。子弟从此终身受益矣。"待师从厚，师傅把弟子当作自己的子女一般去爱、去教诲，弟子自然受益。如何做到尊师重傅？《治嘉格言·弗责备先生》说："读书一事，要涵育薰陶，俟其自化，不可欲速。但可责子弟之不率教，不可责先生之不善教。但自愧主人之不诚，不可责先生之不诚。子弟自然成器矣。切勿归罪先生，使先生笑我午出头也。"读书成就差别很大，可责备子弟不率教，不可责备先生不诚，只有真心实意尊师重傅，才能督促子弟更好成长。

第二，卑勿议尊，敬老爱幼。

陆陇其恪守尊卑观念，倡导卑者尊重尊者，比如晚辈给长辈写信，要一笔一划，恭恭敬敬，"凡卑幼达字尊长，定当楷书如一，带草便属不敬"；同时要求"卑弗议尊"，因为"凡处卑幼，若向人前议论尊长，无损于尊长，必见鄙于正人"。由此延伸出去，则要求"敬老慈幼"，"见扶杖老人，须真心敬重。见孩提有志气者，须加意爱护"。还要"嘉善而矜不能"，"见肯读书儒童，须加意劝奖。见初学作文，须短中求长，圈出好处，加意鼓舞，使其有兴"。

第三，自重取重，切勿失足。

读书人除了尊重可敬之人，还要自重。《治嘉格言·自重取重》说："做秀才原要自重，切莫将别事干渎府县。"陆陇其强烈反对干涉衙门，

《治嘉格言·切勿失足衙门》指出："子弟以读书为主。若不然，吾亦不能代汝谋矣。切不可误入衙门，坏心术，舞文法，系囹圄，受刑辱，惊妻累子，玷祖辱宗。"考取功名，或举人，或进士，正途出身做官即可，但不能"失足衙门"，做一些"坏心术、舞文法"的事。

《治嘉格言·亲贤远奸》说："敬重孝友端人。敬重实有情义正人。敬重真心实意正人。敬重读书君子。若游荡无信、骄傲刻薄、合赌、斗牌、扛酿者，勿近。"陆陇其尊重端人、正人、君子，具体地说就是孝友有情、真心实意、读书君子，对那些游荡无信、骄傲刻薄、赌博弄牌、凑钱酗酒之人，则敬而远之。

（四）节制

节制也是中华传统美德。陆陇其家训中的节制思想主要体现为慎言和节欲。

第一，慎言。

言为心声，定当慎言。具体则分为谨、戒、勿三个层面。

谨。《治嘉格言·称述得情》说："凡述人言语，必照其前后次第一一顺说，断不可颠倒其字而失其意旨。尤不可揣摩其言添出话头，致错怪了人。"若要言语恰当，还要注意场合，随机应变，当说才能说，不当说则必不能说。陆陇其要求人们"密时谨言"："花无百日红，人无千日好。虽当相知极密时，语极要谨慎。此亦利害关头，切须记着。逢人且说三分话，作事宜存一点心。古人云，妻前只说三分话。况他人耶？"还要注意言语对象，不能动辄开口，白白遭人鄙视，《治嘉格言·慎言无愧》说：

"凡开口不定是借财，宜加谨。或托人谋事，或托人荐扬，或自为人举荐，谅人必不从者，切勿轻言。令人生厌，且致笑我不达事务。"

戒，也即严格遵守言说底线。《治嘉格言·戒谈闺阃》说："今人刻薄，喜谈淫乱，造言生事，妄议人闺阃，供其戏笑。我一概勿听、勿信、勿传、勿述。"《治嘉格言·戒刺戒谑》也说："语言切勿刺人骨髓，戏谑切勿中人心病。又不可攻发人之阴私。""戒谈闺阃"不是因为厚道，而是因为"经目之事犹恐未真"，按照常理应当如此。"戒刺戒谑"，是因为言语太过刻薄，必当使人怀恨在心，若逞一时口快，最终必受伤害。还有"弗作风云"，他认为，"大凡富贵长者，出言定是持重。若立地风云变化，毫无情实，自谓谈笑有机锋，倜傥过人。吾谓削元气，非正人君子之道也"。那些喜欢插科打诨、谈笑风生，自以为风流倜傥者，不可不戒。

勿。戒是底线，但人不能总是踏着底线行事，所以还有一些其他规矩也当遵守，那就是"勿"。比如《治嘉格言》有"弗向人称能""切勿离间人骨肉""切勿听人谗谮"等篇。陆陇其认为，"凡父子、叔侄、兄弟、夫妻、姑媳、妯娌间，或以小事有言语偶乖处。然风雷无竟日之怒，亦即刻自消矣"，因此，"断不可乘隙离间，搬是搬非，添说挑拨，使人家骨肉参商"。对于那些离间之话，如"人欲间离骨肉，间离朋友，使无端谗谮，借景挑拨，默使人亲者疏，是者非"，也不可去听去信，"我一概勿听勿信，所以全骨肉、敦友谊者多矣"。家人之间，如有口舌之争，"说过便消，断不可效彼长舌，反复再道，又动人气"；道听途说之言，"莫述人浪说"，更不可"向妻孥前称述"，听过即当搁置，免得麻烦。

第二，节欲。

陆陇其生于江南水乡小镇泖口，一生清苦，清廉自守，安贫乐道。具体而言，其节欲思想包括物质与精神两个层面。

第一，物质层面。物质匮乏的时代，贪吃贪喝是人生大忌；即使是在繁荣昌盛时节，也不可奢侈浪费。《治嘉格言·勿贪吃着》指出："人孰不欲着衣吃饭？品行皎皎，贫不求人，即盐齑、酸汤淘饭，尽自适矣；破衣蒙戎蔽体，亦愿足矣。人亦不得笑我，我何尝乞于人？若贪吃贪着，穷作富态，美其食，丽其衣，终将不继，被人议我丰啬不均。不如守我寒素，蔬食布衣为可常也。"平常人家不但要"勿贪吃着"，还当在冬天"积足一年饭米、一年柴草，并多积砻糠者"，如此才能做到"足食宽怀"。此谓"节俭免求人"。还有"切勿赊取店帐""衣饰弗宜当"等条目，都指出了物质之节欲。

第二，精神层面。《治嘉格言·三好三必》强调："男子好闲者必贫；女子好吃者必淫；男女好乐者必殃。"游乐之欲太过，必然导致不幸。如能做到节俭而免于求人，也能够使精神平衡，如《治嘉格言·节俭免求人》说："要知求人时未必有济。纵或勉强应承，究竟终不如愿。当面背后不知无数言语，气色淡薄，情状、面相难当。何如有时常思此光景且节俭，莫待无时亲遭此苦楚，自怨自艾也。"《治嘉格言·安贫志学》说："衣，身之文也。若服之不衷，又身之灾也。食，民之天也。若饮食之人，则人贱之矣。故衣敝缊袍而不耻，蔬食饮水而乐在。鹑衣百结，箪食瓢饮，古圣贤每每如此，吾何独不然？乃欲着好衣、吃好饭耶？孔子曰："士志于道而耻恶衣恶食者，未足与议也。'所当终身诵之。"安贫志学，人品、学问才能日有长进，进而达到圣贤境界；即使做个平常人，也能心安理得，所谓"只消清茶淡饭，便可益寿延年"。

节制还与知人、知己有关。老子说："知人者智，自知者明。"可惜世上智者多、明者少，知人者多、知己者少。《治嘉格言·自反不尤》："人惟单见人有不是处，故不见自己有不是处。人若知自己有不是处，遂不见人有不是处。"人往往明于识人，而暗于察己，缺乏自知之明；人一旦知己之不足，就能宽恕他人之不足，做到知人、知己而拥有节制美德。

（五）读书

陆陇其总结前贤经验，并结合自身体会，提出了不计功利的读书目的和行之有效的读书方法，还就"宽严训"等教育理念进行了论述。

第一，读书目的。

陆陇其认为读书是读书人安身立命之本，不能把读书看作是获取功名利禄的工具。《治嘉格言·教子读书写字》指出，读书不一定能得中举人、进士，但读书可以改变命运、完善自我，"苦志读书，自有贵日，自有富日"；读书可以陶冶情操，"气质自然驯雅，周身皆流动活泼"，"有全利而无少害者惟书"。陆陇其还就阅读经典与应对科举的关系进行论述，认为读经、读古文才是根本，读八股时文不过是为了了解考试的规矩和格式，不能舍本而逐末，"时艺切勿轻弃，经文虽旧必存"。

第二，读书方法。

陆陇其做官、讲学之余，读书不辍，形成了循序渐进、日积月累的系统读书方法。其一，持之以恒，《治嘉格言·男儿何事不读书》说："读书人家不可轻弃书本。"即使一时半会没有长进，几番考试也没能得中秀才，也不能"半途废书"，要持之以恒。其二，欲速不达，《治嘉格言·教子无欲速》说："万事或可欲速，惟儿子读书，或亲教，或易教，断不可欲速。"其三，读书要好疑多问，《治嘉格言·疑思问》说："吾本读书人，俗字写不出，闲字不识，故事不记不晓者十常八九。不妨向相知者质疑，断不可耻于求教，终身莫解。"其四，读书要交接益友，《治嘉格言·愿良朋辅儿》说："子弟学问，得之父兄师长者多，得之朋友者亦不少。……见善而从，不善而改，皆吾师也，皆吾友也。思齐内省而已。"

此外，陆陇其还提出了因材施教的"宽严训"，《治嘉格言·宽严训》说："故诸生全率教者，则全用我宽。全不率教者，则全用我严。率教者多则多用宽，不率教者多则多用严。又就一人而言，始而率教则用我宽，继而不率教则用我严，终而又率教则仍用我宽也。始而不率教则用我严，继而率教则用我宽，终而又不率教则仍用我严也。一分率教，我有一分之宽。一分不率教，我有一分之严。材质在人，因之而已，而我何与焉？是之谓宽严适宜。"教育应当根据各人"材质"做到"宽严适宜"。对待子女，陆陇其认为"严以成爱"："子女二三岁至十五六岁，虽极爱之，却要严声厉色，训之戒之。切勿少假颜色，习成骄奢淫佚，不知孝弟、忠信、礼义、廉耻、谦卑、逊慎。"如果子女有了不良习惯，"及长成，莫能禁止"，这就是父母的责任了。

总之，陆陇其家训中的孝悌、仁爱、尊敬、节制等思想以及读书、教育理念，既有益于当年，又有益于当下。正所谓"肯读书，能孝悌，做好人，行好事"，则可以"与父祖以美名，亦可以为人矣，亦可以为子矣"。做人与读书，古今都是一回事。

三

　　本书据清光绪十六年许仁沐编辑、宗培批行的《陆子全书》为底本点校整理，并以清康熙四十年琴川书屋本《三鱼堂文集》《三鱼堂外集》及同治七年上海道署刊本《治嘉格言》等参校，同时也参考了吴光酉、郭麟、周梁等撰的《陆陇其年谱》（中华书局 1993 年版）以及相关地方志等文献。

　　本书的译注者为嘉兴学院张猛、杭州师范大学张天杰。张猛负责《治嘉格言》、附录二、附录三的点校整理，全书的译注与实践要点、导言的撰写；张天杰负责"家书选录"与附录一的点校整理，以及全书选编、统稿与校对。本书图片由金卫其提供。因为学力之限，本书一定存在不少问题，恳请广大读者批评指正。

2019 年 2 月

治嘉格言

序

　　观察应公^①既刊《陆清献公莅嘉遗迹》^②一书以勖^③僚属，复出是编，委校付梓^④，且命之序。宝禾敬谢不敏^⑤，则诏之曰："清献嘉定之政，凡厥^⑥设施，不尽见于《三鱼堂文集》^⑦。顾其去官也，民罢市三日，扶老挈幼，填塞衢巷，号呼攀留，甚且刻木为主，鼓吹迎归以祠者日数辈，阅两月乃已。佥谓自建县五百年来所未有。此固嘉定民风之厚，特未知公之所以致此者果操何术，而使民之感诵尸祝^⑧至于今不衰。"兹读是书，自教孝、教弟诸大端，与夫昏嫁宾祭，下至饮食服御之属，殚精毕虑，穷极纤悉。苟有益于吾民，而为人生日用之所必资者，若父诏兄勉，一一代为之筹。适如平民之所日夜仰望于官者而满其愿，则知公之心固往来于千万户身家中。视四境如一家，勤恳曲挚，初无彼此物我之分，以诚感者以诚应。夫何疑乎民之讴歌，去思愈久而愈不能忘也。

　　是书分上下卷，今佚其半。虽于公之学问、经济不过万分一，亦可见平昔之所以得民心者确有实际，又岂矫饰拊循^⑨者所能倖致哉？宝禾碌碌无状，敬推阐观察之意而缀数语还，以质诸观察为何如也。

同治七年戊辰九月朔同郡后学沈宝禾。

观察应宝时大人已经刊印了《陆清献公莅嘉遗迹》一书，用来勉励下属官员，再拿出这本书来，委托我校对、刊印并为之作序。我能力有所不及，告诉他说："陆清献公任职嘉定知县时所采取的诸多为政措施，没有全部记载于《三鱼堂文集》中。他离任的时候，嘉定民众罢市三天，人们扶着老人、带着小孩，填塞了大街小巷，呼喊着他的名字请他留下，甚至有些人用木头刻了他的像作为神主，敲锣打鼓迎回来放在祠堂里祭拜。这样的情况经过两个月才停下来。人们都说这是嘉定建县五百年来从没有过的事情。这固然是因为嘉定民风淳厚，只是不知道清献公采取了什么措施才会取得这样的效果，从而让嘉定民众的感恩、歌颂和崇拜，直到今天也没有衰退。"现在读这本书，从教育民众孝顺父母、尊敬兄长等主要事情，到婚姻、宴客、祭祀等的礼仪措施，直到饮食、服饰、车马器用等方面的事情，他都竭尽心力思虑谋划，力求做到细致而详尽。只要是有益于民众，能够在人们的日常生活中起到作用的事情，如同是父亲的告诫、兄长的勉励，他都一一为我们筹划，恰如民众日夜仰望官员做到的那样满足了他们的愿望。如此，你就会知道，清献公的心思用在了千万户民众身上，他把嘉定民众看作是一家，诚挚恳切，从一开始就没有彼此和无我之区分。他用诚挚之心对待民众，因此也获得了民众的诚挚感谢。为何还要怀疑民众对他的讴歌思念，时间越长越不能忘记呢。

这本书原先分为上下两卷，现在遗失了一半。虽然不过是反映了清献公学术思想、治国才干的万分之一，却也可以见到他平常之所以能得民心，的确是事出有因，又岂是那些矫饰、抚慰的人所能侥幸得到的呢？我庸碌无为，恭敬地推测、阐述应大人的意思，勉强凑了些字，用来请教应大人这些事情该如何如何。

同治七年九月初一同郡后学沈宝禾

| 简注 |

① 观察应公：应宝时（1821—1890），字敏斋，浙江永康人，道光二十四年举人。同治四年担任分巡苏松太兵备道（因驻地在上海县并兼理江海关，又简称为上海道），创建龙门书院，培养大量优质人才。官至江苏按察使，署布政使。

②《陆清献公莅嘉遗迹》：宝山县（原属嘉定县）人黄维玉编撰，分为上、中、下三卷，计一百三十一则，记载陆陇其担任嘉定知县期间的善政。

③ 勖（xù）：勉励。

④ 付梓（zǐ）：书稿雕版印行。

⑤ 敬谢不敏：恭敬地表示能力不够或不能接受。多作推辞某事的婉辞。敏，聪明，机智。

⑥ 厥：其，他的。

⑦《三鱼堂文集》：浙江平湖泖口陆氏号三鱼堂，陆陇其文集以堂号命名为《三鱼堂文集》。

⑧ 尸祝：古代祭祀时的主祭人，引申为崇拜之意。

⑨ 拊循：亦作"拊巡"，安抚，抚慰。

1. 教子读书写字

举人、进士，命中带来，前生分定，不敢过责我子。只要朝夕勤苦，读得文理粗通，博得一个秀才，也好训书糊口，终身不受刑辱。写得一笔好字，也足闻名乡党①，钞写可以聊生。万一命蹇时乖②，青衿③不得上身，遇事亦可明白，未必终受人欺。若不读书，不识字，不做得一个秀才，耕种无力，商贾无本，或习星相，或进衙门，人品愈趋愈下。何以成身？何以立家？何以向人前见士大夫？何以跻公堂见官府？何以遇不测理祸患？此时头磕地，膝跪阶，称小的，叫老爷。言之痛心，书此泪下。子岂非人，能不怃然④？

今译

举人、进士的功名，是命中带来的，前世注定的，即使考不中，也不敢过分责怪我们自家的孩子。只要他们朝夕用功，勤读诗书，文理粗通，能考取秀才的功名，也能够当个私塾先生，借以安身立命，终身不受刑辱。如果能写得一手好字，也能闻名乡里，替人抄抄写写，养家糊口也是够的。万一时运不济、命途多舛，秀才也考不中，多读点书，遇到事情也可明白，不会一辈子受人欺负。如果不读书，不识字，考不中秀才，没力气种地，也没本钱经商，为了糊口，只能观察天象、占卜吉凶当一个算命先生，或进衙门里谋个差事，整日里和三教九流之人混在一起，人品就会愈来愈低下。如果不读书、不识字，没有功名在身，拿什么来安身立命？拿什么来齐家治国？凭什么和士大夫们平等交往？又凭什么在公堂上享受优待？又靠什么在遭遇不测时排除祸患？恐怕到了那个时候，只有卑躬屈膝，磕头作揖，自称小的，喊人家大老爷，完全没了身份。哎，这种事啊，说起来让人痛心疾首，写下来让人禁不住潸然泪下。难道你不是人吗，岂能不怃然失意？

| 简注 |

① 乡党：周制，五百家为党，一万二千五百家为乡，合称乡党，泛指乡里。

② 命蹇（jiǎn）时乖：蹇，一足偏废，引申为不顺利；乖，不顺利。命蹇时乖，即指命运不济，遭遇坎坷。

③ 青衿（jīn）：青色交领的深衣，唐宋时期国子监学生的常服。明清时期专指秀才。

④ 怃（wǔ）然：怅然失意貌。

| 实践要点 |

《教子读书写字》是陆陇其《治嘉格言》的首篇，在这一篇中，他开宗明义，着重提出"教子读书写字"，并以长辈口吻，历数读书识字、考取秀才的好处和不读书、不识字、没有考取秀才的坏处，通过正反对比，循循善诱引导子弟勤学苦读，奋发上进。在此，陆陇其认为，读书识字有三种出路：勤学苦读，考中秀才，可以担任私塾先生，自然能够修身齐家，自在安闲；考中秀才后，不去坐馆教书，如能写得一手好字，也可以替人抄抄写写，做到衣食无忧；如果碰到特殊情况，因故没能考中秀才，书也不会白读，书读多了，道理懂得多了，也就能明白事理，不会受人欺负。同时，陆陇其又认为，如果不读书、不识字、考不中秀才，那是没有好下场的，读书读成个半吊子，四体不勤，五谷不分，耕种无力，商贾无本，为了生存，只能混迹三教九流，一辈子凄凄惨惨，好不可怜。"有书不读子孙愚。"陆陇其提倡教子读书写字，也是教导我们要重视子女的教化养成，教育子女多读书、读好书、走正道、有作为，把读书识字看作是子孙后代安身立命、修身齐家之根本，所谓"遗子黄金满籝，不如教子一经"是也。当然，我们也要看到，陆陇其的看法也有其时代局限性，如他所说的"举人、进士，命中带来，前生分定"，就具有典型的宿命论色彩，这些还是需要我们加以鉴别的。

2. 羡有佳儿

我人自家读得书，方可教儿子读书；亦唯自家不读书，故苦苦要儿子读书。儿子若肯读书，略有文理，则气质自然驯雅①，周身皆流动活泼，可以向前出众，迎宾送客，语言不甚无味。落花水面皆文章，使人羡吾有佳儿。即此便为父母争一口气，岂必待中举人、进士，然后显亲扬名哉？若不读书，则志慧不开，一般身体偏自偏强，宛如枯木死灰，只乐与下人相处，见正人惟是一叛②。若不一叛，亦必面红头胀，伸膀缩脚，搔头挖耳，俗气薰人。绝无随机应变风流，绝无揖让③进退礼节。即此便是现世报。为人父者，尚喜有此子乎？为人子者，尚不肯读书哉？

| 今译 |

我们自己读书识字，才可以教育子孙后代读书识字；也有人自己不读书识字，吃尽苦头，因此要子孙后代读书识字。子孙后代若肯读书识字，文理粗通，则气质自然典雅完美，周身都流动着活泼气息，可以待人接物，迎来送往，言语适宜，进退得体。花儿飘落在水面的情景，其实都是像一篇篇好文章，值得我们欣赏，别人也会羡慕我们家有爱读书的好孩子。能做到这一点，就是为父母争了一口气，难道一定要等到考中举人、进士之后，才能显亲扬名、夸耀乡里？如果不读书，智力就开发不出来，言语行为没有规矩，身形也如枯木死灰，只喜欢与下人待在一起，见到士人君子就会反身走开，不敢与之见面。即使不是反身走开，也会脸红脖子粗，伸胳膊缩腿、挠头挖耳朵的，俗气熏人。这样的孩子不会随机应变，也不懂得进退礼节，毫无处事规矩，更谈不上风流倜傥。这就是我们所说的现世报！为人父母者，有喜欢这样的孩子的吗？为人子女者，还不肯好好读书吗？

| 简注 |

① 驯雅：典雅完美。

② 叛：背离，反叛。

③ 揖（yī）让：指古代宾主相见的礼节。

| 实践要点 |

陆陇其认为，读书"则气质自然驯雅，周身皆流动活泼"，读书不但能增长知识、懂得礼仪，还能改变气质、培养精神。读了书，文思敏捷，气质典雅，待人接物，言之有理，行之有据，给父母长面子，也给自己长精神。不读书，必然愚昧倔强，自以为是，不懂礼节，不知如何待人接物，给父母丢脸，让父母寒心，也让自己越来越沉沦，以致人品低下。通过读书与不读书在待人接物方面表现的正反对比，陆陇其得出的结论是"落花水面皆文章，使人羡吾有佳儿"。如何得到"佳儿"，自然是"苦苦要儿子读书"，勤学苦读，方得始终。读书人家，自然有条件让子孙后代读书识字。贫寒人家，也要创造机会让子孙后代读书识字，

"家纵贫寒，必须留读书种子"（《围炉夜话》），因为"读书不独变气质，且能养精神，盖理义收缉故也"（《小窗幽记》）。因此，重视子女的教化养成，才能培养出让别人看重、给父母长脸的好孩子。

3. 父祖荣辱所关

子孙肯读书，能孝悌①，做好人，行好事，人必曰："此某父某祖之子孙也。"为善出自子孙，而名则归美父祖矣。为父祖者，岂不生色乎？若不肯读书，不孝悌，不做好人，不行好事，人亦必曰："此某父某祖之子孙也。"不善出自子孙，而父祖则蒙被恶名矣。有此子孙，岂不短气乎？夫②子孙而有贤者，诚能勤学好问，修德合道③，与父祖以美名，亦可以为人矣，亦可以为子矣。

| 今译 |

子孙后代若能勤读诗书，孝敬父母，友爱兄弟，做好人，行好事，人们必定赞扬说："这是谁谁家的儿子，谁谁家的孙子。"子孙后代能做善事，美名则属于

他们的父祖。有这样的子孙，为人父祖者能不觉得脸上有光彩吗？如果子孙后代不肯勤读诗书，不孝敬父母，不友爱兄弟，不做好人，不行好事，人们必定批评说："这是谁谁家的儿子，谁谁家的孙子。"子孙后代不做善事，父祖也被连带背上恶名。有这样的子孙，能不心虚气短吗？子孙贤能，勤奋学习，不懂就问，修身立德，使自己的言语和行为符合儒家之道，可以给父祖带来美名，也可以做个大写的人，还可以做个孝子贤孙。

| 简注 |

①　孝悌 (tì)：孝敬父母，友爱兄弟。儒家认为孝悌是做人、做学问的根本。
②　夫：文言发语词。
③　修德合道：修身立德，使自己的言语和行为符合儒家之道。

| 实践要点 |

"肯读书，能孝悌，做好人，行好事"，是陆陇其教人做人做事的基本原则，因为这关系到子孙个人的品德教养和学问修行，也关系到父祖的名声。我们在日常生活中，也会经常听到或说到，看看谁谁家的孩子多么孝顺，读书多么好，工作多么好，生活多么好。碰到好的样子，我们总会给予称赞和表扬，顺便也会说起这家人家的长辈，称赞人家的良好家风家教。如果碰到不好的例子，也会指指点点，连带人家的长辈也会受到指责。陆陇其深谙日常生活中的为人处世之道，把读书、孝悌、做人、做事与父祖荣辱联系起来，让人们充分认识到，读书、孝悌、做人、做事不单单是某个人的个体行为，而是与他所在的家庭息息相关。好的家风家教能培养出好的子孙，好的子孙也能反映出他所在家庭的好的家风家教，由此显现出家庭建设的重要性和紧迫性。注重家庭，注重家风，注重家教，教育子孙后代"肯读书，能孝悌，做好人，行好事"，关系甚大，应当引起我们的足够重视。

4. 读书一生受用

> 读书如斗草①，见一件采一件，自家受用。读书人如何不读书？试看出家和尚，犹暮鼓晨钟②，看经念佛，岂我人在世，反不能夙兴夜寐③，诵诗读书，一和尚不如耶？可慨也已。

┃ 今译 ┃

读书如同斗草，选择坚韧的草才能取胜，碰到好书，见一本读一本，好书读得多了，自家能够得到益处。读书人怎么能不好好读书呢？看看那些寺庙里的和尚，他们晚上击鼓，早晨敲钟，整日里看经念佛，难道我们这些读圣贤书的人，反倒不能早起晚睡，诵读诗书，连个和尚都不如吗? 太让人感慨了。

| 简注 |

① 斗草: 又称斗百草，流行于中原和江南地区的一种民间游戏。相传，儿童斗草之时，则以叶柄相勾，捏住相拽，断者为输，再换一叶相斗。

② 暮鼓晨钟: 佛门规矩，寺里晚上击鼓，早晨敲钟。比喻可以使人警觉醒悟的话。

③ 夙 (sù) 兴夜寐 (mèi): 夙，早; 兴，起来; 寐，睡。早起晚睡。形容非常勤奋。

| 实践要点 |

陆陇其以斗草为喻，教导人们选择有价值、有代表性的书去读，尽力做到多读书、读好书。他还站在褒扬读书人、贬抑出家人的立场，用出家的和尚尚且能够持之以恒地做到晚上击鼓、早晨敲钟来刺激求取功名的读书人要坚持不懈地做到早起晚睡、诵读诗书。读书一生受用，陆陇其这个观点无疑是正确的，但他贬抑出家人的言语，出于他"尊朱黜王、力辟佛老"的学术需要，有其历史局限性，需要我们辩证看待。

5. 男儿何事不读书

读书人家不可轻弃书本。试看开店之人，偶有空闲偷看小说，自悔当初不读书。街坊上每见此等人，不知几转回肠①。况吾本分内事，可不朝乾夕惕②，互相警戒，竟使子孙饱食暖衣，终日无所用心？且又群居终日，言不及义③耶？时乎，时乎！不再来。"少壮不努力，老大徒伤悲。"④晚矣。

| 今译 |

读书人家不可轻易放弃诵读诗书的良好习惯。看看那些开店铺的商贾人家，一有空了也会偷着看看小说，暗地里后悔当年不好好诵读诗书。走街串巷的时候，每见到这种人总觉得不是滋味，心里充满了忧愁。何况诵读诗书是我们读书人的分内事，一天到晚要勤奋谨慎，不能稍有疏忽懈怠，并要互相提醒规劝，难道要让子孙后代吃好穿虚度光阴，整日无所事事吗？况且还有些人喜欢聚在一起，说话不讲道德原则，胡吹乱侃，漫无边际，那样做怎么能行呢？珍惜时间，珍惜时间，时间一去不复返。如同古诗中所说，"少壮不努力，老大徒伤悲"，等到那个时候就晚了。

① 回肠：比喻思虑忧愁盘旋于脑际，如肠之来回蠕动。

② 朝乾夕惕：出自《周易·乾》，形容一天到晚勤奋谨慎，没有一点疏忽懈怠。

③ 群居终日，言不及义：出自《论语·卫灵公》，意为一群人整天聚在一起，说话不讲道德原则，胡吹乱侃，漫无边际。

④ 少壮不努力，老大徒伤悲：出自《乐府诗集·长歌行》："青青园中葵，朝露待日晞。阳春布德泽，万物生光辉。常恐秋节至，焜黄华叶衰。百川东到海，何日复西归? 少壮不努力，老大徒伤悲。"

| 实践要点 |

陆陇其用开店之人抽空看小说以及自悔不读书来劝说、勉励读书人不可轻弃书本，而是要勤读诗书，早成学业。在这段话中，他指出两种不良风气：一是"子孙饱食暖衣，终日无所用心"，这是针对个人来说的；一是"群居终日，言不及义"，这是针对一群人来说的。第一种不良风气，荒废掉的是子孙后代个人，社会影响相对较小；第二种不良风气，荒废掉的是一群人，社会影响相对较大。针对这两种风气，陆陇其开出的药方是牢记"少壮不努力，老大徒伤悲"的古训，"朝乾夕惕，互相警戒"，以早日考取功名。

6. 幼习礼仪

子弟幼时读书，须教其端坐^①，不许摇身摆膝，习成恶态^②。朝夕须教其作揖，使知礼貌。至长见人，方不面赤，自然便有威仪^③。

今译

子弟幼时诵读诗书，应当教他端正安坐，不许摇身摆膝，习成丑恶的样子。早晚要教他作揖，让他知道礼貌待人。等他长大了见到他人，才不至于面红耳赤，仪容举止自然就会端正庄重。

简注

① 端坐：安坐，正坐。
② 恶态：丑恶的样子。
③ 威仪：庄重的仪容举止。

实践要点

陆陇其告诉我们，诵读诗书重要，学习礼仪也很重要。孩子小的时候，要充分重视礼仪教育，一是要教其端正安坐，"站如松，坐如钟，卧如弓，行如风"，注重在日常生活中保持良好的形体；一是要教其学会待人接物的礼仪，懂得礼貌，尊重师长。陆陇其深谙礼仪教育之道，让我们从孩子抓起，培养讲文明、懂礼貌的好孩子吧。

7. 少犯毛病

凡少年子弟，切勿许两手反背①，如老人然。习成傲慢，使人议论：此儿无父母教训②。

今译

凡是青少年，不要让他们像老人那样走路时双手反背在身后。如果走路时双手反背在身后，久而久之就会形成傲慢的习惯，让人在背后说闲话：这孩子没有父母教导训诫。

① 两手反背：走路时双手反背于身后，这会给人以傲慢、呆板之感。

② 教训：教导训诫。

实践要点

陆陇其在《幼习礼仪》一节中讲述了小孩子学习礼仪的重要性，在这一节，他继续讲述礼仪问题，教导小孩子从走路开始做起，做一个讲文明、懂礼貌的好孩子。

8. 教子无欲速

凡事或可欲速，惟儿子读书，或亲教，或易教①，断不可欲速。父子之间不责善②，责善则离③父子。责善，贼④恩之大者，亦正为欲速之心胜耳。若去其欲速之心，中也养，不中才也养，不才子弟未尝不乐有贤父兄也。何必定谓不责善哉？但一经亲教，子多愚顽，未有不以怒相继。庶几⑤贤者其能率教⑥乎？吾安得贤者而教之哉？则惟有易子而教之耳。易子而教，安得不讲"尊师重傅"四字？吁！尊师重傅，贫富不同，又难言也已。

/

　　其他事情或许可以讲求速度，但唯独教子读书这件事，或自己亲自教，或与他人换着教，万万不能操之过急。父子之间不需劝勉从善，若劝勉从善，便会背离父子相处之道。劝勉从善还会毁坏父子之间的亲情，这也是导致人们产生欲速之心的罪魁祸首。如果要想去掉欲速之心，中等才智的子弟要教，不到中等才智的子弟也要教，不到中等才智的子弟未尝不会为有这么贤能的父兄感到高兴。何必一定要说不让人们劝勉从善呢？但是，一旦亲自教自家的孩子，孩子中有愚昧而顽固的，则没有不动怒甚至打骂的。也许贤惠子孙能遵从教导吧。我怎样才能得到贤惠子孙而教导呢？看来，只有换着教才行。换着教，怎么能不讲究尊师重傅呢？说到尊师重傅，各家贫富不同，其中情形就一言难尽了。

| 简注 |

/

① 易教：易子而教，互相交换教育对象而实施教育。

② 责善：劝勉从善。出自《孟子·离娄下》："责善，朋友之道也。"

③ 离：违背，背离。

④ 贼：毁坏，残害，伤害。

⑤ 庶几：或许，也许。

⑥ 率教：遵从教导。

俗话说："十年树木，百年树人。"教育是一个循序渐进、长期熏陶的过程，欲速则不达。陆陇其从孟子"责善"出发，引出了"父子之间不责善"，因为"责善则离父子"，因此要"去其欲速之心，中也养，不中才也养"才可"亲教"，指出教育子弟要破除急躁、侥幸心态，避免拔苗助长、急于求成。然而，他话锋一转，又指出了"亲教"的弊端，即"子多愚顽，未有不以怒相继"。如此一来，则只能"易教"，即将子弟委托给他人去教育。易子而教，尊师重教，这是陆陇其开出的教育良方，也是一个行之有效的好主意。

9. 成人子自为政

家有严父，席有严师，子弟又谦谨受教，效不欲速，功不作辍①，不怕不成才。其不才者，大都子弟本质顽梗②，教亦不善。或自以为是，不肯虚心率教，故堕落无成耳。或慈父爱惜，师长宽柔。不欲子弟成人耶？在子弟自要成人，父师不过树一的③耳。若发彼尔的，则射者主之矣，又岂父师为政哉？

/

　　家里有严厉的父亲，课堂上有严格的老师，子弟又谦虚谨慎接受教育，循序渐进，持之以恒，不怕不能成就一番事业。那些不能成就事业的，大多数是因为子弟本身非常固执，愚妄而不顺服，教书先生方式也不对。有些是子弟自以为是，不肯虚心遵从教导，因此堕落腐朽没有成就。也有的是慈父过分疼爱，师长宽顺柔和，子弟缺乏管教，因此没有成就。难道是师长不想让子弟成就一番事业吗？当然不是，根本在于，子弟自身必须发自内心地想要成就一番事业才行，家长和老师只不过是帮他树立一个清晰的目标。师长把目标向他说明，剩下的事由子弟来做主，这难道是为父为师者能主导的吗？

| 简注 |

/

① 辍（chuò）：中止，停止。

② 顽梗（gěng）：愚妄而不顺服，非常固执。

③ 的（dì）：箭靶的中心。

| 实践要点 |

/

　　如何才能学有所成？陆陇其认为，"家有严父，席有严师，子弟又谦虚受教，效不欲速，功不作辍，不怕不成才"。至于那些不成才的，原因有两方面：一是子弟顽劣不肯用功，"自以为是，不肯虚心率教"；二是师长教育方式不对，"慈父爱惜，师长宽柔"，"教亦不善"。那么，什么样的教育方式才有利于子弟成才呢？启发式教育。陆陇其指出，"在子弟自要成人，父师不过树一的耳"。师父领进门，修行在个人，关键还是要靠子弟个人努力。

10. 弗半途废书

> 子弟完经^①后开笔头^②，直到晓得八股^③文字，略成一篇文字模样。纵然不好，不知费先生多少神思。有父兄不读书、不在行者，见儿子一两次考试不利，废书改业，欲速见小^④，良可惜也！

| 今译 |

子弟读完儒家经典之后开始写文章，直到明晰八股文的写法，写出一篇像模像样的文章。纵然写得不算太好，不知道花费了教书先生多少心思。有的父兄不读书、不懂得考试的门道，见到子弟一两次科举考试不利，就想让他荒废学业改学其他，这是急功近利，只考虑快点出成绩，真是太可惜了！

/

① 完经：读完儒家经典。

② 开笔头：开始写文章。

③ 八股：明清科举考试的一种文体，也制艺、时文。八股文就是指文章的八个部分，文体有固定格式：由破题、承题、起讲、入题、起股、中股、后股、束股八部分组成，题目一律出自《四书五经》中的原文。后四个部分每部分有两股排比对偶的文字，合起来共八股。

④ 小：小结果，指取得阶段性成果。

| 实践要点 |

/

陆陇其从子弟完经、开笔头说到晓得八股文字、写成一篇文章，指出学习是个漫长的积累过程，要专心致志，持之以恒，决不能半途而废。他还用那些不读书、不在行的父兄急于让子弟考取功名的事例来说明，读书治学要目标明确，排除干扰，咬定青山不放松，决不能因小小挫折就见异思迁。

11. 出头日

诵诗读书还有出头日子，闲游浪荡终无结果①时辰②。

勤奋刻苦地诵读诗书还有出头日子，懒惰无聊地闲游浪荡终究没有取得成果的时候。

| 简注 |

① 结果：成就，成果。

② 时辰：时间，时候。

| 实践要点 |

诵读诗书是勤劳，闲游浪荡是懒惰。一勤一惰，一是"还有出头日子"，一是"终无结果时辰"，两相对比，鲜明深刻，令人深省。

12. 思小结果

夫做秀才①，安得人人皆中？然不观场②几次，亦枉读一番书。读书若不做得一个秀才，亦终身无结果。

秀才岂是人人都能考中的？然而，不去参加几次考试，也枉费读书一番。读书人若考不上秀才，终究是没有什么成就的。

| 简注 |

① 秀才：别称茂才，原指才之秀者，明清两代专门用于称呼府、州、县学的生员。

② 观场：参加考试，多指儒生参加府、州、县学的生员考试。

| 实践要点 |

读书治学要有所成就，关键在于持之以恒，坚持不懈，有明确的奋斗目标和坚韧不拔的意志。陆陇其认为，"读书若不做得一个秀才，亦终身无结果"。考取秀才是读书人最起码的奋斗目标，为了这个目标的达成，即使多费些心思也是值得的。

13. 机会不可失

功名一路，易者自易，难者自难。更有难而易、易而难者，甚是变幻。无论大小场屋^①，总之院门未封，则吾进取之阶梯未绝，不可心灰意懒，错过机会。安命^②一说，虽是正论^③，亦常误人。

| 今译 |

考取功名一事，容易考取的人说是容易，难以考取的人说是困难。更有的是开始困难后来容易，或者是开始容易后来困难，此中形势变化多端，诸种可能都有。无论是大大小小的科举考试，总之，只要科举取士的道路没有封闭，我们读书人的进取之路就没有断绝，不要因为一时的困顿而心灰意冷，白白错失良机。安于命运一说，虽然是正确合理的言论，但也常常误人子弟，不可全信。

| 简注 |

① 场屋：科举考试的地方，又称科场。引申指科举考试。

② 安命：安于命运。出自《庄子·德充符》："知不可奈何而安之若命，唯有德者能之。"

③ 正论：正确合理的言论。

读书人在考取功名的道路上有一些波折是在所难免的，不能因为一时的困顿而心灰意冷，也不要相信安命之说，白白错过机会。只要"院门未封"，"进取之阶梯"就未断绝，机会总还是会有的。怎样才能抓住机会呢？幸福是奋斗出来的，只有坚定信念，百折不挠，朝着既定目标努力拼搏，才会梦想成真。陆陇其鼓励贫寒学子依靠读书改变命运，在人类社会已经进入信息时代的今天依然有其适用价值。

14. 自重取重

做秀才原要自重，切不可将别事干渎[①]府县。每月朔望[②]，当送窗课[③]两篇。无论看与不看，官府自有子弟在衙，当有识拔神交者[④]。万一有切己[⑤]之事相问，或即与吾昭雪，未可知也。傥遇观风[⑥]季考[⑦]，月课[⑧]不可不试。若经年不见上官，便不熟面，未必呼天辄应。此又不可不知。

| 今译 |

身为秀才，要懂得自重，切不可因为一些琐事冒犯府县官员。每月初一和十五，应当送交习作诗文两篇，不管府县官员是否看到，官府里面总会有人值守，可能会碰到能够赏识提拔你，并与你心意相投的朋友。万一府县官员问到与我们密切相关的事情，也可能会有人帮我们应答，这也是有可能的。倘若遇到观察民情、了解施政得失的季度考试，每月一次的例行考试就要按时参加。如果常年见不到上官，便与上官不熟，一旦遇到事情，很可能就会叫天天不应，叫地地不灵。这些事情不能不知道啊。

| 简注 |

① 干渎：冒犯；干扰。

② 朔望：朔，农历每月初一。望，农历每月十五。

③ 窗课：旧称私塾中学生习作的诗文。

④ 识拔神交者：能赏识提拔你，而且虽未谋面却心意相投的朋友。

⑤ 切己：切身，和自己有密切关系。

⑥ 观风：观察民情，了解施政得失。

⑦ 季考：古代官学中每一季度末举行的考试。

⑧ 月课：明清时每月对学子课试的考校。

/

读书人之间如何交往？在陆陇其看来，既要"自重"，维护读书人的脸面，不要与官府走得太近，更不能冒犯官府；又要"取重"，知晓与官府打交道的诀窍，按照官府的规矩办事，按时完成窗课、月课，按时参加月考、季考。读书人与官府中人打交道，混个脸熟，一是可以交流切磋，砥砺促进，一是可以结交人情，以备不时之需。多与人交往，与人为善，多个朋友多条道，多留个后手，说不定哪天就用到了。陆陇其深谙人情世故，老谋深算啊！

15. 疑思问

虞舜好问，称曰大知①。孔圉②不耻下问，谥曰文子。问礼问官，大圣③不免。先民④有言，询于刍荛⑤。吾本读书人，俗字写不出，闲字不识，故事不记不晓者十常八九。不妨向相知者质疑，断不可耻于求教，终身莫解。

▎ **今译** ▎

/

虞舜勤学好问，被称作是博学而有智慧的人。孔文子敏而好学，不耻下问，谥号是文子。问礼仪，问官制，圣贤之人也在所难免。古代圣贤有句名言，要虚心向割草打柴的人请教。我们本是读书人，俗字不会写，闲字也不认识，故事掌故十有八九都是不记得不知道的。不妨向知道的人询问，万万不能耻于向别人请教，以致终身不解。

| **简注** |

① 大知：指博学而有智慧的人。出自《中庸》："子曰：'舜其大知也与？'"

② 孔圉（yǔ）：史称孔文子，春秋时卫国大夫。《论语·公冶长》中，孔子曾称赞他"敏而好学，不耻下问"。

③ 大圣：古谓道德最完善、智能最超绝、通晓万物之道的人。

④ 先民：古之贤人。

⑤ 刍（chú）荛（ráo）：指割草打柴的人。

| **实践要点** |

陆陇其连用"舜其大知也与""敏而好学，不耻下问""先民有言，询于刍荛"等《四书五经》中的名言警句，指出古代圣贤好疑多问的优良品质及其重要性。古之圣贤尚且如此，何况是"俗字写不出，闲字不识，故事不记不晓者十常八九"的读书人呢。好疑多问，既能表现一个人虚怀若谷的优良品格，又是获取真知的便捷途径。古来在读书治学方面有所成就的人，无不是"敏而好学，不耻

下问"之人。读书人"不妨向相知者质疑"，今天，我们也要好疑多问，在疑和问中提出问题，获得解答，锻炼思维，获取知识，终会有所成就。

16. 愿良朋辅儿

子弟学问，得之父兄师长者多，得之朋友者亦不少。试看掷骰、着棋、抹牌、斗叶子，父师并未尝教之也，何子弟熟此者十有八九？岂非得之朋友辈耶？朋友与吾子弟讲书论文，其受益讵①不多哉？友无损益，岂必曰择②？见善而从，不善而改③，皆吾师也，皆吾友也。思齐内省④而已。

| 今译 |

子弟学问多得之于父兄师长的教导，从朋友那里得来的也不少。看看他们玩的掷骰、着棋、抹牌、斗叶子等游戏，父兄师长并没有教过，为何子弟中十有八九都熟悉玩法呢？难道不是从他们的朋友那里学来的吗？子弟与朋友一起讲书论文，受益难道不多吗？古人说："益者三友，损者三友。"如果朋友不分损友和益友，何必要选择呢？对于朋友，我们要学习他们的优点，对他们的缺点则要注

意改正。如此看来，每一个人都是我们的老师，都是我们的朋友。这就是古人所说的"见贤思齐焉，见不贤而内自省也"。

简注

/

① 讵 (jù)：难道，用于表示反问。

② 友无损益，岂必曰择：如果朋友不分损友和益友，何必要选择呢? 出自《论语·季氏》："益者三友，损者三友。友直、友谅、友多闻，益矣。友便辟、友善柔、友便佞，损矣。"

③ 见善而从，不善而改：学习他们的优点，对他们的缺点则要注意改正。出自《论语·述而》："三人行，必有我师焉。择其善者而从之，其不善者而改之。"

④ 思齐内省：思齐，向对方看齐，要求赶上对方；内省，反省自己。出自《论语·里仁》："见贤思齐焉，见不贤而内自省也"。

实践要点

/

陆陇其在这一则格言中提出了他的良好愿望："愿良朋辅儿。"因为子弟学问有一大部分来自朋友，朋友在子弟的成长过程中起着很大的作用。他认为，子弟可以与朋友讲书论文，互相砥砺，长进学问；子弟可以从益友身上学到"直""谅""多闻"等优良品质，还可以从损友身上认识到"便辟""善柔""便佞"

等恶劣习气，做到"见贤思齐，见不贤而内自省"。为此，陆陇其对子弟如何与朋友交往提出了两方面的要求：一是子弟要有辨别能力，交往朋友要慎重选择，要交接良朋益友，而不能去交接狐朋狗友；二是子弟要有思辨能力，要向良朋益友学习，同时也要认识到狐朋狗友身上的恶劣习气并引以为戒，"有则改之，无则加勉"。陆陇其对交友之道的认识非常深刻，放在今天也有借鉴意义。

17. 业在此

一①几案上无朱墨笔砚，无卷轴书籍，手眼便冷②，气味便俗。

| 今译 |

整个几案上若没有朱墨笔砚，没有卷轴书籍，便觉得手眼冷清，气味庸俗。

| 简注 |

① 一：全；满。
② 冷：冷清。

从几案上的摆设可以看出主人的文化素养。朱墨笔砚、卷轴书籍等是明清时期读书人几案上的必备品，陆陇其用几案上如果没有朱墨笔砚、卷轴书籍就觉得手眼冷、气味俗，来提醒读书人勤读诗书、勤练书法，提高生活品位，培养高雅情操。当下，书桌上除了放电脑，书和纸笔也是必不可少的，开卷有益，"业在此"啊！

18. 时艺切勿轻弃，经文虽旧必存

士人作文，原是随时生意见①，随时发兴致②。尽有旧时做不出者，今日做得出；亦有今日做不出者，旧时反做得出。不必谓今日新而前日旧，亦不必谓新者好而旧者不好。故小题③文字，尽有议论刻画，不可磨灭。岁时虽远，宛如新发于硎④。其不可传，惟直铺八股无味无色耳。定当勿论新旧，姑存备览，且又备题，切勿轻弃。至于经文，作者尤少，虽旧必存。

读书人写文章，原本就是随时产生见解，随时抒发兴趣。总是存在以前写不出来，现在写得出的情况；也有现在写不出，以前反而写得出的情况。不必说现在的新而以前的旧，也不必说新的好而旧的不好。因此，以《四书》文字命题的文章，都有议论刻画，不可磨灭。虽然年代已经很远，还是锋芒毕露，好像刀刚在磨刀石上磨过一样。这些文章没有广泛流传，只是因为它们采取了平铺直叙的八股作文方式显得无色无味平淡了些。对于这些文章，我们不要管是新文还是旧作，暂且留存下来以备查看，而且还要准备题目应试，切不可轻易丢弃。至于《四书五经》等儒家经典，篇幅本来就少，虽然是以前的旧作，还是要留存下来。

| 简注 |

① 意见：见解，主张。

② 兴致：兴趣。

③ 小题：明清科举考试时以《四书》文句命题为小题。

④ 新发于硎（xíng）：新发，刚磨过；硎，磨刀石。刀刚在磨刀石上磨过，形容非常锋利或初露锋芒。

| 实践要点 |

在这一则格言中，陆陇其讨论了"时艺"与"经文"的辩证关系。"时艺"即

明清时期科举考试所需的八股制艺文章，"经文"即《四书五经》等儒家典籍。他认为"时艺切勿轻弃，经文虽旧必存"，因为"时艺"是科举考试的书写样式，是表，读书人必须熟悉八股文的写作套路，而"经文"是科举考试的核心内容，是里，读书人必须熟悉《四书五经》等儒家典籍。只有做到表里结合，才有可能在科举考试中有所斩获。在此，还有个传承和创新的问题："经文"是传承，"时艺"是创新，既要传承，又要创新，在传承中有所创新，才会取得良好效果。当下，我们在准备考试尤其是准备语文考试时，也要把阅读古今经典和阅读优秀作文结合起来，既要传承，又要创新，争取做到既正宗又时尚。

19. 藏书弗损弗卖

父祖传下书籍，不知费几许①心思、几许钱财，自当善藏②。若吾不能读父书而轻卖，此不肖无耻之极。戒子孙切勿轻弃，留此以待后起之能读者。

| 今译 |

父祖留传下来的书籍，不知道耗费了他们多少心血、多少钱财，自然应当妥善保藏。如果我们因为用不到父祖传下来的书就轻易卖掉，这真是不肖无耻至极

啊。我们要训诫子孙切勿轻易放弃父祖流传下来的书籍，而是留存下来，给后世子孙中用得到的人读。

① 几许：多少，几多。
② 善藏：妥善保藏。

| 实践要点 |

读书，读书，先有书才能读。我国古代书籍难得，很多读书人皓首穷经，终其一生熟读一经，除了他们勤学苦读的好学精神，还有就是因为他们自知得书不易，能得一经已属幸运，自当读精读透。书籍难得，藏书尤为可贵，父祖几经周折，耗费多少心血、钱财，才留存下来一些书籍，如果轻易就卖掉了，既是对父祖的不尊重，也是对书籍的重要性认识不够。因此，陆陇其才说那些轻卖书籍的人是"不肖无耻之极"。当下，物质生活极大丰富，书籍易得，纸质书籍购买方式很多，电脑上、手机上也容易读到各种书籍，甚至可以说是随时随地都可以读到想要的书籍。这种情况下，我们还是要重视藏书，爱惜藏书，因为藏书既可以继承前辈的学问志趣，又可以衡量一个家庭的文化功底。当下，读书藏书依然得到社会的重视，"世界读书日"活动的开展和"书香家庭"的评选就是很好的证明。让我们行动起来，做一个读书人、爱书人、藏书人吧！

20. 取譬通方

　　看古人后场^①有譬喻^②处，时艺中有奇警^③处，须各录一集便览。

| 今译 |

　　看到古人后场考试文章中有说理明白通晓之处，八股制艺文章中有含义新颖深切之处，须分门别类摘抄下来，以便将来查看。

| 简注 |

　　① 后场：明清科举考试乡试时分前场与后场，凡前场试取之士，才能参加后场考试。

　　② 譬喻：晓譬劝喻，指文章内说理明白通晓之处。

　　③ 奇警：文字或言论含义新颖深切。

| 实践要点 |

　　好记性不如烂笔头。三人行，必有我师。把别人文章中说理明白通晓之处、

含义新颖深切之处，分门别类摘抄下来，时时诵读，往往会事半功倍。当下，我们习惯于电子阅读，常做指尖上的读书人，却时常忽视了动笔，久而久之，笔头僵硬了，脑子生锈了，学问却没有进步，这是需要我们引以为戒的。

21. 犹母断机

读书人家若遇岁考科举，无秀才与试，无子弟考童生，门衰祚薄①，难矣哉。孟母所谓："子之废学，犹吾断斯机也。"②甚矣，书香不可断。家无读书子，庭前气色寒。

| 今译 |

读书人家若是遇到科举考试的年份，家里没有秀才参加乡试，甚至没有子弟去考秀才，这户人家就显得门庭衰微，福祚浅薄，太让人难过了。这就如同是孟子的母亲仉氏对孟子所说的："你学到一半就停下，和这块织了一半就断开的布有什么区别，还有什么用呢！"读书真是不能中断啊。家里没有读书的子弟，门庭气色就很冷清。

① 门衰祚（zuò）薄：祚，福气。门庭衰微，福祚浅薄。

② 语出《列女传·母仪传》。

| 实践要点 |

　　在陆陇其的心目中，有没有读书人是一个家族是否兴旺发达的重要因素，所谓"家无读书子，庭前气色寒"。若是遇到科考年份，家里没有人考秀才、考举人，这个家族就没落了。反之，若是家里读书人多，接连不断去考秀才、考举人，考取功名，家族就会愈来愈兴旺，终究会发达起来。读书人承担着家族兴旺发达的重任，他们该如何去做呢? 陆陇其用了孟母教育孟子的例子，教导读书人要不间断地积累知识、增长学问，做到集腋成裘、聚沙成塔。学习是一个不断积累的过程，"书香不可断"，古今同理。

22. 切勿失足衙门

　　子弟以读书为主。若不然，吾亦不能代汝谋矣。切不可误入衙门，坏心术，舞文法①，系图圄②，受刑辱，惊妻累子，玷祖辱宗。

| 今译 |

读书人应当以诵读诗书、考取功名为人生目标。如果不这样，我也不能帮你们谋划什么了。万万不可委身衙门，充当讼师，包揽讼词，以致心术变坏，故意曲解法令条文，编织罪名，时间长了，事情必然会败露，甚至身陷监狱，遭受刑罚，连累妻子儿女，玷污祖宗清誉。

| 简注 |

① 舞文法：故意曲解法令条文，编织罪名。
② 囹圄：监狱。

| 实践要点 |

陆陇其痛恨那些播弄是非、陷害忠良的恶棍讼师。他认为读书人就该干读书人的事情，以诵读诗书、考取功名为己任，坚决反对他们涉足衙门，充当讼师，包揽讼词，以致坏事干尽，身陷囹圄，惊妻累子，玷祖辱宗。陆陇其以此来劝导读书人读圣贤书，做圣贤事，保持读书人的正直和善良，做社会道德的中流砥柱。这充分体现了陆陇其对读书人的关爱。当然，基于儒家传统的无讼理念，陆陇其对讼师（帮人办理诉讼事务的人，旧时以替打官司的人出主意、写状纸为职业的人）的认识以贬斥为主，有其历史局限性。

23. 择业养生

子弟读书不得进学①，或工②书工画，或习医处馆③，亦是不俗。此亦随身一艺，聊可养生。若晓得大算法，人亦有用吾处。断不可晓得骰子、骨牌、纸牌诸色，混入赌场，便陷死地。若晓得围棋、象棋，止适意④遣兴⑤，似亦不妨。傥起一好胜心，便思赌胜赢钱。初试一钱一局，渐进三钱四钱，热血灌牙，渐不可长。况且废时失事，吞饥致疾，此又万万不可者也。痛戒，痛戒！吾生极拙，喜与书墨笔砚相对。若见各色玩好之物，便心酸、便头痛，所以寡交忤俗⑥，自甘不入时⑦也。

| 今译 |

读书人若科举考试不顺利，未能考取秀才，或勤习书画去卖字卖画，或学医开医馆，或到私塾当塾师，也是挺不错的。这就是通常说的身有一技之长，可以谋生养家。如果精通深奥的计算方法，别人也有用到我们的地方。绝对不能沾染骰子、骨牌、纸牌等诸种赌博样式，一入赌场，便身陷绝境。如果喜欢围棋、象棋，只是用于抒发情怀，表达情意，好像也没有妨碍。假使一时兴起好胜之心，

便想着靠赌博来赢钱。一开始一钱一局，逐渐三钱、四钱一局，赌着赌着，便会牙龈肿痛，头脑发热，别人的钱没赚着，自己的钱反而渐渐不够用了。况且，赌博浪费时间，荒废事业，还容易因为忍饥挨饿导致生病，这也是万万不可赌博的原因。彻底戒除，彻底戒除! 我生性极其笨拙，喜欢和书墨笔砚打交道。如果见到各式各样供人玩赏的奇技淫巧之物，便觉得心酸头疼，所以交往的朋友比较少，也不顺从时俗，自己心甘情愿地不合乎时尚。

| 简注 |

① 进学：明清两代指童生考取生员，进入府学、县学读书。

② 工：善长，长于。

③ 处馆：在私塾中教书。

④ 适意：称心，合意。

⑤ 遣兴：抒发情怀，解闷散心。

⑥ 忤俗：不顺从时俗。

⑦ 入时：合乎时尚。

| 实践要点 |

陆陇其认为，青年人如果仕途不畅，把功夫用到书法绘画、学医处馆上，有个一技之长，足够谋生养家，也是可以的；但是，绝对不能赌博。赌博，轻则输钱伤身，重则荒废事业，甚至家破人亡。人们常说赌博是万恶之源，赌博导致的家破人亡事件不计其数。掷骰子、斗骨牌、打纸牌等各种各样的赌博，看似简单易懂，不易作弊，好像是撞运气，内里的门道却很多。赌来赌去，参赌的人都输了，唯一赢的是庄家。据史书记载，陆陇其在担任嘉定知县期间，曾经审理过赌博案件。为了劝谕赌博者，陆陇其让人拿来五只碗，中间的一只空着，边上的四只灌水，碗中的水转来转去，最终中间的空碗满了，边上的四只碗却空了。陆陇其说："尔赌之忽赢忽输，何异此水之移来移去乎？今尔等争相攫取，而彼此总归乌有，又安用是劳劳者为？"于是，众人醒悟，陆陇其任内，嘉定再无人赌博。这则故事真实与否不必细究，陆陇其劝戒赌博却是黑纸白字明确记载的。择业养生，干什么都好，就是不要赌博。戒赌，禁赌，古今一致。为了美好生活，请远离赌博吧！

24. 善恶皆师，从改由己

论交而曰可者与之，其不可者拒之[1]，甚非取友之道也。且人皆自贤自善[2]，亦孰肯自居不能不可哉？在吾亦岂真贤胜人，乃轻以不可不能目人也？莫若孔子曰："三人行，必有我师焉。择其善者而从之，其不善者而改之。"[3]是二人者，皆吾师也，则皆我友也。此在吾从改为主，不论人之善恶矣。何等浑融[4]！

说起交友之道，认为合适的就和他交朋友，不合适的就拒绝他，这种说法很是不符合交友之道。而且，人们总是自以为贤能、善良，又怎么肯自认为不贤能、不合适呢？就我们自己来说，哪里是真比别人贤能，而轻易地用不合适、不贤能看人呢？不如孔子所说："三个人一起行走，其中一定有值得我效法的人。我应当选择他们的优点去学习，对他们的缺点则要注意改正。"从这个意义上来说，和我一起的两个人都是我的老师，都是我的朋友。对我而言，当以改正为主，不论别人是善是恶。这种交友之道是何等的融会而不显露啊！

| 简注 |

① 可者与之，其不可者拒之：出自《论语·子张》。

② 自贤自善：自以为贤，自以为善。

③ "三人行"至"其不善者而改之"：出自《论语·述而》。

④ 浑融：浑合，融合。融会而不显露。

| 实践要点 |

陆陇其论述交友之道，否定了子夏所说的"可者与之，其不可者拒之"，认可孔子所说的"三人行，必有我师焉。择其善者而从之，其不善者而改之"，主张

"善恶皆师，从改由己"。其实，这两种交友之道都是出自《论语》。在《论语·子张》篇中，子夏的学生向子张请教交友之道，子张说："子夏是怎么说的？"学生答道："子夏说：'合适的就和他交朋友，不合适的就拒绝他。'"子张说："这和我听说的不一样：君子既尊重贤人，又能容纳众人；既能够赞美善人，又能同情能力不够的人。如果我是十分贤良的人，那我对别人有什么不能容纳的呢？我如果不贤良，那人家就会拒绝我，又怎么谈能拒绝人家呢？"在这段话中，子夏认为人们可以以自己认为的是否合适来判断是否交朋友，这种观点的弊端很大；子张提出人们要以君子之贤良淑德来对待所有的人，这种观点对自己的道德要求很高。在《论语·述而》篇中，孔子提出了"三人行，必有我师"的观点，提倡"择其善者而从之，其不善者而改之"。陆陇其否定了子夏的观点，回避其实是变相否定了子张的观点，而选择孔子的观点，教导人们正确交友：他人不论善恶贤愚都可以多多接触，交往的时候，注意学习朋友身上的优点，见贤思齐；注意辨别朋友身上的缺点，有则改之，无则加勉。

25. 学好样

人须件件要看好样，则学问日进，人品亦端，故孔子曰："见善如不及，见不善如探汤。"① 又曰："见贤思齐焉，见不贤而内自省也。"又曰："择其善者而从之，其不善者而改之。"又曰："如恶恶臭，如好好色。"② 时时要想着。

| 今译 |

人们每件事情都必须向好的榜样学习，学问才会日渐长进，人品也会越来越端正，因此孔子说："见到好的品行，应思考差距，并努力赶上；见到恶行恶人，不应参与其中，应像手碰触开水一样立刻抽走。"他又说："见到有德行的人就向他看齐，见到没有德行的人就反省自身的缺点。"他又说："应当选择他们的优点去学习，对他们的缺点则要注意改正。"他又说："要像厌恶臭气和喜欢美丽的颜色一样。"这些需要我们时时都想着。

| 简注 |

① 见善如不及，见不善如探汤：出自《论语·季氏》。
② 如恶恶臭，如好好色：出自《大学》。

| 实践要点 |

陆陇其在这一则格言里讨论的是"学好样"。他借用《论语》《大学》中的现成语句，采用正反对比的方式，提出了"见善如不及""见贤思齐""择其善者而从之""如好好色"等引导人们学习好的榜样，同时也提出了"见不善如探汤""见不贤而内自省也""其不善者而改之""如恶恶臭"等引导人们要以坏的榜样为戒，并要求人们时时想着这些先贤的至理名言。榜样的力量是无穷的。当下，我们需要树立一些典型人物、典型案例，充分发挥榜样的引领、示范作用，引导青年学子见贤思齐、择善而从，促进青年人的成长。

26. 书中有金

人皆怨^①贫，妄想富贵，何不怨贱？苦志读书，自有贵日，自有富日。惜乎！甘为人下而不辞者，比比然^②也，乌^③得不贫？又何怨贫？

| 今译 |

人们都不满意贫穷，妄想着有朝一日能大富大贵，可是为何不埋怨自己地位低下呢？坚定信念，勤读诗书，自然有大富大贵的日子。可惜啊！自甘屈居人下而不发愤图强的人太多了，又怎么能不贫穷呢？自己不努力改变，又怎么能埋怨自己贫穷呢？

| 简注 |

① 怨：不满意，责备。

② 比比然：到处都有或每每有之。

③ 乌：疑问代词，何。

| 实践要点 |

北宋真宗赵恒《劝学诗》曰："富家不用买良田，书中自有千钟粟。安居不用架高堂，书中自有黄金屋。出门无车毋须恨，书中有马多如簇。娶妻无媒毋须恨，书中有女颜如玉。男儿欲遂平生志，勤向窗前读六经。"在这首诗里，诗人皇帝赵恒用"千钟粟""黄金屋""马多如簇""女颜如玉"等美人美物诱导、劝谕男儿勤读诗书，考取功名，一展平生所愿。在这一则格言中，陆陇其用由"书中自有黄金屋"化来的"书中有金"以及"苦志读书，自有贵日，自有富日"来点明读书的重要价值。然而，他论述的重点不在于告诉人们读书有多么重要，而在于指出人们"皆怨贫，妄想富贵"的普遍心态，以及"甘为人下而不辞者，比比然也"的普遍状态，以此来告诫人们不要嫌贫爱富，也不要妄自菲薄，而是要坚定信念，勤读诗书，通过读书来改变命运。读书能否改变命运，这个话题众说纷纭，但是有一点是确定的，知识就是力量，或者说是知道就是权力，有知识总比没知识强，知道总比不知道强，即使不是为了物质生活的改善，为了精神生活的丰富，也要勤读诗书，好学上进。

27. 守身孝子当留心

| **今译** |

读书人不能不读一些医书，中草药的药性也不能不知道一些。这也是保持健康、提防生病的关键所在。孝子贤孙应当留心诵读医书，不能因为收效缓慢就不重视。

| **简注** |

① 守身谨疾：保持健康，提防生病。

② 缓：缓慢。

③ 忽：不重视，不注意。

| **实践要点** |

古人说："不为良相，便为良医。"陆陇其在《择业养生》篇中谈论读书人的

出路时也曾提到"习医"，可见熟读医书还是有必要的。在这一则格言中，陆陇其再次重申了熟读医书的重要作用。读书人在诵读诗书之余，读些医书，懂得些医学常理和药物常识，不仅可以防病养生，还可以照顾家人健康，更可以在他人急需医治时给予援手。当下，当医生需要通过专门的医师资格考试，卖药也需要有药师或中药师资格证，不是读几本医书就能给人看病治疗了。但是，读些医书，懂些医药常识，尤其是急救知识，总是有好处的，修身养性也好，帮助他人也好，总归是艺多不压身。

28. 喜听书声

> 居家听妻女纺织声，耳根觉闹，然亦可喜。听儿孙读书声，心境独①清②，更觉可喜。

| 今译 |

待在家里听到妻子女儿纺织的声音，耳朵根子虽然觉得吵闹，但是心里还是很高兴的。听到儿子孙子的朗朗读书声，心境反而变得安静，更觉得心里高兴。

① 独：语气助词。

② 清：安静。

这一则格言中，陆陇其拿纺织声和读书声作比较，突显了他对读书人的喜爱。纺织声、读书声，声声入耳。纺织声虽让人觉得吵闹，却也让人高兴，读书声让人闹中取静，心里更加高兴。家里有纺织声，说明妻子女儿勤劳善良，劳作不断，生活自有保障。家里有读书声，说明儿子孙子好学不辍，勤读诗书，考取功名有望。纺织声可喜，读书声更觉可喜，因为读书不但寄托了家中长辈的殷切希望，书中更是积淀了前人的学识才情和生命气息。

29. 孝亲敬长

孩提之童①，无不知爱其亲也，及其长也，无不知敬其兄也。孝弟也者，其为仁之本与②！尧舜之道，孝弟而已矣。彼不孝不弟者，岂天性然哉？皆由不觉耳。试看《蓼莪》③章，安得不孝顺父母？又读《常棣》④章，安得不友于兄弟？为人子为人弟，试读此两篇作座右铭，有不如怨如慕、如泣如诉⑤？犹不知爱亲敬长，不孝不悌，非人也。

| 今译 |

幼儿没有不知道爱父母的，等他们长大了，没有不知道尊重兄长的。对父母尊敬，对兄弟姐妹友爱，是行仁的根本吧！尧舜之道，也就是孝悌。那些不尊敬父母不友爱兄弟姐妹的，难道是天性使然吗？都是由于他们没有醒悟啊。尝试着读读《诗经·小雅·蓼莪》篇，读过之后怎么会不孝顺父母呢？尝试着读读《诗经·小雅·棠棣》篇，读过之后又怎么会不友爱兄弟姐妹呢？为人子女者，为人兄弟姐妹者，试着读读这两篇，并把它当作座右铭，有不如怨如慕、如泣如诉的吗？如果仍然不知道尊敬父母、友爱兄弟姐妹，简直不配做人。

| 简注 |

① 孩提之童：出自《孟子·尽心》，指幼儿，两至三岁的儿童。

② 孝弟也者，其为仁之本与：出自《论语·学而》。孝，尊敬，指还报父母

的爱；弟，友爱，指兄弟姊妹的友爱，也包括朋友之间的友爱。对父母尊敬，对兄弟姐妹友爱，是行仁的根本。

③《蓼（lù）莪（é）》：蓼，长又大的样子；莪，一种草，即莪蒿。《蓼莪》出自《诗经·小雅》，是悼念父母的祭歌，叙写父母养育抚爱的恩情。

④《常棣（dì）》：常棣亦作"棠棣""唐棣"，即郁李，蔷薇科落叶灌木，花粉红色或白色，果实比李小，可食。《常棣》出自《诗经·小雅》，是周人宴会兄弟时，歌唱兄弟亲情的诗。

⑤ 如怨如慕、如泣如诉：出自苏轼《前赤壁赋》："其声呜呜然，如怨如慕，如泣如诉。余音袅袅，不绝如缕。舞幽壑之潜蛟，泣孤舟之嫠妇。"像是在忧怨，又像在思慕，像是在哭泣，又像在倾诉。

| 实践要点 |

《孝经》曰："夫孝，天之经也，地之义也，民之行也。"孝敬父母是天经地义的事情，为人之子女，自然要报答父母的养育之恩。陆陇其在这一则格言中，从幼儿知道爱父母，长大了后知道尊重兄长写起，指出孝悌是行仁的根本，尧舜之道就是孝悌。他建议不懂得孝悌的人尝试着去读读《诗经·小雅·蓼莪》和《诗经·小雅·棠棣》。他认为读过这两篇之后，是个人就会被其中如怨如慕、如泣如诉所感动，就会懂得其中蕴含的孝悌之道。当然，也许会有例外，例外的就不配做人了。陆陇其是个大孝子，据说，他当官之后，迎亲老于官署，早晚侍奉，承欢膝下。民间也流传有《陆稼书孝行化逆子》的故事，说的是他把不孝少

年喊到身边当随从，看他日常起居如何孝亲敬长，不孝少年被他的言行感化，成了一个懂得孝亲敬长的好孩子。当下，中国逐步进入老龄化社会，老年人如何安度晚年越来越成问题，传承中国传统孝悌文化，孝亲敬长，正当其时。

30. 人所以异

非禽非兽，当孝当悌。不孝不悌，禽兽何异[①]？

┃ 今译 ┃

如果不是飞禽走兽，就应当懂得孝悌。不孝不悌，和飞禽走兽有什么区别呢？

┃ 简注 ┃

① 何异：用反问的语气表示与某物某事没有两样。

┃ 实践要点 ┃

陆陇其认为，人和禽兽的区别在于是否懂得孝悌：人懂得孝悌，禽兽不懂得孝悌。那些不懂得孝悌的人，和禽兽是没有区别的，可以用衣冠禽兽来指称。孝悌之中，孝易悌难。因此，古人非常重视兄弟之间的关系，《诗经·小雅·棠棣》专门讲述兄弟之情。兄弟关系的核心在于悌，关键在于睦，《礼记·礼运》说："父子笃，兄弟睦，夫妇合，家之肥也。"《弟子规》也说："兄道友，弟道恭，兄弟睦，孝在中。"兄弟齐心，其利断金。只有兄弟和睦，家庭才会和谐，才有利于家庭的兴旺发达。

31. 慈爱率先

人皆责①子之孝，责弟之悌。吾独责父之先慈，责兄之先友。故子或不孝，父不可不慈；弟或不悌，兄不可不友。盖②父兄为子弟主③，岂可不立子弟之榜样，徒④责子弟之孝悌哉？

| 今译 |

父母都要求子女孝顺自己，兄长都要求弟弟尊重自己。我单单要求为人父母者要先慈爱，为人兄长者要先友爱。因此，子女或许不孝顺父母，父母不可以不慈爱子女；弟弟或许不尊重兄长，兄长不能不友爱弟弟。父母兄长对子女弟妹的成长起着主导作用，怎能不给他们树立学习的榜样，而只是要求子弟孝悌呢？

① 责：要求。

② 盖：虚词，发语词。

③ 主：主宰。

④ 徒：只；仅仅。

| 实践要点 |

"父慈子孝，兄友弟恭"是封建社会家庭伦理的基本要求，从语序来说，慈在孝之前，友在恭之前；从实际情况来说，有父慈才有子孝，有兄友才有弟恭。因此，慈友要先于孝悌，慈友要为孝悌的产生做好引导、做好铺垫。在这一则格言中，陆陇其讲述的就是"慈爱率先"。他认为，要想子孝弟悌，首先要做到父慈兄友，父兄与子弟以真心换真心，以真情换真情，日久见人心，功到自然成。做到了父慈兄友、子孝弟悌，家庭自然团结和睦，家业自然兴旺发达。陆陇其任职嘉定时，曾经审过一个"老父告'逆子'"的案子。有一天，某老父状告自己的儿子不孝顺，陆陇其受理了此案。父子两人来到大堂后，陆陇其询问情况，老父喋喋不休地说儿子怎么不孝顺，儿子在一旁一句话也不说。陆陇其没有急着结案，他让人给父子两人每人一吊钱，他们可以自由支配，并让他们天黑之前把剩余的钱交回县衙。陆陇其同时派人跟随父子二人观察他们的言行，并派人到他们家附近调查，结果发现老父好吃懒做，儿子虽然勤劳，却收入微薄，供养不起老

父。天快黑时，父子二人回到县衙，老父把一吊钱好吃好喝好玩地花了个精光，儿子却一个子儿也没花，原封不动地把钱交了回去。陆陇其询问原因，老父说县太爷给了钱，不花白不花；儿子说县太爷给的钱，哪敢随便花。陆陇其结合二人言行和调查结果，狠狠训斥了好吃懒做的老父，让他从此以后要勤劳，要体谅儿子，要给儿子做榜样；好好褒扬了勤劳本分的儿子，并把一吊钱赏给了儿子，让他回去之后好好营生，争取多赚些钱，让家人日子过得好些。从这个小故事中，我们可以感受到陆陇其在处理家庭伦理道德问题时"慈爱率先"的理念。

32. 真孝真悌

父慈而后子孝，兄友而后弟恭。此是常事，固①不足道。傥父不慈而子自②孝，默③有以感动父之慈，斯为真孝。兄不友而弟自悌，默有以感动兄之友，斯为真悌。

| 今译 |

父亲慈爱然后儿子孝顺，兄长友爱而后弟弟恭敬。这是平常的事情，当然不值得称道。假使父亲不慈爱而儿子仍旧孝顺，无形中以孝心孝行感动父亲从而使得父亲慈爱，这才是真正的孝顺。假使兄长不友爱而弟弟仍旧恭敬，无形中以悌

心悌行感动兄长从而使得兄长友爱，这才是真正的恭敬。

/

① 固：当然。

② 自：仍旧，依然。

③ 默：私下，暗中，无形中。

| 实践要点 |

/

陆陇其在上一节中讲述了"父慈子孝，兄友弟恭"良性道德互动关系的父兄行为层面，提倡"慈爱率先"；在这一则格言中，他以"真孝真悌"为题讲述了子弟行为层面，提倡"自孝""自悌"。陆陇其认为，"父慈而后子孝，兄友而后弟恭"，这是人之常情。如果碰到不慈爱的父亲、不友爱的兄长，做儿子、当弟弟的该怎么办呢？是不是有样学样，做一个对父亲不孝顺的儿子、对兄长不恭敬的弟弟呢？当然不是，子弟不能以父慈兄友为子孝弟恭的前提，而是要在无形中以孝心孝行、悌心悌行感动父兄，委婉劝谕父兄慈友。唯有如此，才是真孝真悌。在《慈爱率先》篇中，我们分享了陆陇其审判"老父告'逆子'"案的故事，故事中的老父就是个"不慈父"，他的儿子就是个"真孝子"。当下，家庭矛盾纷繁复杂，父子矛盾、兄弟矛盾时有发生，甚至激化成不可挽回的恶果。在这种情况下，为人子者、为人弟者要从一个正常人的立场出发，不管老父如何、兄长如何，都要尽到自己子、弟的责任和义务，以一时一人的委屈换取阖家团结幸福。

33. 十思

逢食思亲，遇节思亲，饥寒思亲，疾病思亲，安乐思亲，忧患思亲，嫁娶思亲，诞日思亲，出身①思亲，养儿思亲。

| 今译 |

吃饭的时候思念双亲；过节的时候思念双亲；饥寒交迫的时候思念双亲；生病的时候思念双亲；高兴愉悦的时候思念双亲；困苦患难的时候思念双亲；出嫁娶亲的时候思念双亲；生日的时候思念双亲；步入仕途的时候思念双亲；初为人父母的时候思念双亲。

| 简注 |

① 出身：科举考试中选者的身份、资格，亦指学历。此处指步入仕途为官。

陆陇其在这一则格言里归纳了最易引起儿女思念父母双亲的十个时刻。其中，吃饭、过节、高兴愉悦、出嫁娶亲、生日、步入仕途、初为人父母这七种可以进一步归纳为快乐的时候，饥寒交迫、生病、困苦患难这三种可以进一步归纳为悲伤的时候。这些快乐的时候或悲伤的时候，总会使人想起父母双亲养育自己的艰辛，想起父母双亲的慈爱呵护，进而让人想到自己还未能回报父母养育之恩的愧疚之情。儿女孝顺父母要趁早，不要等到"子欲养而亲不待"。陆陇其的这则格言明白易懂，言简意赅，却饱含温情，充满人文关怀。

34. 教孝教悌

子弟孝悌出自天性[①]，原不待教而能，故有不教孝而自孝，不教悌而自悌；亦有教之孝而不孝，教之悌而不悌。然宁使我教之孝悌而不孝悌，毋使我不教孝悌而不孝悌。世有一种人，平日不教之孝悌，而遽[②]责其不孝不悌。噫[③]，何谬谬也！

儿女孝敬父母、弟弟尊重兄长是出自人的天性，原本是不用等教了之后才会的，因此，有的人，不用教他如何去孝敬父母自然就懂得孝敬父母，不用教他如何去尊重兄长自然就懂得尊重兄长。不过也有的人，即便教他孝敬父母也不去孝敬父母，教他尊重兄长也不去尊重兄长。然而，宁可让我们教他孝敬父母、尊重兄长，而他却不去孝敬父母、尊重兄长，也不要不教他孝敬父母、尊重兄长，而导致他不去孝敬父母、尊重兄长。世上有一种人，平日不教子女孝敬父母、不教弟弟尊重兄长，就去指责子女不孝敬父母、弟弟不尊重兄长。唉，这种做法是何等的荒谬啊！

| 简注 |

① 天性：人先天具有的固有属性。

② 遽（jù）：遂，就。

③ 噫（yī）：文言叹词，表示感慨、悲痛、叹息。

| 实践要点 |

这一则格言论述了"教孝教悌"。陆陇其认为，"子弟孝悌出自天性，原不待教而能"，有了这个先天固有的基础秉性，孝悌本该是自然而然的，"不教孝而自

孝，不教悌而自悌"。但是，也有冥顽不化之徒，"教之孝而不孝，教之悌而不悌"。在这种情况下，就要发挥孝悌的教育功能了，要在言行举止中注重孝悌，以身教和言教带动人们孝悌，从而培育良好的社会风尚。在此，陆陇其特别指出一种荒谬的做法，"世有一种人，平日不教之孝悌，而遽责其不孝不悌"，这种做法就是通常所说的"不教而诛"。"不教而诛"出自《论语·述而》："子张曰：'何谓四恶?'孔子曰：'不教而杀谓之虐，不戒视成谓之暴，慢令致期谓之贼，犹之与人也，出纳之吝谓之有司。'"孔子认为，"不教而诛"是四种恶政之首，"不教而杀谓之虐"，即不进行教育就杀戮叫做残虐。作为一个成语，不教而诛指事先不讲明道理，一出错或犯法就给予惩处或处死。父母教育儿女、兄长教育弟弟，当然不能不教而诛，而是要通过身教言教，言出必行，以身作则，潜移默化地教孝教悌。唯有如此，才会取得良好的效果。

35. 悌从孝生

闵子骞①曰："母在一子寒，母去三子单。"味此二语，实友于兄弟也，而孝归之。象②曰："谟盖都君咸我绩。"舜曰："惟兹臣庶汝其于予治。"及立为天子，则封之有庳③，亦舜之友于兄弟也。非大孝，曷克臻此?

闵子骞说："母在一子寒，母去三子单。"从这两句话可以体会到闵子骞对两个弟弟的友爱之情，以及其中蕴含的闵子骞对父亲和继母的孝顺之情。象说："谋略总是归功于国君，可都是我的功绩。"舜说："这些臣民希望你来治理。"等到舜登基为天子，封象于有庳，这是舜对象的友爱之情的体现。舜若不是大孝，怎么能做到这个地步呢？

① 闵子骞：生于公元前 536 年，卒于公元前 487 年，姓闵，名损，字子骞，春秋末期鲁国人，孔子弟子，七十二贤人之一，以德行与颜回并称。

② 象：姬姓，舜的异母弟，黄帝的八世孙。

③ 有庳（bì）：古地名，庳一作"鼻"。又名鼻墟、鼻亭。在今湖南道县北，接零陵县界。相传舜封象于此。

这一则格言讨论"孝"与"悌"的生发顺序，陆陇其认为"悌从孝生"，并以闵子骞、舜的例子来说明对兄弟的友爱之情出自对父母的孝顺之情。据传，闵子骞为人极孝。他少年丧母，父亲娶了继母。继母偏爱自己的亲生儿子，虐待闵子骞，闵子骞却没有告知父亲，怕影响父母之间的关系。冬天，继母用棉絮给自己的孩子做棉衣，而给他的棉衣填的是芦花。一天，闵子骞驾马车送父亲外出，因寒冷饥饿无法驭车，马车滑入路旁沟内。他被父亲呵斥鞭打，结果抽破衣服露出了芦花。父亲了解情况后，想休掉妻子。闵子骞长跪于父亲面前，为继母求情说："母在一子单，母去四子寒。"父亲便不再坚持休妻，继母也忽然醒悟，痛改前非。孔子称赞他说："孝哉，闵子骞! 人不间于其父母昆弟之言。"后人根据闵子骞的这段故事，改编出戏剧《鞭打芦花》。闵子骞以其孝行，入选元人编纂的《二十四孝图》，题为《单衣顺母》，名列第三。舜与象的故事也是人们熟知的。据传，象生性傲狠，对其异母兄舜非常不满，经常与父母一起想要寻机杀死舜。在这一则格言中，象说"谟盖都君咸我绩"，语气中充满了傲慢；舜说"惟兹臣庶汝其于予治"，语气颇为谦卑。两相比较，品格高下立现。象等三人对舜很不好，多次陷害舜，但舜却仍然孝顺友爱地侍奉这三人，不敢有半点不敬不爱。后来他们陷害舜的计划暴露，舜不但没有生三人的气，反而对三人比以前更好，三人颇为感动，从此不再怀有害舜之心。

36. 一孝立而万事从，只少肥爷丸也

孝悌之道亦难言也。傥能以爱妻子之心爱父兄，庶乎①其可矣。可惜医家无见识，只有肥儿丸②，不合③肥爷丸也。子弟之道，庶乎其不替④也哉⑤！

———／———

　　孝悌之道也是非言词所能表达的。假使人们能以关爱妻子儿女的心态去关爱父母兄长，也就差不多了吧。可惜医家没有见识，认为只有肥儿丸，不该有肥爷丸。如此一来，子弟的孝悌之道，差不多就不会衰落了吧！

| 简注 |

———／———

　　① 庶乎：近似，差不多。

　　② 肥儿丸：健胃消积，驱虫。用于小儿消化不良，虫积腹痛，面黄肌瘦，食少腹胀泄泻。

　　③ 不合：不应当，不该。

　　④ 替：衰亡，衰落。

　　⑤ 也哉：语气助词，表示感叹。

| 实践要点 |

———／———

　　古语有云："百善孝为先。"孝是中华优秀传统文化的核心观念。人如果能对父母有感恩之心，懂得孝敬父母，其他美德也会相伴而生，进而通过不断修习，达到自我人格的完善。陆陇其所说的"一孝立而万事从"就是这个道理。在多子女家庭里，孝是与悌连在一起的。什么才是孝悌呢？陆陇其认为孝悌是难以言说的，"孝悌之道亦难言也"；孝悌虽不可言说，却能在言行中体现，"以爱妻子之心爱父兄"就是孝悌。

37. 勉兄爱弟

天下断①无不爱子之父，宜②亦无不爱弟之兄。然子不孝，父未必即罪其子，母又为之解纷③。设弟若不悌，兄便有以责其弟，嫂又为之鼓吹④。吾为为兄者计，莫若⑤推父母爱子之心以爱弟，则庶几可矣。

| 今译 |

天下绝对没有不关爱子女的父亲，当然也没有不关爱弟弟的兄长。然而，如果子女不孝顺，父亲未必会怪罪他们，母亲又在一旁给他们排解纠纷，事情也就解决了。假设弟弟不尊重兄长，兄长便有可能责备弟弟，嫂子又在一旁使坏添乱，事情就没法解决了。对于兄长而言，不如以父母爱子之心去关爱弟弟，差不多就可以了。

① 断：一定，绝对。

② 宜：当然，无怪。

③ 解纷：排解纷乱；排解纠纷。出自《老子》："挫其锐，解其纷。"

④ 鼓吹：宣扬、宣传，多带有贬义。

⑤ 莫若：不如。

| 实践要点 |

　　陆陇其勉励兄长像父母关爱自己那样去关爱弟弟。他认为，"天下断无不爱子之父，宜亦无不爱弟之兄"，这个判断下得虽然有些武断，却也基本符合事实。陆陇其论述了父母对待不孝子女的态度，同时也论述了兄嫂对待不悌弟弟的态度，两者之间有着明显的不同。两相比较，可以发现，"父未必即罪其子"，而"兄便有以责其弟"，这是男人的态度；"母又为之解纷"，而"嫂又为之鼓吹"，这是女人的态度。父母与子女之间、兄长与弟弟之间有着血缘亲情，遇事容易处理，手段也相对温和；嫂子与兄弟之间没有血缘亲情，遇事难以处理，手段就会相对偏激。这种分析也是基本符合人之常情的，只是对"嫂子"这一角色有些看轻。如果兄嫂能"推父母爱子之心以爱弟"，兄弟之间的关系就会和谐，兄友弟恭也容易办到。

38. 事父为父，事兄为兄

人人有为父之日，不思为子之时能竭其力，他日何以责①子之孝？人人有为兄之日，不思为弟之时恭敬其兄，他日何以责弟之悌？若吾事父未能，事兄未能，而顿欲求备于子若②弟，可谓内省不疚，无恶于志③乎？故必修身为本，责己宜严，兢兢④自立一标榜，确足为子弟师表，然后可以为人父兄。

| 今译 |

人人都有做父亲的一天，不考虑着做儿子的时候能竭尽全力孝顺父亲，等到自己做父亲了，凭什么要求儿子孝顺他呢？人人都有做兄长的一天，不考虑着做弟弟的时候恭敬兄长，等到做兄长了，凭什么要求弟弟尊重他呢？如果我们事父未能做到孝顺，事兄未能做到尊重，而忽然对儿子和弟弟求全责备，能说是做到"内省不疚，无恶于志"了吗？因此，我们必须以修身为本，严格要求自己，小心谨慎地把自己树立为一个榜样，的确足以作为子弟的师长和表率，然后就可以做合格的父亲和兄长了。

/

① 责：要求。

② 若：与，和。

③ 内省不疚，无恶于志：出自《中庸》，意为君子反省自己可无愧疚，没有什么会损害自己内心的心志。

④ 兢（jīng）兢：小心谨慎貌。出自《诗·小雅·小旻》："战战兢兢，如临深渊，如履薄冰。"

| 实践要点 |

/

俗话说："有样学样。"做父亲、兄长的如果想要儿子孝顺自己、弟弟尊重自己，那就要自己首先做到孝顺自己的父亲、尊重自己的兄长。如果自己做不到，那有什么资格要求别人呢？因此，陆陇其提出"事父为父，事兄为兄"，要求"为子之时能竭其力"孝顺父亲，"为弟之时恭敬其兄"。如何才能做到"事父为父，事兄为兄"呢？陆陇其提出"修身为本，责己宜严"，即以"修身"为做人的根本，以儒家君子标准来严格要求自己，不断提高自己的道德品格和气质修养，让自己成为子弟学习孝悌的好榜样。进一步说，儿子孝顺父亲、父亲孝顺自己的父亲，这是一种父子之间的良好互动，是传统孝德的代际传承，有了这种良好的传承，中华民族才会更好地绵延下去。孝如此，悌亦如此。孝悌的根本是处于孝悌关系网中每一个点上的人，如果每个人都能"修身为本，责己宜严"，这张网就会很好地互动起来。常言道:"上行下效。"在这张网中,处于上游的更有示范效应,那就要求上游的人(父、兄)给下游的人(子、弟)做好榜样示范,发挥应有的作用。

39. 老官人何当汝尊称

父兄名分,其尊无对。读书子在人前,必须称家父家兄,此一定之理也。令后生辈无效挑脚①汉子,称父为老官人,称兄为大老官,若不屑称父称兄者。然即此便是不孝。相习②不察,是何体统? 又有为子者,当面叫母亲为老亲娘。此对下人称则然耳。膝下承欢③而亦云尔④,可乎? 并戒之。

| 今译 |

父兄名分尊贵无比。读书人在他人面前,必须尊称父兄为家父家兄,这是一定之理。让后生晚辈不要效仿挑脚汉子,称呼父亲为老官人,称呼兄长为大老官,好像是不屑称呼家父家兄。然而,这样做便是不孝顺。相沿成习,不加察觉,成何体统? 又有做儿子的,当面称呼母亲为老亲娘。这种称呼,佣人用来是合适的。读书人侍奉父母,也这样称呼,可以吗? 以上诸种不妥,一定要

防备着。

/

① 挑脚：为别人挑运货物或行装。

② 相习：沿袭。

③ 承欢：迎合人意，求得欢心，多指侍奉父母。

④ 云尔：如此说。

| 实践要点 |

/

称呼是礼仪的重要组成部分，如何称呼体现了人的礼仪素养，也在一定程度上体现了人的社会阶层。读书人在称呼父母和兄长时，无论是在人前还是在人后，一定要亲切而尊重，这是为子弟者应有的礼仪。在人前应当称呼父母为家父家母，称呼兄长为家兄，而不能和没读过书的挑脚汉子或佣人一样，称呼父母为老官人、老亲娘，称呼兄长为大老官。称呼家父、家母、家兄，这是读书人的说法，尊重而亲切；称呼老官人、老亲娘、大老官，这是挑脚汉子或佣人的说法，粗鄙而轻佻。因此，陆陇其才指出："父兄名分其尊无对。读书子在人前，必须称家父家兄。"虽说时代变了，礼仪的表达方式变了，其本质却没有改变，陆陇其要求人们规范称呼的观点在当下也是有效的，我们在称呼父母时也要体现礼仪和涵养，比如称呼父亲母亲为爸爸妈妈，而不是老头子老太太。

40. 小相法

见父亲而行行^①无和颜悦色^②，如不欲见面者，不是贤郎。见父亲而逡巡^③若搔头鼠忧^④，而不欲见面者，必非令子^⑤。盖子之于父，自有一种至诚恻怛^⑥慈爱之意，殆^⑦难以言语形容者，莫谓人莫知其子之恶也。

| 今译 |

见到父亲而脸色难看，好像不想见面一样，这样的孩子不是好孩子。见到父亲而欲进不进，迟疑不决，好像是在搔头抓耳，心中充满忧虑，似乎不想见面，也不是好孩子。儿子对于父亲，自然而然会生起一种最真诚的恻隐慈爱之情，大概是不能用言语来形容的，不要以为人们不知道自家儿子的不好。

| 简注 |

① 行行：刚强负气貌。

② 和颜悦色：脸色和蔼喜悦。形容和善可亲。

③ 逡巡：欲进不进，迟疑不决的样子。

④ 鼠忧：忧虑。

⑤ 令子：犹言佳儿、贤郎。多用于称赞他人之子。

⑥ 恻怛：恻隐。

⑦ 殆：大概，几乎。

实践要点

陆陇其在这一则格言里讲述的是"小相法"。何为小相法？他认为，从儿子对待父亲的态度，可以看出儿子是否优秀。这种从小事情观察从而得出结论的做法就是小相法。陆陇其认为，见到父亲时，凡是有以下两种情形的都不是好孩子：一种是"行行无和颜悦色，如不欲见面者"，一种是"见父亲而逡巡若搔头鼠忧，而不欲见面者"。这两种情形中，一种是"如不欲见面者"，强调一个"如"字，这种情形下，儿子"行行无和颜悦色"，是不是真的不想见面不得而知；一种"而不欲见面者"，强调一个"而"字，这种情形下，儿子"逡巡若搔头鼠忧"，真的不想见面。父子血脉相连，血浓于水，"子之于父，自有一种至诚恻怛慈爱之意"，按照常理，父子理当相处融洽，儿子见到父亲，不说欢呼雀跃，也要亲切喜悦；然而，以上两种情形中，儿子见到父亲，表现得都不和谐，好像是老鼠见到了猫。为何会有如此大的偏差呢？陆陇其没有深究，但他说了一句话："莫谓人莫知其子之恶也。"知子莫若父，儿子怎么样，父亲当然知道。如果知道"子有恶"，父亲该怎么劝导呢？这就是另外一个问题了。

41. 卑弗议尊

凡处卑幼①，若向人前议论尊长，无损于尊长，必见鄙②于正人。

┃ 今译 ┃

年龄小的晚辈如果在别人面前议论尊长，不会对尊长的名声造成伤害，却一定会让自己遭到正人君子的鄙视。

┃ 简注 ┃

① 卑幼：指晚辈年龄幼小者。

② 见鄙：被鄙视。

┃ 实践要点 ┃

中国古代等级森严，上与下、尊与卑、长与幼之间有着严格的界限，卑幼者不可冒犯尊长，当面不可以，背后也不可以。因此，陆陇其提出了"卑弗议尊"的观点。他认为，卑幼者"若向人前议论尊长，无损于尊长，必见鄙于正人"，将会受到道德的谴责，甚至是家法的处置。这里有两点需要关注：一是卑幼者的议论"无损于尊长"；二是"必见鄙于正人"。"无损于尊长"说的是卑幼者的议论不会损伤尊长的名声，没有达到诋毁或贬低尊长的目的；"必见鄙于正人"说的是卑幼者如果在正人君子面前说尊长的坏话，将会受到正人君子的鄙视。这两点共同说明了卑幼者议论尊长的言论不会受到重视，甚至会使自己受到惩罚，进而说明了等级的森严和社会的顽固。当下，人与人之间是平等的，如果长辈有错误，晚辈可以采取合适的方式进行规劝，"吾爱吾师，吾更爱真理"就是这个道理。当然，一定要注意方式和方法，不能妄议，更不得谩骂和指责。

42. 同心土金

父子天性，呼吸痛痒相关者也。曾是呼吸痛痒相关者，而可一日不在左右哉？故子虽婚娶成人，决当同居共炊，父母刻刻得以行其慈，子媳刻刻得以行其孝，方不愧"膝下承欢"①四字。若父母体恤子媳，遂分爨待其自便，便自不慈，且开子媳以不孝之端。若子媳不亲父母，要自居自爨，取其自便，便是不孝，亦起父母不慈之渐。若房分蕃盛②，各有妻家往来，各房又各生育男女，各有礼教，势又不得不分。然亦当留一房侍侧。虽不望其定省③之勤，或可通吾顾复④之爱。若个个饥依，个个饱飏⑤，则所谓养儿防老、膝下承欢之谓何？而忍令子尽飞去，声息不闻一本，如同路人哉？可恨人家儿子，略能振羽，便要抛娘，得不痛心疾首，感怀流涕？道破世情，冀其改心易虑，无忘圣帝孝顺父母之训。是所望于为子者。

| 今译 |

／

　　父子天性相连，呼吸痛痒密切相关。曾经是呼吸痛痒密切相关的父子，可以一日不在左右吗？因此，儿子虽然已经结婚成人，但仍应当和父母住在一起，吃在一起，父母可以时时刻刻施予慈爱，儿子和儿媳可以时时刻刻尽其孝道，这才无愧于"承欢膝下"四个字的教诲。如果父母体恤儿子和儿媳，便分开吃饭，让他们各自过各自的，这不仅是自己不够慈爱，也给儿子和儿媳的不孝顺开了头。如果儿子和儿媳不亲近父母，要分开居住、分开吃饭，贪图自己方便，便是不孝顺，同时也会逐渐让父母不慈爱。如果家里儿子多，各自有岳父母家要交往，各房又各自生儿育女，各有礼数教导，势必不得不分家。然而，即使是这种情况，也要留下一房与父母同住。虽然不指望他们晨昏定省，朝夕侍候在侧，但或许可以补偿一下父母养育的恩情。如果子女一个个都像豢养的鹰，饥则依赖人，饱则飞开去，那么所谓的养儿防老、膝下承欢指的又是什么呢？父母能容忍儿子们一个个都飞了出去，音讯不通，不相往来，如同路人吗？可恨有些人家的儿子，略微能展翅飞翔了，就要抛却亲生父母，这种情况能不让人痛心疾首、感怀流涕吗？对这种人，要把道理和他们说清楚，希望他们能够改正心思，更易想法，不要忘记圣帝所说的孝顺父母的训诫。这些道理，是对为人子者的希望。

| 简注 |

① 膝下承欢：承欢，旧指侍奉父母，承担使长辈欢快的任务；膝下，子女尊称父母之词。出自《孝经·圣治》："故亲生之膝下，以养父母曰严。"

② 蕃盛：繁茂，兴旺。

③ 定省：晨昏定省，指子女早晚向亲长问安。

④ 顾复：指父母之养育。出自《诗经·小雅·蓼莪》："父兮生我，母兮鞠我。拊我畜我，长我育我，顾我复我，出入腹我。"郑玄笺："顾，旋视；复，反复也。"孔颖达疏："覆育我，顾视我，反复我，其出入门户之时常爱厚我，是生我劬劳也。"

⑤ 若个个饥依，个个饱飏（yáng）：飏，通"扬"，飞扬。如果子女一个个都像豢养的鹰，饥则依赖人，饱则飞开去。比喻忘恩负义。出自《后汉书》曹操对吕布的评价："譬如养鹰，饥则为用，饱则飏去。"

大家庭中，如何处理好父母与子女之间的关系，才能做到养儿防老、承欢膝下，使老有所养、幼有所依呢？陆陇其认为"父子天性，呼吸痛痒相关"，即使儿子结婚以后，儿子儿媳也该和父母"同居共炊"，以便父母行慈爱之心，儿子儿媳尽孝顺之道。然而，大家庭也有大家庭的难处，如果家里儿子较多，人多事杂，矛盾重重，有些势必要搬出去住。即使如此，也应当留一房在父母身边朝夕侍候，让父母老有所养，享受膝下承欢之乐。陆陇其严厉批判了那些"略能振羽，便要抛娘"的不孝儿女，教导他们"无忘圣帝孝顺父母之训"，主动承担孝顺父母的责任。陆陇其所说的"同心土金"，就是希望父母子女同心同德，教导人们讲求仁爱，弘扬亲情，以父慈子孝解决家庭矛盾。大家庭如此，小家庭亦是如此，只有做到"同心土金"，才会家庭和睦，家业兴旺。

43. 字义联属，共当体认

喻①人情亲爱之至，必曰如兄如弟。喻人兄弟亲爱之至，必曰如手如足。则知兄弟本极亲极爱者也，有兄不可无弟，有弟不可无兄。兄兄弟弟，父母岂不乐哉？彼昏不知，动辄相残，充其心岂不欲父母单传而快乎？噫！父母若单传，恐又自伤其孤特②矣。曾见书中"兄弟"两字有间断哉？

　　比喻人与人之间感情亲爱之极，必然说是亲如兄弟。比喻兄弟之间亲爱之极，必然说是亲如手足。由此可知，兄弟本来是极其相亲相爱的，有兄不可无弟，有弟不可无兄。做兄长的有兄长的样子，做弟弟的有弟弟的样子，父母岂会不快乐？如果彼此之间昏昧无知，动辄互相残害，难道他们内心深处想要父母单传才后快吗？唉，父母若是单传，恐怕又会因为孤独无依而自我感伤。可曾有人看到书中"兄弟"二字分开写的吗？

| 简注 |

① 喻：比喻。
② 孤特：孤独；孤立。

| 实践要点 |

　　兄弟关系是儒家五常（君臣、父子、兄弟、夫妇、朋友五种人伦关系）之一，悌是兄弟关系的处理准则。陆陇其以汉字书写中"兄弟"二字经常连用为由，提出了兄弟"字义联属，共当体认"，倡导长幼有序、兄友弟恭的兄弟关系。朋友亲如兄弟、兄弟亲如手足，都是人们耳熟能详的说法。中国最早的诗歌总集《诗经》中就有许多关于兄弟关系的篇章，比如《小雅·常棣》是周人宴会兄弟时歌

唱兄弟亲情的诗,《唐风·杕杜》是唐人所写因为没有兄弟而感到伤感的诗。陆陇其以兄弟二字"字义联属"来强调兄弟之间应该"共当体认"的说法很有新意,也颇有说服力,值得我们借鉴。

44. 弗纳逃流

> 远来不根①之人,非奸盗破败,即叛主逃奴。切勿贪其做工②,留其居住,受其祸害。

| 今译 |

远道而来的没有根基的人,不是因为奸淫、偷盗而破落衰败之人,就是背叛主人而逃出来的奴仆。务必不要贪图他们能帮助做些体力活,就留他们住下来,受到他们的祸害。

| 简注 |

① 不根:没有根基,形容人流浪漂泊、没有落脚之地。
② 做工:干活,从事体力劳动。

如何对待陌生人? 陆陇其提出了"弗纳逃流",建议人们不要容纳远道而来的陌生人。他认为,"远来不根之人,非奸盗破败,即叛主逃奴"。"奸盗""逃奴",两者均是祸害。"奸盗"自不必说,都是些穷凶极恶之徒,留之大害,不能容纳;"逃奴"也不能接受,因为古代有"逃人法",窝藏"逃奴",要被政府追究,承担连带责任,而且这些人的逃因不明,如果是因为作奸犯科而逃亡,也必然是坏恶之人,留下来终究是祸害。因此,对待"逃流"的最好办法就是"弗纳"——拒不接纳,最多是礼送出境,只要不留下来,就与自己无关,也不会受到牵连、祸害。陆陇其"弗纳逃流"的建议有其合理性和正当性,能够起到一定的自我保护作用,应当引起人们的警惕;然而,如果对方确实需要帮助,那也无妨伸出我们的援助之手,给予一臂之力。"救人一命,胜造七级浮屠。"警惕不是冷漠的理由,人世间还是需要温暖和关爱的,只要方法得当,便不会惹祸上身;如果是举手之劳,那更应当施以援手。

45. 帝训服膺

明太祖①孝顺父母,尊敬长上,和睦乡里,教训子孙各安生理②,毋作非为。煌煌天语,凡众庶③所当念兹④,永矢弗谖⑤者也。

明太祖朱元璋在《明太祖宝训》中教导人们要孝顺父母，尊敬长辈和上司，和睦乡里，教训子孙各安生计，不要胡作非为。明太祖之言如同煌煌之天语，普天之下的百姓都要念念不忘，永远牢记在心。

| 简注 |

① 明太祖：朱元璋（1328—1398），濠州钟离（今安徽凤阳东北）人，字国瑞，元末农民起义军领袖，明朝开国皇帝，1368 年至 1398 年在位，年号洪武，史称明太祖。明太祖的语录辑为《明太祖宝训》，共六卷，记录了明太祖治国、施政、纳谏、刑法、武备等诸多类容。

② 生理：生计。

③ 众庶：众民，百姓。出自《尚书·汤誓》："格尔众庶，悉听朕言。"

④ 念兹：念念不忘某事。

⑤ 永矢弗谖（xuān）：指决心永远牢记着。出自《诗经·卫风·考槃》："独寐寤言，永矢弗谖。"矢，发誓。

| 实践要点 |

陆陇其是清初康熙年间的知县，却在用以训导嘉定百姓的《治嘉格言》中专

列一节讲述前朝皇帝明太祖朱元璋的《明太祖宝训》。初看起来，匪夷所思，细细想来，却又非常合理。原因如下：其一，个人情感因素。陆陇其生于崇祯三年（1630），在明代度过童年、少年，接受了较为完整的私塾教育。待他由明入清时已经十四岁，对明朝、故国有着深深的思念。其二，清初时代氛围。崇祯十七年（1644），农民起义军领袖李自成率领大顺军攻入北京，崇祯皇帝自缢，明朝灭亡。同年稍晚些时候，多尔衮率军击败李自成，顺治皇帝入主北京，建立清朝。清沿明制，顺治、康熙等皇帝对明太祖朱元璋评价较高。康熙皇帝南巡时曾多次祭拜位于南京紫金山南麓的明孝陵（明太祖朱元璋陵寝），甚至在朱元璋牌位前行三拜九叩的大礼。康熙皇帝称赞明太祖朱元璋"崛起布衣，统一方夏，经文纬武，汉、唐、宋诸君之所未及"，评价甚高。其三，价值观念相同。明清同属封建社会末期，价值观念相同，都极力提倡道德教化。明太祖朱元璋倡导的孝顺、尊敬、和睦等价值观念在清代也是适用的，仍然能够发挥其教育引导功能。康熙皇帝《圣谕十六条》(敦孝悌以重人伦；笃宗族以昭雍睦；和乡党以息争讼；重农桑以足衣食；尚节俭以惜财用；隆学校以端士习；黜异端以崇正学；讲法律以儆愚顽；明礼让以厚风俗；务本业以定民意；训子弟以禁非为；息诬告以全良善；诫窝逃以免株连；完钱粮以省催科；联保甲以弭盗贼；解仇忿以重身命）与明太祖朱元璋《明太祖宝训》有诸多类似之处，以朱子理学为治国之本，有着共同的价值观念。

46. 自反不尤

人惟单见人有不是处，故不见自己有不是处。人若知自己有不是处，遂不见人有不是处。此在凡有血气①者，时宜省察，而于兄弟叔侄间尤宜刻刻自反自省。有不觉困心横虑②不胜自失之悔矣，何至有参商凌竞③之日哉?

| 今译 |

人只能看见别人有做得不对的地方，因此就看不见自己也有做得不对的地方。人如果知道自己也有做得不对的地方，就不会单单盯着别人做得不对的地方。对这些道理，凡是血气充裕、容易冲动的人，应该时刻反省、自查，而在对待兄弟叔侄的时候，更应该时时刻刻反思、自省。做到这些，就不会觉得心意困苦、忧虑满胸，不会因自己的过失而后悔，如此一来，何至于有骨肉分离、战栗恐惧的那一天呢?

| 简注 |

① 血气: 血气，指有血液、气息的动物，多指人类; 因一时冲动所生的

勇气。

② 困心横虑：心意困苦，忧虑满胸。表示费尽心力。出自《孟子·告子下》："困于心，衡于虑，而后作。"

③ 参（shēn）商：本指参星与商星，二者在星空中此出彼没，彼出此没。古人以此比喻亲友不能会面，也比喻感情不和睦。凌竞：指战栗、恐惧的样子。

| 实践要点 |

老子《道德经》中说："知人者智，自知者明"。对于"智者""明者"来说，是可以知人，也可自知；可是，对于我们大多数人来说，既不智，也不明，既做不到知人，也做不到自知。因此，日常生活中经常会出现"人惟单见人有不是处，故不见自己有不是处"的情况。对此，陆陇其提出了"自反不尤"的建议，希望人们能够"时宜省察"，尤其是在与本家亲戚交往时，更应该时时刻刻"自反自省"，既要见到别人的长处，又要见到自己的短处，以"取人之长，补己之短"，取得和睦相处、共同进步的良好效果。当下，无事生非、自以为是的人仍然很多，"自反不尤"仍然是一个很重要的命题。孔子教导我们"吾日三省吾身"，省身仍然是修身养性最重要的方法之一，正人君子不可不察。

47. 读书遵注

习举业子弟,《四书》① 遵正注,断不可删削。盖先贤曲体② 圣人立言奥义,其口下一之乎者也③ 闲字,文法自有顿挫④,奚容后学窃取妄削,得罪先师,贻讥⑤ 识者?

今译

修习举业的子弟,阅读《论语》《孟子》《大学》《中庸》应遵照官方颁布的注释版本,绝对不可删减。因为先贤深入体察圣人立言的奥义,在他们笔下即便是每一个之乎者也之类的闲字,在文法方面也自有其跌宕起伏、回旋转折的地方,怎么能够容忍后辈学子妄自取舍、擅自删除,以至于得罪先师,招致有识之士的讥笑?

简注

① 《四书》: 儒家经典《论语》《孟子》《大学》《中庸》。

② 曲体: 原指弯腰,后多指深入体察。

③ 之乎者也: 古代汉语的文言助词,没有实际意义。

④ 顿挫：指诗文、绘画、书法、舞蹈的跌宕起伏、回旋转折。

⑤ 贻讥：招致讥责。

《四书五经》是明清时期科举考试的指定教材。据《明史·选举志》记载，明代科举定式为初场试《四书》义三道、经义四道。永乐年间，颁《四书五经大全》，废弃注疏不用，成为科举考试的不二标准。同时，该书还被颁诸学宫，要求永为遵守，成为庠序课读的范本，进德修业的标准。据高攀龙《崇正学辟异说疏》载，其后"二百余年以来，庠序之所教，制科之所取，一禀于是"。《四书大全》成了明代儒生们为学的基础，为人的准则。清代沿袭明代做法，基本上没有改动。陆陇其要求修习举业的子弟"读书遵注"，就是要求他们以朝廷颁布的《四书五经大全》为准，这样有利于参加科举考试考取功名。陆陇其是《四书》研究专家，他四十岁考中进士，之前一直钻研《四书》，做官之后，也是手不释卷，所著《三鱼堂四书大全》《四书讲义困勉录》《松阳讲义》等与《四书》有关的著作被收入《四库全书》，有清一代广泛流传，影响深远。陆陇其倡导的"读书遵注"，对于学子们考取功名有一定的指导价值，试想，如果不按照朝廷公布的标准答案回答问题，又怎么可能会考中呢？同时，"读书遵注"有利于尽快掌握《四书》的精神和奥义，也有利于文化的传承和思想的统一。这是其积极的一面。其消极之处在于，可能会钳制人们的思想。明代，宋明理学非常活跃，先贤王阳明就是读着《四书五经大全》科考得中，出将入相，建功立业，更是通过自己的不懈努力，在朱熹理学内部反动，创立了"阳明心学"。阳明心学的创立，即是"读书遵注"，深入探究的积极结果。到了清代，尤其是雍正之后，宋明理学陷入僵化，"读书遵注"而缺乏探究精神，就成了盲目的遵从，造就了一批范进式的读书读傻了的学子。因此，我们必须辩证地看待"读书遵注"，既要"遵注"，又不能盲从，做到"尽信书不如无书"，才有利于推进文化的传承和思想的创新。

48. 本无事

人情反复事极变幻，做秀才断不可与公门事，做中证①，递公呈②。万一有不测之祸，遂致不可救药。匪我言耄，尔用忧谑。用戒不虞④，防患未然。颠倒思子⑤，何嗟及矣。

| 今译 |

人情反复的事情极其变幻莫测，身为秀才切不可参与衙门之事，做证人，或是递交联名公文。万一遭遇不测之祸，就会导致不可救药的后果。不要说我老来乖张，被你当做昏聩荒唐。我这么做是为了提醒你们用以戒备无法预料的事情，防患于未然。我颠来复去为你们考虑，后悔已经来不及了。

/

① 中证：证人。

② 公呈：公众联名呈递政府的一种公文。

③ 匪我言耄（mào），尔用忧谑：不要说我老来乖张，被你当做昏聩荒唐。出自《诗经·大雅·板》："匪我言耄，尔用忧谑。多将熇（hè）熇，不可救药。"

④ 用戒不虞：虞，料想。用以戒备无法预料的事情。

⑤ 颠倒思子：子，古代用作"你"的尊称。形容为对方担忧。

| 实践要点 |

/

陆陇其坚决反对读书人"做中证，递公呈"，反对他们参与诉讼，扰乱正常司法秩序。因为参与诉讼就意味着参与是非争端、利益纠葛，所谓"人情反复事极变幻"，指的就是诉讼之时的翻云覆雨、是非颠倒、善恶混淆、人妖混杂，如此便有可能助纣为虐、诬良为盗、逼良为娼，帮助豪门富户做出迫害贫苦良民的事情，既坏了读书人的道德品性，又有可能使底层民众受到伤害。因此，陆陇其苦口婆心劝说"秀才断不可与公门事"，这既是对读书人的提醒，也是对底层民众的关爱。当下，有职业律师专门替人打官司，这是社会分工的历史必然，也是法治建设的内在需求。但愿律师们能谨记陆陇其"本无事"的教诲，既遵守法律法规，又遵循天理良知，依法办事，秉持公正，不要做出有损世道人心的事情来。

49. 弗作风云

大凡富贵长者，出言定是持重。若立地风云^①变化，毫无情实^②，自谓谈笑有机锋，倜傥^③过人，吾谓削元气，非正人君子之道也。孔子曰："御人以口给，屡憎于人。"^④又曰："是故恶夫佞者。"^⑤佞且不可，而况风云乎？

| 今译 |

大凡富贵长者，说话必定老成持重。如果平地生波澜，无事生非，毫无真心实意，自认为谈笑有机锋，洒脱过人，在我看来是削减了自身的元气，不是正人君子之道。孔子说："靠伶牙利齿和人辩论，常常招致别人的讨厌。"孔子又说："正因为如此，我讨厌能言善辩的人。"能言善辩尚且不可以，何况是无事生非呢？

| 简注 |

① 风云：比喻平地生波澜，无事生非。

② 情实：真心，实情。

③ 倜(tì)傥(tǎng)：洒脱，不受约束。

④ 御人以口给，屡憎于人：口给，言语便捷、嘴快话多。出自《论语·公冶长》："或曰：'雍也，仁而不佞。'子曰：'焉用佞？御人以口给，屡憎于人。不知其仁，焉用佞？'"

⑤ 是故恶夫佞（nìng）者：佞，善辩，巧言谄媚。出自《论语·先进》："子路使子羔为费宰。子曰：'贼夫人之子。'子路曰：'有民人焉，有社稷焉，何必读书，然后为学？'子曰：'是故恶夫佞者。'"

| 实践要点 |

陆陇其认为"富贵长者，出言定是持重"，如果"立地风云变化，毫无情实"，则"非正人君子之道"。因此，他警告人们"弗作风云"，以免"削元气"，招来不测之祸。在陆陇其的观念中，能言善辩不是正人君子之道，老成持重才是正人君子，这符合《论语·学而》篇"君子食无求饱，居无求安，敏于事而慎于言，就有道而正焉，可谓好学也已"以及《里仁》"君子欲讷于言而敏于行""古者言之不出，耻躬之不逮也"等语句中关于"君子慎言"的界定。陆陇其指出，有些能言善辩者自视高明，目中无人，凭着快嘴利舌，经常平地生波澜，挑起事端，讥笑、讽刺他人。在儒家看来，这种人最缺的是恕道。孔子说："己所不欲，勿施于人。"恕道就是要求人具有包容之心，平等待人，尊重和关怀他人，充分体现出君子"己欲立而立人，己欲达而达人"的宽厚仁德。君子慎言，讲究恕道，可以消弭人与人之间的无谓纠纷，缩短人与人之间的情感距离，形成一种和谐友好的社会氛围。因此，"弗作风云"，慎言敏行，宽厚待人，才是正人君子之道。

50. 畏人称议

称^①人者，有称人孝悌者，有称人不孝不悌者。噫！同一子弟耳，而令人称之顿殊也。必子弟顺逆之心、顺逆之迹，默使人窥察^②，故遂有一毁誉之言，出乎此即入乎彼，可不慎哉？

| 今译 |

评议他人，有评议他人孝悌的，也有评议他人不孝不悌的。唉！同一个人，别人对他的评议竟有天壤之别。必须使人暗地里观察子弟内心以及行为的顺逆，于是才有一句诋毁或赞誉的话，出于这个人的嘴，进到那个人的耳朵。如此看来，评议时能不谨慎吗？

| 简注 |

① 称：评议。

② 窥察：暗中观察。

对于同一件事，因个人立场、视角、价值观等的不同，有人认为好，有人认为不好；对于同一个人，也是如此，褒者有之，贬者亦有之，评价大相径庭，很可能出现天壤之别。因此，我们在判断一个人的时候，不能听凭别人的评价，而是要基于自己的价值判断和是非标准，暗地里长期观察和考验，最终得出一个相对比较公允的判断，所谓"路遥知马力，日久见人心"说的就是这个道理。陆陇其所说的"畏人称议"，除了涉及辨别顺逆的方法，还牵涉到社会舆论的问题。俗话说："众口铄金，积毁销骨。"即使是好人好事，经过很多人不加辨别的或恶意的传播，也可能会变成坏人坏事，而一些细微小事、微末小人，经过很多人的背后操控和特意传播之后，也可能会变成看起来很重要的人、很关键的事，比如所谓的"网红"。因此，我们要重视社会舆论奖贤惩恶的道德约束力量，正确对待来自他人的议论，并把"非议"作为一种催人上进的动力，加强自律，提升修养，完善人格。

51. 儒者务实

凡文房书画、琴瑟、古鼎、玉器种种宝玩①，真令人一见而心花②开然，只可为富贵人取乐，又须得贤子孙世守弗失，方为镇家之宝。我辈读书人切不可见猎心喜③，误置此种。一当急用求售，十不偿一，徒增一浩叹④耳。

凡是文房书画、琴瑟、古鼎、玉器等种种珍贵的赏玩品，真是令人一见到就心花怒放，这些东西只能供富贵人家把玩取乐，又必须得有贤良子孙世代守护不失，才能成为镇家之宝。我们这些读书人万万不可见到之后觉得喜欢便买回来，错误地置办这些东西。一旦手里缺钱急着抛售，卖出的价格还不到买进时的十分之一，徒然增添一声长叹而已。

| 简注 |

① 宝玩：珍贵的赏玩品。

② 心花：精神，心思，情绪。

③ 见猎心喜：比喻旧习难忘，触其所好，便跃跃欲试。出自《二程全书》第七卷："明道年十六七时，好田猎。十二年，暮归，在田野间见田猎者，不觉有喜心。"

④ 浩叹：指长叹，大声叹息。出自王勃《益州夫子庙碑》："命归齐去鲁，发浩叹于衰周。"

| 实践要点 |

陆陇其倡导"儒者务实"，不希望家境一般的读书人购置文房书画、琴瑟、

古鼎、玉器等种种珍贵的赏玩品，附庸风雅，徒费钱财。陆陇其所说的"务实"之"实"，既是指物质之"实"，也是指精神之"实"。读书人的物质之"实"是丰衣足食，精神之"实"是读书写字，对于诸种把玩之物，只可远观，不可亵玩。中国传统乡村士大夫讲究"耕读传家"，"耕"是要物质丰富，有吃有穿，"读"是要精神丰富，好学上进。"耕读传家"是传家宝，至于文房书画、琴瑟、古鼎、玉器等种种珍贵的赏玩品，常常是有德有钱者占有之，很难成为流传百世的镇家之宝，即使侥幸传个两世、三世，最终还是要转售给他人。因此，传家宝不是器物，而是精神，是家庭对子孙立身处世、持家治业的教诲所形成的家训。中国古代很多历史文化名人都有家训传世，比如说颜之推《颜氏家训》、朱熹《朱子家训》、朱柏庐《治家格言》、张履祥《训子语》、陆陇其《治嘉格言》、吕留良《晚村先生家训》、许汝霖《德星堂家订》、曾国藩《曾国藩家训》等等，这些家训世代流传，成为这些名人所在家族的传家宝，造就了一个个流传甚久的世家大族。新时代的家庭建设也要吸取古代家训精华，"择其善者而从之，其不善者而改之"，唯有务此之实，才能家族绵延，传承长久。

52. 待师从厚有益

子孙读书，无论延师①附学②，无论举业句读，各要于脩仪③贽节之外，意气勤勤恳恳，另加厚一两五钱。

先生自然有感动，耳提面命，触景启发，不宽不严。师爱其弟，弟爱其师，加工倍常，无言不悦。其加工处，又要知感知谢。先生晓得主人知感，愈觉有兴，子弟从此终身受益矣。不知子弟受益处全在我待师从厚得力也。倘不知此而徒事稽功察课④，抑末⑤矣，未可也。

| 今译 |

／

子孙读书，不论是家里私塾聘请老师，还是附入他人家塾读书，无论是准备科举考试，还是学习文章句读，都要在正常酬金和过节礼物之外，诚恳地奉送财礼，另外多给一两五钱报酬。私塾先生自然便会感动，对弟子耳提面命，触景生情，启发教导，需宽就宽，需严就严。老师关爱弟子，弟子热爱老师，加班加点教导学生超过正常时间，没有一句话不让人喜悦。对先生的加班加点，主家又要知恩图报。私塾先生晓得主家的知恩感德，就会更加有教学的兴致，子弟从此便终身受益了。浑然不觉的主家，不知道子弟受益，全在于我以丰厚的待遇对待老师。假使不知道个中道理，徒劳地去稽查和督察子弟功课，这只是末事，不可以这么做。

┃ 简注 ┃

① 延师：聘请老师。

② 附学：旧时指附入他人家塾读书。

③ 脩仪：脩，干肉，古代用于支付学费。脩仪指付给老师的酬金。

④ 稽功察课：稽查和督察功课。

⑤ 抑末：指末事，即非关根本之事，小事。语出《论语·子张》："子夏之门人小子，当洒扫、应对、进退，则可矣。抑末也，本之则无。"

┃ 实践要点 ┃

　　陆陇其从二十岁起到六十三岁去世，除在外做官的十余年外，有三十多年的时间或外出坐馆，或在家授徒，即使在担任嘉定、灵寿知县期间，也曾在公务之余或在县学开坛讲课，教授弟子，或下到乡村里保，劝谕读书。陆陇其担任私塾先生的时间远远超过他从政做官的时间，对主家如何与私塾先生相处有着很深的体会。他根据自己多年的从教经验，提出了"待师从厚有益"的观点，希望主家"于脩仪赀节之外，意气勤勤恳恳，另加厚一两五钱"。如此便能拉近私塾先生和主家的关系，促使私塾先生更加尽力地教导子弟，"子弟从此终身受益"；如果主家为人苛刻，不懂得教育是一个循序渐进的长期过程，动不动就"稽功察课"，苛责先生，子弟受教必然会受到影响。陆陇其"待师从厚有益"的建议不仅是出于待人接物的礼仪常规，更是他夫子自道的经验之谈，出自他得天下英才而育之的宽大胸怀。当下，党和政府明文规定教师不得收受学生家长的财物，这对家长、对老师都有益，有利于处理好双方关系。然而，必要的人情还是需要的，一个电话、一声祝福、一道慰问，一束鲜花、一份蔬果、一张卡片等等，也可以拉近老师与家长之间的距离，毕竟人都是感情动物。"待师从厚有益"，这是个亘古不变的真理。

53. 处馆当戒

誓弗自膳①就村馆训蒙童。东家要宽，西家要严。宽是真心，严是假语。费尽心思，淘尽闲气，四时八节②，束脩节仪不见面。延至年终岁毕，家家不清楚。一年砚田③竟不收成。所当立定主意，弗苟就者也。

| 今译 |

发誓不要自备饭食到村馆中教训蒙童。东家要求对蒙童宽一点，西家要求对蒙童严一点。要求宽一点的是真心话，要求严一点的是假话。费尽心思，受尽闲气，四时八节，教课的酬劳和过节的慰问品连影子都不见。等到过年了，家家户户也不把酬劳结算清楚。一年辛辛苦苦授课，到头来竟然没有收获。所以要打

定主意，不苟且屈就。

| 简注 |

① 自膳：自备饭食。

② 四时八节：四时，指春、夏、秋、冬；八节，指立春、春分、立夏、夏至、立秋、秋分、立冬、冬至。泛指一年中的各个节气。

③ 砚田：借指教书授徒生涯。

| 实践要点 |

陆陇其在倡导主家"待师从厚有益"之后，又以在村馆中教授蒙童可能会遭受不公正对待为例，严厉告诫同道之人，既要认真教学，对得起教师的身份，担负起教书育人的重任，又要认清现实状况，有所选择地坐馆，必要时还要据理力争，敢于维护自己的正当权益。陆陇其是个有着三十多年教龄的经验丰富的私塾先生，深味坐馆之苦乐。他怀着对同道中人的深切关怀，希望未能做官的读书人应聘到品德贤良的富贵人家去当私塾先生，而不要去穷乡僻壤的村馆训导蒙童。"处馆当戒"体现了陆陇其对私塾从业人员的关爱。当然，用现在的眼光来看，教育需要公平，村馆蒙童也需要有人训导，陆陇其的"处馆当戒"有着很深的偏见，这也是需要我们辩证看待的。

54. 宜慎养媳

家虽贫，断不可以女为人家养媳，亦不可娶人家女为自家养媳。盖养媳自幼亵狎①，则尊卑上下之间未免体统不肃，虽长大成人，自不尊重。且人家消长不常，翁姑爱憎或异，子女贤愚不等，尽有口烁金②、毁消骨③、卑逾尊、疏逾戚之变。媳妇关系非轻，为人父母者可不慎终虑始乎？

| 今译 |

家里虽然穷困，绝对不可以让女儿给人家当童养媳，也不可娶别人家的女儿回来当自家的童养媳。儿子和童养媳自幼一起长大，相互之间很有可能不够庄重，以致家庭内部尊卑上下之间的关系不成体统，两人虽然已经长大成人，也不能给予充分尊重。而且家事的此消彼长没有常态，公婆爱憎或许有所改变，子女贤愚又不相同，可能会有众口铄金、积毁销骨的事情发生，也可能会有卑贱超过尊贵、疏远超过亲近的事情发生。娶儿媳妇一事关系匪浅，为人父母者能不始终小心谨慎吗？

/

① 亵（xiè）狎（xiá）：轻慢，不庄重。

② 口烁金：即众口铄金，指众人的言论能够熔化金属。比喻舆论影响的强大。

③ 毁消骨：即积毁销骨，指不断的诽谤能使人毁灭。

| 实践要点 |

/

　　陆陇其这则格言讲述的是童养媳的问题。童养媳，又称"待年媳""养媳"，就是由婆家养育女婴、幼女，待到成年正式结婚。童养媳在清代几乎成为普遍的现象。童养的女孩年龄都很小，有的达到了清代法定婚龄，也待在婆家，则是等候幼小的女婿成年。周代所实行的媵制，其中夫人之妹与侄女往往年龄尚幼即随同出嫁；秦汉以后，帝王每选贵戚之幼女进宫，成年后为帝王妃嫔，或赐予子弟为妻妾，皆为童养媳的一种表现。"童养媳"的名称，起于宋代。元、明、清时，童养媳从帝王家普及于社会，小地主或平民，往往花少许钱财买来，以节省聘礼。由于女家贫寒，养媳年幼，多有遭受虐待者。元代剧作家关汉卿名作《窦娥冤》中的女主人公窦娥就是童养媳。解放以前，许多人因家境贫寒而娶不起儿媳妇，为了解决这个问题，他们就跑到外地抱养一个女孩来做童养媳，待长到十四五岁时，就让她同儿子"圆房"。这一天，童养媳和新郎只须换上一套干净的衣服，办几桌简单的酒菜应酬亲朋好友就行了。这样操办婚事，既省事又省钱。

贫民家里收养的童养媳，大部分都是从外地或灾区抱养来的，再一个就是从道旁路边捡回来的女弃婴，还有的是从街上插草标卖儿卖女的灾民手中用贱价买回的幼女。这些女孩被抱养后，不送去上学读书，整天待在家里做家务。如遇上恶婆，就要经常遭到百般打骂，受尽虐待，过着极其悲惨的生活。等到长大要"圆房"时，如小女孩不肯，就采取强迫手段。所以这些童养媳，从小就被迫扮演了一个小媳妇的角色。解放后，国家颁布了婚姻法，抱养童养媳的问题终于从法律层面得到了彻底解决。陆陇其认为"媳妇关系非轻"，他基于童养媳"自幼褒狃"导致"尊卑上下之间未免体统不肃"，"人家消长不常，翁姑爱憎或异，子女贤愚不等"导致"有口烁金、毁消骨、卑逾尊、疏逾戚之变"等原因，严词批判了畸形的童养媳婚姻制度，强烈反对童养媳，着意强调"家虽贫，断不可以女为人家养媳，亦不可娶人家女为自家养媳"，体现了他对社会现实问题的强烈关注和对弱势群体的深切关怀。

55. 三福论

天下极有福人方做封君①。封君其勉乎哉！不知吾子读书以来费几许心思始有今日也，可遂以封君为乐哉？天下极有福人方做公子②。公子勉乎哉！不知我父萤窗③下费几许苦楚得有今日也，可遂以公子为乐哉？天下极有福人方中举人④、进士⑤。举人、进士勉乎哉！不知祖宗积几许大德，本身历几许勤苦，始得今日。今日策名⑥仕籍，即以天下为己任。朝野胥⑦仰望之，不得容子孙奴仆辈生事坏法，则天下国家并受其福矣。故我不为举人、进士喜，而为举人、进士忧也，盖举人、进士有忧国忧民之职。当事之日，值食不能下咽，席不暇暖⑧者也。又不为公子喜而深为公子忧也。公子享福上半世，封君享福下半世。上半世犹有未了，下半世收全盛之福。公子乎亦念尔父学而忧，忧无穷而乐无日也。可以公子自乐，忘其忧而败其身乎？或曰为此说者岂泛为公子唤醒哉？盖深戒子孙不可不读书也。诚知我心，方慰我念也。

| 今译 |

　　天下极有福气的人才做得了封君。做了封君的人，要努力呀！不知儿子自读书以来耗费了多少心思才有了今日的成就，于是就能以成为封君为乐吗？天下极有福气的人才做得了公子。做了公子的人，要努力呀！不知父亲在灯光昏暗的书窗下耗费了多少苦楚才有了今日的成就，于是就能以成为公子为乐吗？天下极有福气的人才能考中举人、进士。考中举人、进士的人，要努力呀！不知祖上积累了多少功德，本身又经历了多少勤苦，才成就今日的功名。今天在仕途榜上有名，

就应当以天下为己任。朝野上下都仰望之，不能容忍后辈子孙和家中奴仆制造事端、触犯法令，则家国天下也能一并享受他们的福气。因此，我不向考中举人、进士的人贺喜，而是为他们担忧，因为举人、进士有忧国忧民的职责。他们做官的时候，过着食不下咽、席不暇暖的生活。我也不向做公子的贺喜，而是为他们担忧。公子享受是半辈子的福气，封君享受下半辈子的福气。上半辈子的福气没有享受完，下半辈子才能享受全盛的福气。公子也应该感念父亲好学上进而且忧国忧民，忧患无穷而欢乐无多啊。公子难道能够自得其乐，而忘记忧患以致身败名裂吗？或许有人会说，我这么说是要把公子唤醒吗？只是为了深切地训诫子孙不可不勤读诗书。真能知道我的用心，才能让我感到欣慰啊。

| 简注 |

① 封君：泛指拥有爵位和封地的人。中国的封君一般是男子，如王、公、侯、伯、子、男之类；也有女封君，如公主、郡主、县主、郡君、县君、乡君之类。另外，旧时子孙显贵，其父祖因而受到封典，也可以叫做封君。

② 公子：中国古代一种对别人的称谓，敬辞，多用于男性。后来泛指读书的文化人或豪门士族的年轻男子。

③ 萤窗：萤，萤火虫。指灯光昏暗的书窗。

④ 举人：明清时期乡试录取者称为举人，亦称孝廉。乡试每三年举行一次，因其在秋季故又叫秋闱。乡试由进士出身的各部官员或翰林主考，由各省行政长官担任监考官。参加乡试的考生必须是秀才，地点在各省的贡院。乡试分三场，

内容是八股文、试帖诗、表、判、论、策等等。试卷要由专人誊写后才交给考官，以防作弊。确定及格的名单后张榜于巡抚衙门前，此时正值桂花飘香时节，所以此榜也叫做桂榜。中了举人也意味着一只脚已经踏入仕途，日后即使会试不中也有做学官、当知县的机会。

⑤ 进士：明清时期经会试、殿试录取者称为进士。殿试录取分为三甲：一甲三名，赐"进士及第"称号，第一名称状元，第二名称榜眼，第三名称探花，三者合称"三鼎甲"；二甲若干名，赐"进士出身"称号；三甲若干名，赐"同进士出身"称号。二、三甲第一名皆称传胪，一、二、三甲统称进士。

⑥ 策名：题名于策，指榜上有名。

⑦ 胥：全，都。

⑧ 席不暇（xiá）暖：指连坐席还没有来得及坐热就起来了。形容很忙，多坐一会儿的时间都没有。出自刘义庆《世说新语·德行》："武王式商容之闾，席不暇暖。吾之礼贤，有何不可？"

| 实践要点 |

陆陇其在《三福论》中论述了举人、进士人家祖、父、子三代都应各自珍惜自己当下的幸福生活。他认为"天下极有福人"才有机会做封君、做公子、考中举人或进士，举人、进士出仕做官，其父做封君，其子做公子，三代各得其所，各有富贵。然而，这些富贵不是白白得来的。做封君之人，其子"读书以来费几许心思"；做公子之人，其父"萤窗下费几许苦楚"。能够做得封君、公子，皆是

由于其子、其父是举人、进士，可以出仕做官。考中举人、进士者，除"本身历几许辛苦"外，还在于"祖上积几许大德"。因此，能够考中举人、进士，做封君、公子，原因有二：一是考中举人、进士者自身的努力拼搏；二是，举人、进士所在家族的祖上恩德。由此可知，在陆陇其的意识中，只有自我努力和祖辈恩德相结合，才会获得富贵和幸福。然而，陆陇其"三福论"的重点不是在于如何获得富贵和幸福，而是在于论述举人、进士应该有以天下为己任的社会责任感，强调的是儒家家国天下、忧国忧民的担当精神。陆陇其"不为举人、进士喜，而为举人、进士忧"，因为"举人、进士有忧国忧民之职"，"当事之日"，"食不能下咽，席不暇暖"，而且还要约束好家中子弟和奴仆，"不得容子孙奴仆辈生事坏法"。因为举人、进士责任重大，陆陇其才不为之喜，而为之忧。陆陇其的忧患意识源于孔子以来儒家士子所秉承的"先天下之忧而忧，后天下之乐而乐"的担当精神和乐道精神。孔子说"士志于道"，教导儒家弟子不但要修身、齐家，还要治国、平天下，这种乐道精神传承了两千多年，成为中华优秀传统文化的最核心特质之一。陆陇其以自身努力和祖辈恩德为必要条件，鼓励读书人奋发进取、乐观向上，为实现自己的理想和价值而奋斗。

56. 字写法帖

写字不临法帖①，则点画撇捺布置、间架俱无格式，故每日须摩仿法帖几行。久之笔头纯熟，依稀仿佛矣。若精神懈怠，随意落笔，便不入彀②。

写毛笔字如果不临法帖，点、划、撇、捺的空间布置和字的间架结构就会都没有格式，因此，每天必须模仿法帖写上几行。时间久了，笔头纯熟，依稀之间写的就有点像了。如果精神懈怠，随意落笔，便不符合写毛笔字的程式和要求。

| 简注 |

① 法帖：学习书法的范本。

② 入彀 (gòu)：《唐摭言·述进士》记载，唐太宗在端门看见新考中的进士鱼贯而出，高兴地说："天下英雄入吾彀中矣。"彀中，指箭能射及的范围。后用"入彀"比喻受人牢笼，由人操纵或控制。此处比喻合乎一定的程式和要求。

| 实践要点 |

凡事都有一定的规矩和既定的套路，循序渐进，方能成事。初学者写毛笔字，要按照书法教师的要求临帖，掌握汉字的间架结构和点、划、撇、捺的空间布置，体会汉字笔画圆转流畅的特点。陆陇其要求"字写法帖"，"每日须摩仿法帖几行"，讲究的就是循序渐进，"久之笔头纯熟，依稀仿佛矣"。同时，他还提出，写毛笔字必须精神焕发，下笔认真，一丝不苟，如果"精神懈怠，随意落笔，便不入彀"。当下，电脑打字多了，纸上写字少了，电脑上打出来的字虽然很

符合规矩，看起来很美，但总是让人觉得千篇一律，无法展现写字者自身的性格和风韵，更无法展现中国传统书法的灵动和生气，甚至对汉字的传承也有妨碍，如经常出现提笔忘字的情况。因此，拿起笔来，临帖写字，体验书法艺术带来的美，接受熏陶，修身养性，还是很有必要的。

57. 真孝子方许烧香

我不禁尔烧香点烛。试问你曾沽酒市脯①，养现在的父母否？就尔拈香祷告时，亦曾祈求保父亲母亲乎？若犹未也，赫声濯灵②先鉴之矣，何必烧香点烛，拜元虚③之神佛哉？

| 今译 |

我不会禁止你们烧香点烛祭拜神佛。试问，你们可曾买酒买肉，供养现在的父母？就在你们拈香祈祷的时候，又可曾祈求神佛保佑你们的父亲母亲？如果还没有，"赫赫厥声，濯濯厥灵"就是前车之鉴啊，何必烧香点烛，祭拜玄虚的神佛呢？

① 沽酒市脯(fǔ)：沽、市，买；脯，肉干。意为买酒买肉。出自《论语·乡党》："食不厌精，脍不厌细。食饐而餲，鱼馁而肉败，不食。色恶，不食。臭恶，不食。失饪，不食。不时，不食。割不正，不食。不得其酱，不食。肉虽多，不使胜食气。惟酒无量，不及乱。沽酒市脯，不食。不撤姜食，不多食。"

② 赫声濯灵：出自《诗经·商颂·殷武》"赫赫厥声，濯濯厥灵"，朱熹注曰："赫赫，显盛也；濯濯，光明也。"

③ 元虚：玄虚。因康熙皇帝名玄烨，避讳改玄为元。

| 实践要点 |

佛教和道教是中华优秀传统文化的重要组成部分，曾长期占据着中国士人的精神世界，在广大下层民众中，佛教和道教的影响更为深厚，甚至在一定程度上超过了孔子所创立的儒家。即使在以宋明理学为主流意识形态的明清时期，佛教和道教也在民间有着无与伦比的影响力，深深地介入每个人的日常生活中。陆陇其是清初中下层官员中"尊朱黜王、力辟佛老"的典型代表，他崇信朱子理学，主张罢黜阳明心学、佛教和道教，比如在主编《灵寿县志》时，他就一反府县史志编纂惯例，删除了有关佛教和道教的内容。在这一则格言中，陆陇其首先默认了人们烧香拜佛的普遍需求，而后旗帜鲜明地指出"真孝子方许烧香"。他反对那些不曾买酒买肉供养父母的人烧香拜佛，也反对那些在烧香拜佛时只顾祈求神

佛保佑自己而想不到父母的人。陆陇其以《诗经·商颂·殷武》中的"赫赫厥声，濯濯厥灵"两句为例，提醒人们敬畏祖先、祭拜祖先，而不是烧香拜佛去祭拜那些玄虚的神佛。那么，在新时代，该如何对待佛教和道教呢？编者以为，传承弘扬佛教和道教的最好方式，不是枯寂的修禅打坐，也不是热闹的烧香祈福，而是深入钻研两家典籍，学习、研究佛教教义中的哲理和道教教义中的中国古代文化信息，从而将其中的精髓和奥义传承弘扬下去，让佛道两教在新时代焕发新的生命活力。

58. 真悌方许施布

我不怪尔布施①僧道乞丐。试问尔曾照顾穷兄弟、穷亲友否？或乡邻有旦夕不举火②者，能救之否？若犹未也，五伦③达道④，玷缺⑤且多，何独于僧道乞丐窃有布施之虚名哉？

| 今译 |

我不责备你们布施财物给僧、道、乞丐。试问，你们可曾照顾家境贫困的兄弟和亲友？乡邻中如果谁家早晚断了炊，你们能救济吗？如果这些还没做到，说

明你们的五伦常道还有很多欠缺之处，为何唯独布施财物给僧、道、乞丐而窃取乐善好施的虚名呢？

| 简注 |

① 布施：将金钱、实物布散分享给别人。

② 不举火：断炊。

③ 五伦：指中国古代的五种人伦关系，即君臣、父子、兄弟、夫妇、朋友。

④ 达道：通行不变之道。出自《中庸》："君臣也，父子也，夫妇也，昆弟也，朋友之交也。五者，天下之达道也。"又曰："和也者，天下之达道也。"

⑤ 玷（diàn）缺：白玉上的斑点、缺损，比喻缺点、过失。

| 实践要点 |

在这一则格言中，陆陇其指出"真悌方许施布"。他认为，如果没有帮助穷困的兄弟、亲友，如果没有救济断炊的乡亲、邻居，而只顾着布施财物给僧、道、乞丐，博取乐善好施的虚名，就有欺世盗名的嫌疑。事实也是如此，在中国古代社会，如果一个人没有尽到照顾穷兄弟、穷亲友的义务和责任，所谓的乐善好施也就是欺世盗名。这与中国古代社会的"五伦达道"有关，五伦之中有兄弟关系、朋友关系，悌是兄弟关系的准则，善是朋友关系的准则，这一则

格言就是针对悌和善展开讨论的。在儒家看来，不悌不善之人，即使乐善好施，也是虚有其表的伪君子，在今天说来就是作秀，或是欺世盗名以谋取更多利益，或是另有所图而采取的掩人耳目的手段。新时代，悌和善仍然是社会的主流价值，社会主义核心价值观就倡导人们"爱国、敬业、诚信、友善"，其中的"友善"就包含兄弟相悌、朋友相善的诸多内涵。因此，与其"布施僧道乞丐"，博取乐善好施的虚名，还不如善待兄弟、朋友，与人为善，多做善事，乐做善事。

59. 子尽子职

一父母所生兄弟，凡遇公事①，皆当协力同心。内而养生送死，外而吉凶庆吊，固必均任。倘或贫富不同、贤愚不等，即一力承充，不必分派兄弟以伤和气。

| 今译 |

同父同母的亲兄弟，凡是遇到朝廷之事、公家之事，都应当同心协力完成。在家给父母养老送终，出门给人家庆贺吊唁，都必须平均摊派。假使兄弟之间有贫富差距和贤愚差别，富裕的、贤明的应该一力承担，不能因为要摊派给兄弟而

伤了和气。

/

① 公事：朝廷之事，公家之事。出自《诗经·大雅·瞻卬》："妇无公事，休其蚕织。"

| 实践要点 |

/

俗话说："亲兄弟，明算账。"即使是一母同胞的兄弟，在财物问题上也要明白清晰、公开公平，不能一团和气，糊涂度日。因此，陆陇其在这一则格言中提出了"子尽子责"，要求"一母所生兄弟"在"内而养生送死，外而吉凶庆吊"等事情上"固必均任"。如此才能保持兄弟之间的兄友弟恭关系。同时，他也指出，如果"贫富不同、贤愚不等"，也不能因为"分派兄弟以伤和气"，有钱有势的索性大人有大量，多担待点，多付出些，不能因钱财而产生嫌隙。陆陇其的这则格言重在强调后面一点，要求人们在处理兄弟关系时，富者、贤者应该"一力承充"，主动承担责任、包揽义务，这既是对兄弟友善，也是对父母孝敬。如此才能做到"子尽子责"，即各"子"因条件不同而各自尽其"子责"。

60. 孝子爱日

人子于父母在时不思勉力奉养，及至殁①后，虽享祀②丰洁，一陌③纸钱值几文？一滴何曾到九泉耶？况又有一陌不烧、一滴不灌者也。

| 今译 |

为人子女者，父母在世的时候，应当尽心尽力孝顺供养，等到父母死后，虽然祭祀之物丰盛洁净，一百纸钱能值几文呢？一滴酒何曾到达九泉之下？何况还有的人一百纸钱也不烧，一滴酒也不洒。

| 简注 |

① 殁（mò）：死。中国古人用沉没来比喻死亡。"没"是死的委婉说法，如曹操《加枣祗子处中封爵并祀祗令》："不幸早没。"后来易水旁为歹旁，亦作"殁"，如《史记·秦始皇本纪》："其身未殁，诸侯倍叛。"

② 享祀：祭祀。出自《周易·困》："困于酒食，朱绂方来，利用享祀。"

③ 陌：通"佰"。指钱一百文。

死后哀荣怎么能比得上生前实惠？父母在世时尽孝，才是真孝。陆陇其提出"孝子爱日"，提醒人们父母在时"勉力奉养"，不要等到他们死后，再去烧纸洒酒，聊表孝心。"爱日"一词出自《吕氏春秋·上农》"敬时爱日，非老不休"，原意为珍惜时间。"孝子爱日"出自杨雄《法言·孝至》："事父母自知不足者，其舜乎！不可得而久者，事亲之谓也，孝子爱日。"李轨注曰："无须臾懈于心。"后来指儿女供养父母应当珍惜时日。《论语·里仁》篇中提到"父母之年，不可不知也"，朱熹注曰："常知父母之年，则既喜其寿，又惧其衰，而于爱日之诚，自有不能已者。"趁着父母健在的时候，赶紧尽自己的一份孝心，报答父母的养育之恩。"孝子爱日"是陆陇其对为人子女者的谆谆告诫，也是我们应该主动做到的分内之事。

61. 逢忌举祀

> 每逢时节，定要备祭馔^①、纸钱，且必荐^②一二时物。切勿失礼，使先灵永作饿鬼，使逆子看样效尤^③。

今译

逢年过节以及先人的生日、忌日等，都要准备祭祀用的食物、纸钱，而且必须祭献一两样应时的食物。务必不要缺失礼节，使先人的英灵永为饿鬼，使不孝逆子看到后仿效此种错误的行为。

简注

① 祭馔（zhuàn）：祭祀用的食物。

② 荐：进献，祭献。

③ 效尤：仿效坏的行为。

实践要点

逢年过节，如春节、清明节、七月十五、十月初一等传统节日，或是碰到先人的生日、忌日，汉族民间都有祭祀先人的习俗。亲人们约集起来，或是去先人的坟上，或是在家中祠堂，甚至在街头巷尾，烧香、烧纸、供奉酒肉以及时鲜的瓜果，既是祭祀先人，表达对先人的思念，又是祈福活人，请祖先保佑平安幸福。陆陇其对祭祀看得很重，他要求人们"逢忌举祀"，在祭祀的时候"切勿失礼"。按照约定俗成的礼节开展祭祀先人活动，才是真正的祭祀。新时代，新风尚，我们既要继往，又要开来，祭祀先人更多的是在精神层面，不要因祭祀先人而做出格甚至违法乱纪的事情。

62. 祭先主孝

祭先必虔诚恭敬。试看生者邀客不诚，尚遭嗔怒^①，况属幽冥不测耶？或遇节或遇忌日，何可不主孝主敬，致我如在^②之诚，反使冥冥殃责哉？阴阳之理，宁可信其有，不可信其无。故特揭而言之，以示孝子顺孙。

| 今译 |

祭祀先人必须虔诚恭敬。试看生者邀请客人如果不是诚心诚意，尚且会遭到别人的嗔怒，何况属于幽冥不测的事情？逢年过节，或是先人的生日、忌日，为何不能孝顺、恭敬，做到祭祀先人就如同先人在场一样，反而遭到幽冥之人的怪罪和责备呢？阴阳的道理，宁可信其有，不可信其无。因此，我特意揭示出来，以让那些孝子贤孙明白。

| 简注 |

① 嗔怒：恼怒或愤怒的样子。

② 如在: 祭祀先人时, 就像对方在场一样。出自《论语·八佾》: "祭如在, 祭神如神在。子曰: '吾不与祭, 如不祭。'"

| 实践要点 |

孔子信奉鬼神吗？在《论语》一书中，"鬼神"一词出现了三次："敬鬼神""事鬼神"和"孝鬼神"。"敬鬼神"出自《论语·雍也》："敬鬼神而远之。"孔子敬鬼神即虔诚地信鬼神。虔敬鬼神却又"远之"，是对鬼神不可太过亲昵。孔子说这话，是在教学生樊迟用一种中庸而明智的态度对待鬼神：要信鬼神，祈祷时务必虔敬；却又不要过于倚赖，人的事情也去劳烦鬼神。这句话明确表明，孔子是信奉鬼神的。"事鬼神"出自《论语·先进》："季路问事鬼神。子曰: '未能事人, 焉能事鬼？'敢问死。曰: '未知生, 焉知死？'"这也表明孔子是信鬼神的，因为信鬼神才谈论事鬼神。但孔子是个诚实的现实主义者，他根据人先生后死的生命次序和应先知生后知死的次序，提出事人与事鬼相通而又先后有序，强调鬼神与现实相切合，做人知生才知死，先事人后事鬼。"孝鬼神"出自《论语·泰伯》："子曰: '禹, 吾无间然矣。菲饮食, 而致孝乎鬼神。'"以上三句话说明，孔子对鬼神是相当笃敬和虔诚的。他强调对鬼神要有敬畏心，主张生死相通，做人与敬神态度应一致。当然，由于鬼神"非穷理之至, 有未易明者"，非常人所能知，因此有"子不语怪力乱神"的说法。《论语》中还有两个地方能说明孔子对待鬼神的态度。《论语·八佾》："祭如在, 祭神如神在。子曰: '吾不与祭, 如不祭。'"这是在讲孔子祭祀时的笃敬状态，好像神就在他面前一样。他总是亲自祭祀鬼神，认为别人代祭等于没祭，亲自祭拜才能显示诚意。《论语·述而》："子疾病，子路请祷。子曰'有诸?'子路对曰:'有之。诔曰：祷尔于上下神祇。'子曰:'丘之祷久矣。'"这里是在讲学生请孔子祷告治病之前，他早就祷告过了。孔子有祷告治病的习惯，并一以贯之于始终。如此看来，孔子在他为数不多的关于鬼神的言论里，清楚地表明他是相信鬼神存在并发挥作用的。陆陇其熟读《论语》，当然明白孔子对待鬼神的态度，他认为，"阴阳之理，宁可信其有，不可信其无"，这是一种对鬼神之事存而不论的态度。以这种态度为前提，他才倡导"祭先主孝""祭先必虔诚恭敬"，以此提示孝子顺孙在祭祀先人时"主孝主敬"。

63. 虔诚祭器

要另备祭器。酒钟、碗箸，弗用家常器皿，使阴灵①不以吾为亵②。

| 今译 |

要另外准备祭祀用的器具。酒盅、碗筷等，不要用家常器皿，让祖先的神灵不觉得我们有亵渎他们的地方。

① 阴灵：祖先的神灵。

② 亵（xiè）：轻慢，亲近而不庄重。

| 实践要点 |

　　祭祀有诸多讲究，祭祀之心要虔诚，祭器的使用也要表现出虔诚。陆陇其要求人们另外准备祭祀用的器具，不能使用家常的酒盅和碗筷等器皿。这么做，一是为了显示今人与古人的区别，表达对祖先的尊重；二是为了祭祀仪式的方便，有些器具只有在祭祀时才会用到，专门准备一套，用的时候立刻就可以拿出来，省得寻东找西，耽误时间。

64. 礼达分定

　　凡卑幼达①字尊长，定当楷书如一，带草便属不敬。若于敌体②，则不妨也。

今译

凡是卑幼者给尊长者写信，一定要用楷书整齐划一地书写，带有潦草笔迹就属于不尊敬。如果双方地位相等，那就无妨了。

简注

① 达：表达，送达。

② 敌体：指地位相等，无上下尊卑之分。

实践要点

"书，心画也。"书法可以反映出一个人的心情、人品和学养。陆陇其特别强调"礼达分定"：晚辈给长辈写信、下属给上司写信，一定要用正楷工工整整书写，不能带有一丝一毫的潦草。这是出于表达恭敬礼节的需要，也是个人良好修养和渊博学识的表达。当下，人们普遍使用电子工具来交流，手写书信基本绝迹，手写汉字也基本丧失了交流功能，这对中国传统汉字文化来说是一大损失。空闲的时候，不妨练练书法，工工整整写上几笔，毛笔、钢笔或铅笔皆可，一来可以传承汉字文化，二来又能品味汉字艺术，三来也能修身养性，还可以用来防备不时之需，一举多得，善莫大焉。

65. 父子无偏爱，兄弟弗疑猜

　　子有长幼，亦有贤愚。父母爱之，莫分长幼贤愚之见。但爱长子时，少者不闻不见，故少子不言父母之爱吾兄。爱少子时，长子习闻习见，故长子只疑父母之爱我弟。即父母所分家私①，亦不分长幼贤愚也。但贤子或自恃②而思厚，愚子或自歉③而怨薄。故兄弟间或不免有嫉妒心，不知父母爱子一如鸤鸠④饲子之均平也，何曾长幼贤愚异视哉？故必兄爱弟、弟敬兄、贤矜⑤愚、愚齐贤，则父母其安乐之矣。其斯以为孝乎！不然，兄残弟、弟贼兄、贤欺愚、愚侮贤，则父母之心终不安。父母之心不安，曾是以为孝乎？惟孝能友于兄弟，亦惟友于兄弟方全个孝子。

| 今译 |

/

　　子女有长幼、贤愚之分，父母对子女的爱，不会因为他们长幼、贤愚而有所不同。父母关爱长子的时候，少子还没出生或还年幼不懂事，他们听不见也看不到，因此，少子不会说父母如何如何关爱兄长。父母关爱少子的时候，长子已经长大懂事，经常见到、听到，因此，长子只会怀疑父母关爱弟弟胜过自己。父母划分财产的时候，也不要因长幼、贤愚之不同而有所区别。贤惠的儿子自以为有所依靠而认为自己应该分得较多，愚蠢的儿子或许会自感吃亏而抱怨自己分得太少。因此，兄弟之间或许会因为厚此薄彼而产生嫉妒之心，他们不知道父母爱护自己的儿子就和布谷鸟饲养小鸟一样是平均分配的，哪里会有什么长幼、贤愚的区别对待呢？因此，必须做到兄长爱护弟弟、弟弟尊敬兄长、贤惠的怜惜愚蠢的、愚蠢的向贤惠的看齐，这样一来，父母就可以得享安乐了。这就是人们所说的孝啊！否则，兄长残害弟弟、弟弟伤害兄长、贤惠的欺负愚蠢的、愚蠢的侮辱贤惠的，这样一来，父母内心深处终究得不到安宁。父母内心深处得不到安宁，难道这就是孝吗？唯有孝敬父母之人才会友爱兄弟，也唯有友爱兄弟之人才会成为孝子。

| 简注 |

① 家私：家庭财产。

② 自恃：自以为有所依靠。

③ 自歉：自感吃亏。

④ 鸤 (shī) 鸠：布谷鸟。

⑤ 矜：怜悯，怜惜。

陆陇其在论述子女长幼、贤愚与父母关爱之间的辩证关系之后，提出了一条如何处理家庭关系的重要原则：父子无偏爱，兄弟弗疑猜。父母对所有子女的爱是没有差别的，财产也会平均分配，如此不偏不倚才会平衡各个子女之间的关系，做到"兄爱弟、弟敬兄、贤矜愚、愚齐贤"，父慈子孝，兄友弟恭，一家人其乐融融，父母也可得其安乐。如果父母偏心，可能会导致兄弟姐妹之间产生隔阂，甚至发生"兄残弟、弟贼兄、贤欺愚、愚侮贤"的极端事件，一家人互为参商，父母之心难以安定。"父子无偏爱"是父母自上而下对子女的慈爱，"兄弟弗猜疑"是兄弟之间的友爱。父母无差别的慈爱引发兄弟之间的友爱，在这个意义上，"父母无偏爱"是"兄弟弗猜疑"的前提，也即爱是悌的前提；"兄弟弗猜疑"，兄弟友爱，关系和睦，父母也得以心安，让父母心安就是子女最大的孝，在这个意义上，悌是孝的前提。因此，以父母之爱为纽带，孝悌互为因果，"惟孝能友于兄弟，亦惟友于兄弟方全个孝子"。计划生育的一孩阶段，各家都是独生子女，父母之爱只给这一个孩子；当下，计划生育已经进入二孩阶段，父母之爱要均分给两个孩子，陆陇其的"父子无偏爱，兄弟弗疑猜"对于如何处理好多子女家庭父母与子女的关系、子女之间的关系有着非常重要的启示。孝悌互为因果，切记，切记！

66. 父在须知

凡人子，于父在时固当专心读书，然于世务①亦不可不知。如钱粮数目要知，上、中、下乡逐年每亩粮米银若干，白粮②银应若干，折粮田每亩应若干白银。区图③中人要接待有礼。不幸或自当家，便可井井料理。若茫然不知，无论被外人欺侮，即兄弟叔伯亦视尔如薰莸④，仆隶下人亦视尔如几上肉矣。可不猛省！

| 今译 |

凡是子女，于父亲在世的时候应当专心读书，然而对于谋身治世之事也不可不了解。如钱粮数目要知道，上等田、中等田、下等田每年每亩地要缴纳赋税银子多少，漕粮银子应该多少，折合成每亩田应该缴纳白银多少都要知道。住在一个区、一个图中的人要以礼相待。万一哪天父亲不幸去世，轮到自己当家了，便可以把家务处理得井井有条。如果茫然无知，不要说是被外人欺侮，就是自家兄、弟、叔、伯都会把你们看作臭草，家中奴仆也会把你们看作几上之肉。能不猛然惊醒！

① 世务：谋身治世之事。

② 白粮：明清时在江南五府所征供宫廷和京师官员用的漕粮。

③ 区图：区、图都是中国古代行政单位。

④ 薰莸（yóu）：薰，香草；莸，臭草。比喻善恶、贤愚、好坏等。出自《左传·僖公四年》："一薰一莸，十年尚犹有臭。"此处偏指臭草。

实践要点

　　父亲在世的时候，可以为家中子女遮风挡雨，等到哪天父亲不幸去世了，谁来撑起家中的一片天呢？针对这个问题，陆陇其提出"父在须知"，要求为人子者应当通晓世务，知道赋税钱粮所交之数，懂得待人接物之道，如此，"不幸或自当家，便可井井料理"。陆陇其提出的儿子应当学会料理世务的建议，于古于今都很适用。为什么我们常说富不过三代呢？就是因为通常人家都是祖父创业、父亲守成、孙子败家，一代不如一代，进入到一个恶性循环中，以致大好的家业渐渐毁于不肖子孙之手。陆陇其"于世务不可不知"的道理对"富二代"也有启发：不但要懂得资产管理，还要懂得人际交往，如果只是贪图享受，忘记了祖辈父辈创业的艰辛，早晚有一天是要败家的。如此直言不讳的评说，确实让人警醒。

67. 亲睦三族

父族、母族、妻族，义固并重，情当并隆。每见人情偏于妻族亲厚，而于父母两族若近若远焉。不知夫为妻纲，此岂妻独用事①耶？盖亦未之思耳。父族母族，夫何远之有？

| 今译 |

对于父亲、母亲、妻子所属的三个家族，情谊上应当同等看待，感情上应当同样深厚。每每见到人们对妻子家族的人亲近厚重，而对父亲家族、母亲家族却若即若离，不很亲近。难道他们不知道夫为妻纲，家里的事情怎么能让妻子一人做主呢？大概是没有深入思考过这个问题吧。对父亲家族、母亲家族，和妻子家族同样亲近，哪里有什么远近呢？

| 简注 |

① 用事：当权。

结婚不是男女两个人的事情，而是涉及男女所属的两个家族的事情。结婚之后，男子就要同时面临三个家族——父族、母族（舅族）、妻族。如何与这三个家族的亲属相处，是一门很大的学问。陆陇其认为"父族、母族、妻族，义固并重，情当并隆"，提醒人们"亲睦三族"，不能"人情偏于妻族亲厚，而于父母两族若近若远"。亲睦三族，可以淡化三族的区分；对不同家族的亲属一视同仁，可以消弭家庭矛盾，实现家庭和谐。这则格言具有很强的现实针对性。当下，大多数中国家庭与妻族联系紧密，与父族、母族关系较为疏远。导致此种情况产生的原因有很多，其中最重要的一点就是计划生育造成了大量的独生子女家庭，这些家庭的子女结婚之后，父族没有兄弟姐妹，就女方看来，母族与妻族比较起来，还是妻族关系较为紧密。然而，这种偏差很可能导致家庭矛盾，夫妻不和。因此，我们要牢记先贤陆陇其"亲睦三族"的训诫，对待"父族、母族、妻族"做到"义固并重，情当并隆"。

68. 非宗弗同，是宗弗外

吾人倘倖科第，不论疏，不论贫，联属①宗党。此极盛德②事，但非同宗，切勿冒认兄弟叔侄，辄轻联谱，抱惭上世祖宗，贻讥邻里乡党。盖举人、进士肯认我为同宗，其贫于吾者也。我要认举人、进士为同宗，必奉举人、进士者也。一贫一奉，遂称兄称弟称叔称侄，岂不赧颜③？且也庆吊必到，岁时必馈，称贷必从，恐失礼获愆④。若我贫贱，问他肯认否。吾恐真正同宗且闭之门不纳矣。言念及此，毋傍他人门墙牙爪也。

| 今译 |

　　我们侥幸科举登第，不论亲疏，不论贫富，连接起来都是同宗本家。这是祖上宣扬深厚恩德的事情，但不是同宗的，务必不要冒认兄弟叔侄，随意轻率地勾连族谱，否则会抱愧祖宗，遭到邻里乡党的讥笑。举人、进士肯认我为同宗，是因为他们家里比我穷。我要认举人、进士为同宗，必然会奉承举人、进士。一者贫穷，一者奉承，于是互称兄弟叔侄，难道不会感到羞愧而脸红吗？而且攀亲之后，庆贺吊唁之时必须到场，逢年过节定要赠送礼品，前来借贷也要听从，唯恐失礼而犯错。如果我家里穷、地位低，问问他还肯认为同宗吗。我想恐怕即使真的是同宗本家也会闭门不纳了。话说到这里，就不要去倚傍他人门墙，做人家的爪牙了。

① 联属（zhǔ）：连接。

② 盛德：深厚的恩德。

③ 赧（nǎn）颜：因惭愧而脸红。

④ 获愆（qiān）：愆，罪过，过失。意为犯错。

| 实践要点 |

读书人考中举人、进士之后，获取了做官的资格，也得到了免税的好处，社会地位骤然提升，自然会有人前来攀亲联谊。清代作家吴敬梓的讽刺小说《范进中举》中，穷困潦倒的老童生范进参加乡试考中举人之后，喜极而疯，待他醒来之后，乡绅张静斋前来与他联谊，送给他五十两银子和大街上一座三进三间的大宅子。自此以后，有许多人陆续前来奉承范进，有送田产的，有送店房的，还有那些破落户，两口子来投身为仆，希图荫庇的。也就两三个月的时间，范进搬到了新房子里，家里奴仆、丫鬟都有了，钱、米更是不消说了。范进中举是文学作品中的个案，但也算不得稀奇，此种情形在明清两代比比皆是。陆陇其这一则格言讲述的就是读书人考中举人、进士之后如何妥善处理攀亲联谊之事。他认为："非宗弗同，是宗弗外。"一切以是否具有血缘关系为辨别标准，而不是看对方的社会地位高低和家庭财产多寡。如果有血缘关系，真的是同宗，不论亲疏、贫富，都要攀亲联谊，互帮互助；如果没有血缘关系，真的不是同宗，那就不要冒认亲戚，免得抱惭祖宗、遭人讥笑。陆陇其还深刻分析了攀亲联谊的动机，他认为往往是贫穷的攀附富有的、低贱的攀附高贵的，从来没有富有的攀附贫穷的、高贵的攀附低贱的。如果自己贫贱，恐怕即便是同宗也会闭门不纳。因此，他提醒那些考中举人、进士的读书人，要认清世事，洁身自好，切勿攀附权贵，乱认同宗，自取其辱，自讨没趣。

69. 口过开罪

凡人言论易致差失，以口过开罪于人者不少，而后生辈尤易发泄①。故无论恩断义绝②，须慎尔言也。即我理直气壮，亦不可已甚说尽。异日倘或相见，自可无惭无悔。《大雅·抑》之篇曰："白圭之玷，尚可磨也；斯言之玷，不可为也。"曷不三复③此言？

| 今译 |

人们只要开口说话就容易导致差错和失误，因为口头错误而得罪别人的不在少数，年轻人更容易把心里所想的直接用语言表达出来。因此，无论是夫妻之间恩爱断绝，还是朋友之间情义断绝，说话都必须谨慎。即使我理直气壮，也

不可以欺人太甚，把话说尽。以后哪一天假如见到了，自然可以毫无愧悔。《诗经·大雅·抑》篇中说："白圭的缺陷，还可以磨平；说话得罪人，就无法挽救了。"为什么不反复诵读这句话呢？

| 简注 |

① 发泄：显示，显现，表现。

② 恩断义绝：恩，恩情；义，情义、情分。指夫妻或亲属朋友之间恩爱情义完全断绝，从此不相往来。

③ 三复：反复诵读。

| 实践要点 |

"口过开罪"，因说错话而得罪人的事情时有发生。如何避免"口过开罪"呢？陆陇其给出了"慎言"的建议。他认为："无论恩断义绝，须慎尔言也。即我理直气壮，亦不可已甚说尽。"陆陇其教人盛怒之下、道理在握时，也不可把话说尽，要留有余地，这样就有了回旋的空间，日后还有和好的可能，所以，"异日傥或相见，自可无惭无愧"。他还引用《诗经·大雅·抑》中的名句"白圭之玷，尚可磨也；斯言之玷，不可为也"来提醒人们慎言。陆陇其的慎言观念来自于儒家宽恕思想。《论语·卫灵公》中记载："子贡问曰：'有一言而可以终身行之者乎？'子曰：'其恕乎！己所不欲，勿施于人。'"儒家所说的宽恕就是"己所不欲，勿施于人"，要求人们做人处事都要宽恕待人，推己及人。俗话说："人非圣贤，孰能无过？"世上没有完美之人，但凡是人，犯错失误就在所难免。如果别人犯错了，我们应该怎么做呢？儒家君子之道要求人们以和为贵，宽以待人，恕以处事，即使理直气壮，也不能得理不饶人，不可锋芒毕露，痛打落水狗，让人狼狈不堪。当下，儒家宽恕思想以及陆陇其的慎言观念仍然有其存在价值。人同此心，心同此理，宽恕待人，既是宽恕别人，也是宽恕自己，对人是好，对己亦好，何乐而不为呢！

70. 戒谈闺阃

经目之事①，犹恐未真。今人刻薄，喜谈淫乱，造言生事，妄议人闺阃②，供其戏笑。我一概勿听、勿信、勿传、勿述。非存厚道，理固然也。

| 今译 |

亲眼看到的事情都不一定是真实的。现在的人冷酷无情，喜欢谈论淫乱之事，造谣生事，妄议人家闺房隐私，以供众人取笑。对于这些言语，我们一概不听、不信、不散播、不转述。不是我们为人厚道，而是理所当然要这么做。

| 简注 |

/

① 经目之事：亲眼看到的事情。出自《水浒传》："经目之事，犹恐为真；背后之言，岂能全信？"

② 闺阃（kǔn）：是指妇女居住的地方。借指闺房隐私。

| 实践要点 |

/

"经目之事，犹恐为真；背后之言，岂能全信？"在这个基本判断的基础上，陆陇其从"今人刻薄，喜谈淫乱，造言生事，妄议人闺阃，供其戏笑"的社会现实出发，提醒人们"戒谈闺阃"，要求人们对于那些谈论男女关系的低级趣味的淫秽言论，"一概勿听、勿信、勿传、勿述"。俗话说："言为心声。"一个人私下的言论，最能反映出他的志趣品行。陆陇其提醒人们"戒谈闺阃"，是站在社会道德教育的立场上，一是要求人们提高志趣品位，不要去关注乃至谈论闺房隐私；二是要求人们提高自我道德约束，不去听、信、传、述闺房隐私。没有人关注、谈论的事情，过一段时间之后，热度自然而然地就消退了，社会风气自然而然地也就改良了。陆陇其以"戒谈闺阃"来提醒人们加强自我道德约束，提高自我道德修养，用心良苦，切中时弊，值得赞许。

71. 戒刺戒谑

语言切勿刺人骨髓，戏谑切勿中人心病。又不可攻发人之阴私。若者，俱使人怀恨。一时快口，终被中伤[①]。诗曰："善戏谑兮，不为虐兮。"[②]又曰："谑浪笑傲，中心是悼。"[③]如之何[④]弗思？

| 今译 |

说话务必不要直接刺入人的骨髓，开玩笑务必不要击中人的心病。又不可以攻击、揭发人的隐私。如果这么做，会使人怀恨在心。说话图一时痛快，终究要受到别人的恶语中伤。《诗经·卫风·淇奥》说："宽兮绰兮，猗重较兮。善戏谑兮，不为虐兮。"《诗经·邶风·终风》也说："终风且暴，顾我则笑。谑浪笑敖，中心是悼。"为什么不反思呢？

| 简注 |

① 中伤：诬陷或恶意造谣，旨在毁坏人的名誉。

② 善戏谑（xuè）兮，不为虐兮：谈吐幽默，言语风趣，开个玩笑别人也不

会见怪。出自《诗经·卫风·淇奥》。

③ 谑浪笑傲，中心是悼：调戏放肆，真是胡闹，心中惊惧，非常烦恼。出自《诗经·邶风·终风》。

④ 如之何：怎么，为什么。

| 实践要点 |

人际交往中，如何把握好说话的分寸，是人们普遍关注却都很难做得好的问题。人与人之间适当说些幽默、风趣、诙谐的话题，可以活跃气氛、增加趣味、融洽彼此之间的关系；但是，说话一定要注意分寸，把握好度。陆陇其对此深有体会，他建议人们"戒刺戒谑"，确定做到"语言切勿刺人骨髓""戏谑切勿中人心病""不可攻发人之阴私"。如果说话过头，触人心病，发人阴私，既反映了说话之人品行低劣，不知道尊重他人，又有可能导致不欢而散，甚至结下仇怨，更甚者，说话之人还会遭到被说之人的打击报复，产生"一时快口，终被中伤"的恶劣后果。因此，陆陇其提醒人们深入思考"善戏谑矣，不为虐兮""谑浪笑傲，中心是悼"等经典诗句，提高道德修养，注意说话分寸，不可口无遮拦。

72. 密时谨言

花无百日红，人无千日好①。虽当相知极密时，语极要谨慎。此亦利害②关头，切须记着。逢人且说三分话，作事宜存一点心。古人云，妻前只说三分话，况他人耶？

| 今译 |

"花无百日红，人无千日好。"虽然相知的时候关系极其亲密，说话也要非常谨慎。这也是利益与损害的重要节点，务必牢记。"逢人且说三分话，作事宜存一点心。"古人云，妻子面前也只能说三分真话，何况是其他人呢？

| 简注 |

① 花无百日红，人无千日好：指人的青春短暂。比喻好景不长或友情难以持久。

② 利害：利益与损害。

陆陇其在这一则格言中连用了"花无百日红，人无千日好""逢人且说三分话，作事宜存一点心"两句俗语，来说明"密时谨言"，提醒人们注意说话的分寸，"虽当相知极密时，语极要谨慎"。他还拿亲疏关系作比照，用"妻前只说三分话"来进一步提醒人们，不论对于什么人，即使是好朋友，甚至是妻子，说话也要谨慎，不能口无遮拦。陆陇其的这则格言提醒我们要把握说话的分寸，俗话说"祸从口出"，万事都有个度，话不可说尽，要留有余地。即使是面对关系亲密的人，也不能说损人利己的话，不能说损伤感情的话，更不能把话说尽。如果对方有过错，也应婉转劝导，而不是指斥鞭挞；如果是机密的事情，更要有意识地有所隐瞒，不能一股脑地和盘托出。时移世易，等哪天关系变了，东窗事发，就悔不当初了。当然，陆陇其的"密时谨言"更多的是提醒人们说话谨慎，注意分寸，把握好度，避免"祸从口出"，这在当下也有着极强的现实指导价值。

73. 称述得情

凡述人言语，必照其前后次第一一顺说，断不可颠倒其字而失其意旨①。尤不可揣摩②其言添出话头，致错怪了人。

｜ 今译 ｜

凡是转述他人说的话，必须按原话的前后顺序顺着说清楚，绝对不可颠倒次序，而改变原说话者的意思。尤其是不要揣度原说话者的话，添油加醋，以致错怪了人。

｜ 简注 ｜

① 意旨：也作"意指"，意之所在，多指尊者的意向。
② 揣摩：指悉心探求，揣度对方，以相比合。

｜ 实践要点 ｜

陆陇其在这一则格言中就人际交往中如何转述他人的话提出了要求。他要求人们"陈述得情"，"照其前后次第一一顺说"，即要求转述者忠于原话，如实反映。这样一来就可以减少不必要的误会，使彼此之间的关系更加融洽。他在要求人们"断不可颠倒其字而失其意旨"的同时，还特意批评了那些别有用心者"揣摩其言添出话头，致错怪了人"。在此，有一点他是认可的，那就是如实转述，陈述得情。有两点他是反对的，一是颠倒次序导致意思错乱，这一点是无心之错，可以谅解；第二点是揣摩意思添油加醋，这是有心之过，必须批判。当下，我们在转述他人话语的时候，也要真实准确。为了如实转述，我们就要努力提高语言运用能力，避免无心之错。更为要紧的是，我们要摆正心思，在转述他人话语的时候，用心要正，不能擅自揣摩。

74. 慎言无愧

> 　　凡开口，不定是借财，宜加谨。或托人谋事，或托人荐扬①，或自为人举荐②，谅③人必不从者，切勿轻言。令人取厌，且致笑我不达时务。

　　凡是开口求人，不一定是为了借钱，应当更加谨慎。或者是托人谋求职业，或者托人推荐赞扬，或是自己举荐他人，如果推想别人必定不会听从，务必不要轻易说出口。否则会让人觉得厌恶，而且笑话我不懂得人情世故。

｜　简注　｜

① 荐扬：推荐赞扬。

② 举荐：古代指向朝廷、皇帝推荐人才。

③ 谅：推想。

对于大多数人来说，求人办事，总是难以开口的。那些动辄向别人求助的人，容易遭到别人的白眼。为此，陆陇其提醒人们"慎言无愧"，对于"托人谋事""托人荐扬""自为人举荐"等需要求助别人的事情，一定要"加谨"。如果料定了别人不会帮忙，那就不要轻易开口，以免"令人取厌，且致笑我不达时务"。不求人那又如何办呢？俗话说："求人不如求己。"自己多方筹措、多加努力，终究会有好的结果，何必去求别人、看别人的脸色呢？

75. 弗向人称能

人纵十分能事，犹当谦让未遑①，况吾涉历②未几③，尚不更事④，尤宜养辩于讷，藏锋于钝⑤。断不可议论风生⑥，向人前称能，使人鄙吾为油嘴猴子。

| 今译 |

做人即使有十分的本事，也应当低调谦让，何况我们人生阅历尚浅，还没有经历世事，尤其应该将辩才隐藏于讷讷不言之中，将锋芒藏于驽钝之中。务必不

可以议论风生，在人前显摆自己能干，被人鄙视为油嘴滑舌的猴子。

▎ 简注 ▎

① 谦让未遑（huáng）：遑，闲暇。意为谦让都来不及。指不好意思接受别人的推崇。

② 涉历：经过，经历。

③ 末几：很少，无几。

④ 更（gēng）事：经历世事。

⑤ 养辩于讷（nè），藏锋于钝：讷，语言迟钝。木讷的表象中实际是雄辩的口才，生锈的表面隐藏着锋利的武器。

⑥ 议论风生：形容谈论广泛、生动而又风趣。

▎ 实践要点 ▎

陆陇其在这一则格言中讲述的是谦虚谨慎，"弗向人称能"。他认为，做人即使本事了得，也要知道谦虚谨慎，何况是涉世未深的毛头小子，更应当知道"养辩于讷，藏锋于钝"的道理，谦虚待人，谨慎处事，不能骄傲自满、得意忘形，决不可"春风得意马蹄疾，一日看尽长安花"，以至于露才扬己、遭人鄙视。俗话说："谦虚使人进步，骄傲使人落后。"陆陇其"弗向人称能"的观点有一定的道理，有助于让人养成谦虚谨慎的性格，也有利于人的修身养性。但是，当代社会竞争非常惨烈，你不表现自己，就有可能会被别人替代。如果需要你锋芒毕露、展示辩才，那就不必再守拙、藏钝，"该出手时就出手"，唯有如此，才能占得一席之地。当然，藏与露、守与放是辩证的，藏、守是常态，露、放是变态。善于藏、守，才会相机而露、放。如果一味藏、守，可能会被埋没、遗忘；如果一味露、放，也可能导致根基不牢、过早凋谢。陆陇其"弗向人称能"的观点，有些偏向于道家始祖老子所倡导的守弱，所谓"自伐者无功，自矜者不长"。两者内涵类似，道理相通，非大智慧者不能参透，非大毅力者不能运用。切记，切记!

76. 切勿离间人骨肉

凡父子、叔侄、兄弟、夫妻、姑媳、妯娌间，或以小事有言语偶乖①处。然风雷无竟日②之怒，亦即刻自消矣。断不可乘隙离间，搬是搬非，添说挑拨，使人家骨肉参商。此专为妇人之训，非对丈夫言也。

| 今译 |

凡是父子、叔侄、兄弟、夫妻、姑媳、妯娌之间，或许会因为一点小事以致

言语上偶然有不和谐的地方。然而，风雷没有从早到晚都在怒吼的，事情过去，火气立刻就消失了。务必不可趁机离间，搬弄是非，添油加醋，挑拨离间，使人家骨肉分离。这话是专门说给女人听的，不是说给男人的。

/

① 乖：不顺，不和谐。
② 竟日：终日，从早到晚。

| 实践要点 |

/

陆陇其深知，日常生活纷繁复杂，家庭成员之间难免会因为一些小事而发生矛盾，互相气愤，互不搭睬。这个时候，如果有人趁机挑拨离间，矛盾可能就会扩大，以致不可收拾。因此，陆陇其严重警告某些奸邪之人："切勿离间人骨肉。"陆陇其的这一则格言，揭露深刻，发人深省，表现了他对奸邪小人的极度厌恶。但是，他认为，"此专为妇人之训，非对丈夫言也"，则带有一定的性别歧视。的确，在日常生活中，女人更容易陷入家庭是非之中，我们也把某些喜欢播弄是非的女人称作"长舌妇"，但是，"切勿离间人骨肉"这一训诫对男人和女人来说都是适用的，不能因为女人更有可能播弄是非而特意贬斥。

77. 切勿听人谗谮

人欲间离骨肉，间离朋友，使无端谗谮①，借景挑拨，默使人亲者疏，是者非。我一概勿听勿信，所以全骨肉②、敦友谊③者多矣。

| 今译 |

有的人想要离间骨肉，离间朋友，使人无端遭到言语中伤，从而借机挑拨事端，暗中使亲近的变得疏远、对的变成错的。我对这些离间言论一概不听不信，所以才能更好地保障家人平安，使朋友情谊更加深厚。

| 简注 |

① 谗谮（zèn）：恶言中伤。

② 全骨肉：保障家人平安。

③ 敦友谊：敦，深厚。意为使友谊敦厚。

陆陇其在"切勿离间人骨肉"篇中严词针对的是挑拨离间的小人，在这一则格言中着意提醒有可能遭到离间的人"切勿听人谗谮"。陆陇其认为，生活中总有些小人喜欢播弄是非、挑拨离间，使亲者疏、是者非，从而趁机攫取好处。对于这些人，陆陇其是深恶痛绝的。然而，离间他人是出于人性之恶，陆陇其凭一己之力又不能禁绝。于是，他提出，对于谗言，"我一概勿听勿信"，只要人们不去听取、相信这些谗言，谗言也就不攻自破了。为了生活幸福，陆陇其提出"切勿离间人骨肉""切勿听人谗谮"两点忠告，一是警告离间之人，一是提醒被离间之人，只要做到其中一点，离间之事就不会发生，就能"全骨肉、敦友谊"。陆陇其这两则格言用心良苦，可谓是防止离间的金玉良言。

78. 弗向富人言贫

富人极善愁穷，使穷人不得开口。故与富人相与，只宜淡交。傥或无东少西①，切勿仰面②道及。决然③不来济我，殊愧失言。若相知谈心，则又不妨。

富人非常善于说自己钱不够花，让穷人即使想向他借钱也开不了口。因此，与富人交往，只适合淡交。假使家里缺这个少那个，一定不要觍着脸去找人家说。人家肯定是不会借给我的，结果就是自己特别羞愧说错了话。如果是相知朋友之间的谈心，那就无妨了。

① 无东少西：指家中物资匮乏。

② 仰面：指抬脸向上。

③ 决然：一定，肯定。形容坚决果断。

穷人如何与富人交往？陆陇其认为，穷人"与富人相与，只宜淡交"。俗话说："君子之交淡如水。"穷人与富人之间，适合君子之交，适合精神交流，不要涉及财物。穷人"无东少西"的时候，不要向富人"仰面道及"，明知道富人不会接济，只会自找没趣；假使是"相知谈心"，说说也无妨，但是不要对结果抱太大的希望。因此，陆陇其提出，穷人"弗向富人言贫"，穷人要有骨气，自尊自重，自力更生，不要寄希望于得到富人的救济。陆陇其关于穷人与富人如何交往的言论，体现了他对弱势群体的关注，以及他对人的尊严的关注。

79. 弗向贵人轻言

举人、进士所悦者投献[1]，所乐者说事。有则满面添花，舍此则冷淡无情。虽属相知，切宜自重，弗得轻言。

| 今译 |

举人、进士向欣赏自己的人投献，找与自己相知的人说事。如果事情办成了，就会满脸笑容；如果事情没办成，就表情冷淡，相互之间的交情也就淡了。虽然属于相知朋友，也务必自尊自重，不要向别人轻易表达自己的诉求。

| 简注 |

① 投献：进献礼物或进呈诗文。

| 实践要点 |

这一则格言讲述的是举人、进士如何与达官贵人交往。明清时期，考中举人、进士之后，就有了做官的资格，但并不意味着马上就能得到任命。于是，举

人、进士有门路的找门路，没门路的就要等待安排，说不定要候补很多年才轮到自己，甚至有的举人、进士因为无门无路不会钻营，一辈子都是候补，始终没有正式官职。因此，举人、进士想要做官，需要达官贵人举荐，他们就向"所悦者投献"，找"所乐者说事"，希图得到对方的帮助。陆陇其非常反对举人、进士为了做官而去"投献""说事"，提出"弗向贵人轻言"，要求他们"自重"。陆陇其自己就是"弗向贵人轻言"的忠实执行者。他四十岁考中进士，曾任江南嘉定知县、直隶灵寿知县、四川道监察御史等职，做官坦荡磊落，赋闲在家也从不找人举荐，权相明珠派人拉拢也不答应，忠实践行了"弗向贵人轻言"的格言。

80. 无烦言

家庭间有言语争论，说过便消，断不可效彼长舌^①，反复再道，又动人气。

| 今译 |

家庭成员之间有言语上的争论，说过了，气便消了，绝对不可仿效长舌妇搬弄是非，反反复复翻出来说，又让人生气。

① 长舌：指长长的舌头。比喻爱搬弄是非。出自《诗经·大雅·瞻印》："妇有长舌，维厉之阶。"

| 实践要点 |

这一则格言讲述了口角问题。家人之间如发生口角，很难分清谁是谁非，也没有必要去追根究底，非得弄个孰是孰非，最好的选择便是"说过便消"，"无烦言"。这是陆陇其解决口角之道，为此，他还提醒人们"断不可效彼长舌，反复再道，又动人气"。俗话说："清官难断家务事。"家里面的是是非非纷繁复杂，家人之间的感情"剪不断，理还乱"，因此，处理口角问题的最好选择就是假装糊涂。难得糊涂，糊涂难得，大是大非上要辨别清楚，小是小非上要装装糊涂，唯有如此，才会家庭和谐。

81. 莫述人浪说

浪说①人言语，断不可向妻孥前称述②，恐其认假为真也。

/

妄说之人的言论，绝对不能在妻子儿女面前述说，以免他们把假的当成真的。

| 简注 |

/

① 浪说：妄说，乱说。

② 妻孥（nú）：妻子和儿女。称述：述说，叙述。

| 实践要点 |

/

在这一则格言中，陆陇其主张"莫述人浪说"。他认为，妄说之人，言语荒诞不经，不适宜转述，更不应当在妻子儿女面前转述，"恐其认假为真也"。对于浪说之人的言论，我们该如何处置呢？其一，不听不信，置之不理，这是最好的选择；其二，姑且听之，不信不传，这是退而求其次的选择；其三，如果言论过于荒诞不经，甚至涉及到敏感问题，那就要告知有关方面去处理了。谣言止于智者，同样，浪说也是止于智者。做一个智者，明辨他人言论中的是非，根据是非不同采取不同的处理办法，这对自己有利，对家人更有利。

82. 留人情

怒人言，不可说尽，当思君子绝交，不出恶声[1]。

发怒的时候，说话不能口无遮拦，应当想到君子即使绝交，也不会发出邪恶的声音。

简注

① 恶声：邪恶的声音。出自《孟子·万章下》："伯夷目不视恶色，耳不听恶声。"

实践要点

当人发怒的时候，往往会被怒火遮蔽自己的是非判断能力，自以为真理在握，己是人非，还非常容易感情用事，一时冲动，说些不该说的话，干些不该干的事，事后回想起来，兀自懊悔不已。因此，陆陇其提出"留人情"，要人们学做君子，"不出恶声"。

83. 居家务要严肃

> 堂前弗闻妇人声。弗许六婆①入门。女子弗插戴首饰出门看戏、看灯、看会。弗结拜姊妹②往来。弗登山入庙烧香。弗听人劝化吃蔬。弗留尼姑僧道在家看经念佛。弗留唱曲道婆在家过宿。弗留僧人打坐门前化缘。

| 今译 |

正厅里不要听到女人说话的声音。不要允许六婆入门。女子不要插戴首饰出门看戏、看花灯、看庙会。不许结拜姐妹往来。不要登山入庙烧香拜佛。不要听人劝说吃斋念佛。不要留尼姑、僧人和道士在家里看经念佛。不要留唱曲子的道婆在家里过夜。不要留僧人在门前打坐化缘。

| 简注 |

① 六婆：常与"三姑"合称"三姑六婆"，原指古代中国民间女性的几种职

业，现在常指社会上各式市井女性。据元陶宗仪《南村辍耕录·三姑六婆》记载："三姑者，尼姑、道姑、卦姑也。"尼姑是指披剃出家的女性；道姑是指女道士；卦姑是指专门给人占卜算卦的女性。"六婆者，牙婆、媒婆、师婆、虔婆、药婆、稳婆也。"牙婆，旧时中国民间以介绍人口买卖为业而从中牟利的女性；媒婆，指专门为男女说亲事撮合双方的女性；师婆，又叫巫婆，指以装神弄鬼、画符念咒的巫术作为生活来源的女性；虔婆，指开设秦楼楚馆、介绍色情交易的女性；药婆是蛊药婆的简称，指利用药物给人治病或加害他人的女性；稳婆，旧时民间以替产妇接生为业的女性。

② 结拜姊妹：女子见与自己情趣相投的，便可以结拜，年龄不受严格限制。一般结拜的是单数，如七个叫"七仙女"。一经结拜，就经常写女书作品往来，加深感情。这种结拜要超过亲戚关系，还会延续两三代人。

| 实践要点 |

在这则格言中，陆陇其以妇女为训诫对象，提出了"居家务要严肃"的九则戒条，其中四则是直接针对妇女的，另外五则与佛道有关。"堂前弗闻妇人声""弗许六婆入门""女子勿插戴首饰出门看戏、看灯、看会""弗结拜姊妹往来"四则戒条直接与妇女有关，对妇女的言行有所限制，剥夺了妇女主持家业、独立谋生、出外游玩、人际交往等方面的诸多权利。"弗登山入庙烧香""弗听人劝化吃蔬""弗留尼姑僧道在家看经念佛""弗留唱曲道婆在家过宿""弗留僧人打坐门前化缘"五则戒条虽是训诫妇女，却与佛道有关。陆陇其是崇信朱熹理学的儒家学

者，终其一生以"尊朱黜王，力辟佛老"为己任，他的思想中继承了宋明理学认为妇女"饿死事小，失节事大"等诸多偏见，同时对佛教、道教一概排斥，因此才有了这九则带有男尊女卑、歧视妇女、排斥佛道性质的戒条。陆陇其的这九则戒条，对妇女来说是不公平的，体现了其思想的时代局限性，需要我们正确辨别并适当纠正；其中对于佛道的言论，虽有其时代局限，在当下也有一定的价值：佛道等宗教要在指定的宗教场所传道布教，不能深入民众家中，当下仍需如此。

84. 教子婴孩

子弟三两岁时便要教之孝悌。如叔伯兄嫂教之称呼，至长时自然依依①爱敬。尊长见之自然道好，闲人观之亦自然称赞。若孩提不知称呼，长大便觉礼文疏略②，情意冷淡，至亲如同路人。父母失教之故也。至有人少时爱之喜教骂人者，小儿认为真，习成自然，久而不觉。是教人以偷也。故古之贤母最重胎教③。

| 今译 |

小孩子两三岁的时候便要教育他懂得孝悌。如教他学会称呼叔伯兄嫂，等他

长大了自然就会对长辈、对兄嫂依依不舍，爱戴尊敬。尊长见了，自然说他表现很好；不相干的人见了，自然也会对他赞许有加。如果孩子小的时候不知道称呼尊长，长大后便觉得礼节和文辞粗疏简略，对人的感情也很冷淡，关系最亲的人也如同不相干的路人。这是父母教育不到位的结果。甚至有的父母在孩子小的时候喜欢教他骂人，小孩子信以为真，不知不觉中习惯成自然，想改也改不掉了。这是教人盗窃啊。因此，古代的贤母最重视胎教。

| 简注 |

① 依依：依恋不舍的样子。

② 疏略：粗疏简略。

③ 胎教：中国传统生育习俗之一。古人认为胎儿在母体中能受孕妇言行的感化，所以孕妇必须谨守礼仪，给胎儿以良好的影响，名为胎教。

| 实践要点 |

陆陇其认为教育尤其是道德品质教育要从小孩子抓起。他以"称呼"为例，认为小孩子如果小的时候学会了称呼长辈、兄嫂，长大了就会孝亲爱亲、知书达礼，自然便会得到他人的赞许；如果小的时候不知道称呼长辈、兄嫂，长大了就会缺书少礼、情意冷淡；甚至有的小孩子在父母的教唆下学会了骂人，沾染上了不好的习惯，害人害己，贻害终身。因此，陆陇其大声疾呼："子弟三两岁时便

要教之孝悌"，"古之贤母最重胎教。"陆陇其在清初国民教育体系还不健全的情况下，已经自觉地将教育向下延伸，由私塾教育延伸到了幼教，甚至胎教，极力倡导胎教、幼教，从而形成了他关于胎教、幼教、私塾教育以及如何参加科举考试等一系列相对比较完整的教育思想。陆陇其是思想家、政治家，更是教育家，他对胎教、幼教的倡导，体现了他对儿童的关心和爱护，更体现了他对祖国教育事业的充分重视，体现了一个伟大思想家超越时代的思想价值。

85. 严以成爱

> 子女二三岁至十五六岁，虽极爱之，却要严声厉色，训之戒之。切勿少假颜色①，习成骄奢淫佚②，不知孝弟、忠信、礼义、廉耻、谦卑、逊慎。及长成，莫能禁止，此当责成③父母。

| 今译 |

子女在两三岁到十五六岁的时候，父母虽然极其关爱他们，却要声色严厉地教育他们，训诫她们。父母务必不能对他们稍微表现出温和的神色，以免让他们养成骄奢淫逸的生活习惯，不懂得孝悌、忠信、礼义、廉耻、谦卑、逊慎等良好

道德品质。等长大以后再禁止就来不及了，对子女的道德教育要由父母来完成。

① 少假颜色：少，稍微；假，给予。意为稍微表现出温和的神色。

② 骄奢淫佚（yì）：形容生活放纵奢侈，荒淫无度。出自《春秋左传·隐公三年》："石碏（què）谏曰：'臣闻爱子，教之以义方，弗纳于邪。骄奢淫泆，所自邪也。四者之来，宠禄过也。'"

③ 责成：指定某人或某机构办成某件事。

| 实践要点 |

在如何开展未成年子女的道德教育问题上，陆陇其提出了"严以成爱"的观点。他认为，父母内心深处虽然是非常关爱子女的，但在言语上、行动中却要非常严厉，时刻不能降低要求，促使子女传承忠信孝悌、礼义廉耻、谦卑逊慎等传统美德，以免子女养成好逸恶劳、骄奢淫逸的生活习惯。陆陇其"严以成爱"的道德教育观点是建立在"父为子纲"的儒家道德哲学基础上的，"爱"是内在本质，"严"是外在表现，内在的"爱"表现为"严"，外在的"严"根源于"爱"，因"爱"而"严"，由内而外，有其合理性，也有一定的可操作性。但是，在未成年子女的道德教育过程中，一味的"严"也是不合适的，"严"要有所区分，纪律、要求要严，方法、态度却不能太严，和颜悦色、循循善诱要比不假颜色、刻

| 85. 严以成爱 |

板生硬有效得多，如果过分强调"严声厉色""切勿少假颜色"，反而容易激发子女的逆反心理。因此，"严以成爱"也要尊重道德教育的客观规律，要尊重儿童的自主意识和创造能力，尽力做到本质是"爱"，要求是"严"，方法灵活、态度温和。

86. 防微格论

> 淫妇①、狡童②勿用服侍子女。盖不特③防其长④君之恶，尤严防其逢⑤君之恶。

| 今译 |

淫荡的女子、貌美的男子，务必不要用来服侍子女。不但是要防止他们助长子女的错误，尤其要防止他们逢迎子女的错误。

| 简注 |

① 淫妇：淫荡的女子，指着装裸露，言谈、举止、行为下流的女人，古代亦常指妓女。

② 狡童: 貌美的男子, 亦可指男妓。

③ 不特: 不但, 不独。

④ 长: 助长。

⑤ 逢: 逢迎, 吹捧。

| 实践要点 |

"蓬生麻中, 不扶自直; 白沙在涅, 与之俱黑。"生活环境对未成年人的成长有着举足轻重的作用, 因为未成年人辨别是非的能力较差, 容易受到周围人的影响。为此, 陆陇其提出了"防微"的标准言论, 提醒人们不要让淫妇、狡童来服侍自家子女, 防止他们"长君之恶", 更防止他们"逢君之恶"。原因在于淫妇、狡童等在思想、言语、行为等各方面均不端正, 很可能会把未成年人带坏, 挑唆、助长未成年人犯错, 更有可能为了讨"小主人"的欢心, 刻意逢迎、吹捧未成年人的错误, 让他们价值观念错乱, 以坏为好, 甚至养成自以为是、自高自大的生活习惯。因此, 未成年人的教育要从一点一滴做起, 从小事上抓起, 防微杜渐, 循序渐进。孟母三迁, 就是孟母为了给少年孟子创造一个良好的生活学习环境。今天, 我们也要透彻领会孟母三迁的道理, 谨遵陆陇其关于"防微"的教诲, 为子女创造良好的生活学习环境, 让子女远离那些可能给他们带来不良影响的人。

87. 修身方始

男女早起便要梳头、洗面、拂桌、扫地，莫效村夫懒妇，半日蓬头①，令人心厌。

| 今译 |

男人和女人，早上起来便要梳头洗脸、擦桌扫地，不要仿效那些村夫懒妇，一天有半天时间蓬头垢面，让人见了心里非常讨厌。

| 简注 |

① 蓬头：头发散乱的样子，形容脏乱的头发。

| 实践要点 |

朱柏庐《治家格言》起句便是："黎明即起，洒扫庭除，要内外整洁；既昏便息，关锁门户，必亲自检点。"陆陇其在《修身方始》篇中要求"男女早起便要梳头、洗面、拂桌、扫地"，与朱柏庐有着异曲同工之妙，都是强调一日之计在于晨，无论男人还是女人，都要梳洗打扮、洗除污垢，以清新面貌示人，同时把家里打扫干净，秩序井然，让自己有个好的生活环境，进而有个好的心情去迎接新的一天的生活、工作和学习。陆陇其对"梳头、洗面、拂桌、扫地"等的强调，还在于他认为这些小事是修身养性的起步动作，小事认真，一丝不苟，才能养成勤劳的品格。

88. 训女纺织剪衣

富贵家女孩学挑花刺绣。若贫人家女孩，只消纺织为主。纺得一斤纱，织得一匹布，或卖几多钱，或做一身穿，岂不受用？不然，则习成懒惰，身无检束[①]，吾不知其可[②]也。又须学精裁剪，以成自己衣衫裙袄，不向邻妇求教。若不学裁剪，必乞邻乞亲。纱缎布匹被人偷去两幅，茫然不知，是可哀也。

| 今译 |

富贵人家的女孩子可以学些挑花刺绣等技艺。如果是贫苦人家的女孩子，只要以学会纺织为主就可以了。纺成一斤纱，织成一匹布，可以卖几吊钱，也可以

做成衣服自己穿，难道不是很有益的事情吗？不然，就可能养成懒惰的习惯，不懂得检点约束自己，我以为这是根本不可以的。贫苦人家的女孩子还要学会并善于裁剪衣服，以便自己做衣衫裙袄，用不着向邻居家的妇人请教。如果不学会裁剪衣服，必然要去乞求邻居或亲戚帮忙。自家的纱缎布匹被人暗中拿走两幅也茫然无知。真是很悲哀的事情啊。

| 简注 |

① 检束：检点约束。

② 不知其可：可，合宜，满意。出自《论语·为政》："子曰：'人而无信，不知其可也。'"

| 实践要点 |

清代康熙年间，物质生活不太富裕，商品经济不很发达，贫苦群众普遍过着男耕女织、自给自足的小农生活。陆陇其立足生活实际，倡导"训女纺织剪衣"，教育贫苦人家的女孩子要学会纺织裁剪，既可以养成勤俭持家的生活习惯，又可以赚些钱来贴补家用，还可以防止别人借裁剪衣服的机会偷工减料，一举而多得，可谓是金玉良言。陆陇其夫人朱氏贵为知县夫人，穿着朴素，勤俭节约，还亲自纺织裁剪，县衙里织布声从不停辍，成为嘉定民间女子学习的好榜样。陆陇其及其夫人朱氏立言又力行，以其言行影响了一代嘉定人，也为我们当下如何勤俭持家树立了可供学习和借鉴的榜样。此外，陆陇其的这则格言意在提醒贫苦人家教育女人纺织裁剪，着重于教育引导方面，这也提醒我们，尤其是提醒有女儿的家庭，不但要教导女儿养成良好的道德品质，还要教导女儿学会如何持家、理家，处理家务，操持生活。如果天底下所有的家庭都教会女儿如何持家、理家，那么等女儿出嫁之后，所有人家的妻子都会持家、理家，那么家庭和谐，善莫大焉。

89. 膝前先意训诫

亲生子女，父母何忍有提防之心？或幼时无识，被亲邻及仆妇辈甜言善骗，遂瞒母亲以米枭①之。今日运去一升，母亲不觉；明日运去一斗，母又不觉。习以为常，值一两只要八钱。及至八钱未必真有到手，又不敢出声去讨。如此弊窦②，父母谁则知之？所当于膝前侍侧时，先意训诫，默杜其非。庶几③儿女不受人愚弄，不损坏人品，且家中亦免漏卮④也。

| 今译 |

对亲生子女，父母怎么忍心提防呢？或许是因为他们年幼无知，被亲戚、邻

居以及仆妇等的甜言蜜语欺骗，于是瞒着母亲偷米出去卖掉。今日偷运出去一升，母亲没有发觉；明日偷运出去一斗，母亲还是没有发觉。长此以往，习以为常，价值一两银子的米只卖了八钱。甚至八钱银子也未必能拿到手，又不敢声张，不敢去讨要。这些漏洞，父母怎么会知道呢？所以，应当趁着子女在身边侍奉时，事先教育引导他们，不动声色地采取防范措施杜绝他们的错误。但愿儿女不受别人的愚弄，不败坏人品，而且家中也没有漏洞。

│ 简注 │

① 粜 (tiào)：卖粮食，与"籴"相对。

② 弊窦：弊病，弊端；产生弊害的漏洞。

③ 庶几：希望，但愿。出自《诗经·小雅·车辖 (xiá)》："虽无旨酒，式饮庶几；虽无嘉肴，式食庶几。"

④ 漏卮 (zhī)：有漏洞的盛酒器，比喻漏洞。

│ 实践要点 │

如何对待有过失的子女呢？陆陇其以如何对待子女瞒着父母偷米去卖为例，详细说明了事件的起因、过程、结果和弊端，提出了"当于膝前侍侧时，先意训诫，默杜其非"的解决办法，以及"儿女不受人愚弄，不损坏人品，且家中亦免漏卮"的美好愿望。"先意训诫，默杜其非"，既能防止过失继续扩大，又能维持家庭和谐，很有道理，是个两全其美的好办法。他的这种建议源自儒家中庸思想，也与明清之际的社会思潮有关。《菜根谭》中也有类似的提法，如："家人有过，不宜暴扬，不宜轻弃。此事难言，借他事而隐讽之。今日不语，俟来日正警之。如春风之解冻，和气之消冰，才是家庭的型范。""先意训诫，默杜其非"具有春风化雨、润物无声的神奇功效，有子女者不妨效仿之。

90. 儿女大病

凡为儿女者，切勿私取家中钱米，阴托家人邻人买糕饼熟肉，瞒背父母而食，被外人伸嘴缩舌，百般笑话，父母毫不知觉。如此败行渐不可长，祸莫大焉。然能瞒父，终不能瞒母。须着实①严戒，弗得溺爱而宽假②。又怕淘气而且讳③，致终身之玷，并及父母。

| 今译 |

子女千万不要偷偷地从家里取出钱和米，私下里委托家人或邻居去买糕饼熟肉，背地里瞒着父母吃掉，被外人伸嘴缩舌，百般讥笑，父母对此毫不知情。这种败坏家风的行为不能助长，如果任其发展下去，就没有比这个更大的祸患了。

然而，偷取钱米之事，瞒得了父亲，终究瞒不了母亲。父母知道了，应当严厉训诫，不能因为溺爱子女就有所宽纵。又怕子女淘气而且隐瞒，致使名誉终身受到玷污，而且累及父母的英名。

| 简注 |

/

① 着实：（言语、动作）分量重，力量大。

② 宽假：宽纵；宽容。

③ 讳：隐瞒。

| 实践要点 |

/

这一则格言与《膝前先意训诫》篇讲述的都是父母如何对待、处理子女的过失。陆陇其在前篇中提出了"先意训诫，默杜其非"的教育方法，这是针对事情不很严重，子女所犯过失尚在可控范围内的处理办法。如果子女过失很严重，影响到子女的声誉和父母的英名，又该怎么处理呢？陆陇其还是以子女偷取家中钱米为例，详细讲述了事件的起因、经过，着重指出"被外人伸嘴缩舌，百般笑话"的严重后果，并说明了事件的恶劣性质，"如此败行渐不可长，祸莫大焉"。因此，对待此种"儿女大病"，陆陇其提出了比"先意训诫，默杜其非"更进一步的处理办法，即"着实严戒，弗得溺爱而宽假"，提醒人们须果断制止，杜绝后患。俗话说："悬崖勒马，未为晚矣。"如果父母能及时纠正子女的过失行为，子女还是能够改正过来的，过失也不至于酿成大祸。为人父母者，应当分清楚状况，对不同的事情、在事情发展的不同阶段采取不同的应对措施，如此才能促进子女健康成长。

91. 正己正人

逢人劝读书，出口言孝悌。此谓正人①，亦曰正己②。

| 今译 |

遇到人就劝其诵读诗书，张嘴就劝其孝悌。这就是通常所说的使人正直，也是我们所说的培养自己正直的品格。

| 简注 |

① 正人：使人正直。
② 正己：培养自己正直的品格。

陆陇其在这一则格言里讲述了如何正人正己。他认为，"逢人劝读书，出口言孝悌"就是"正人"，也是"正己"。"逢人劝读书，出口言孝悌"有两层意思，一是"劝读书"，二是"言孝悌"。陆陇其是读书人，在他看来，世上唯有读书高，读书是人的立身之本，书中自有黄金屋，书中自有颜如玉；读书人可以参加科举考试，考中举人、进士后就可以做官，考中秀才后也可以跻身士绅阶层，终身不受刑辱，也会受到他人的尊重。因此，他才说"逢人劝读书"。孝悌是儒家思想的核心价值，陆陇其是儒家的信徒，他曾在《人所以异》篇中说："非禽非兽，当孝当悌。不孝不悌，禽兽何异？"因此，他才说"出口言孝悌"。如何才能做到"逢人劝读书，出口言孝悌"呢？首先，自己要读书，自己要孝悌，所谓"其身正，不令而行；其身不正，虽令不从"(《论语·子路》)，想要正人，先要正己，正己就是正人。

92. 恤人

我为家主，如下人效力于吾，务要体恤其饥寒劳苦。酒肉饭食，再弗吝惜。若于农工①，酒食尤宜加厚。不然，一味掂斤播两②，便非体统，且不近人情。

我是一家之主，如果佣人为我效力，务必要体恤他们的饥寒和劳苦。酒肉饭食不要吝惜。如果是干农活的雇工，酒肉饭食尤其要丰厚一些。不然，一味在小事情上过分计较，便是不成体统，而且显得不近人情。

简注

① 农工：从事农业生产的工人。此处指做农活的雇工。

② 掂 (diān) 斤播两：掂、播，托在掌上试轻重。比喻在小事情上过分计较。

实践要点

陆陇其在这一则格言里讲述了要体恤佣人。他认为，作为一家之主，一定要知道体恤佣人，学会嘘寒问暖，不要在吃喝方面过于计较。他指出，干农活的雇工要下大力气，更要特意照顾，吃喝应更丰盛些，让他们吃饱喝足，才有力气好好干活。儒家说："仁者爱人。"陆陇其提出对佣人要"成体统，近人情"，这充分体现了他的仁爱之心。当下，人人平等，没有了家主和下人的说法，但是，企业主雇佣工人也需要有陆陇其在此篇中倡导的仁爱之心，对于工人"务要体恤"，对于特殊岗位上的工人"尤宜加厚"。这既是企业主仁爱之心的体现，更是工人效力于企业主的强大动力。

93. 默察仆妇

主母托使女淘米，被其做一袋子藏于袖中，逐日不论干湿必撮^①袖半升三合^②。主母不觉，或不知如此。即油盐柴草取出，暗藏一处，乘间运出。皆当默默稽察^③，使其没得做出来，而后为善处两全^④也。

今译

家里的女主人让女佣去淘米，结果女佣抓了一把米藏在袖子里的袋子中，每天不论干的或湿的必在袖子中藏上三五合。女主人没有察觉，或许还不知道女佣会这么干。时间久了，即使是油盐和柴草也会被女佣如法炮制地取走，藏在暗处，瞅准时机运走。这些事情都需要家里的女主人暗地里悄无声息地检查，让她们没法做成，然后再想办法妥善处理。

简注

① 撮（cuō）：聚起。

② 半升三合：升、合都是中国古代计量单位。一合重三两，十合是一升。

半升三合即三五合，约在九两到一斤半之间。

③ 稽察：检查。

④ 善处两全：妥善处理，使双方都能保全面子。

| 实践要点 |

陆陇其在这一则格言里讲述了如何妥善处理家里的丑事。他详细描述了女佣偷米的过程，"做一袋子藏于袖中，逐日不论干湿必撮袖半升三合"，还提到了偷取其他生活物品的过程，"油盐柴草取出，暗藏一处，乘间运出"。这些丑事，都是女佣在暗地里干下的，一时半会或许不会察觉，时间长了总会有些蛛丝马迹。如果察觉到了该怎么办呢？陆陇其认为，当务之急就是将损失降到最低，"默默稽察，使其没得做出来"，然后才是采取保全双方面子的方法，妥善处理此事，比如说寻个其他的由头将作案的女佣辞退。陆陇其"默察仆妇"的办法，既能保护自己的利益，又能顾全他人的脸面，可谓治家良策。然而，我们需要探究的是，陆陇其是如何知道女佣偷取主家生活物品的隐秘办法并提出解决之道的呢？陆陇其是读书人，按照惯例，陆家柴米油盐等家庭琐事理当由其夫人负责，俗话说"不当家不知柴米贵"，不当家更不会知道家里隐藏的猫腻。陆陇其是如何知道的，现已无法考证，他提出的"善处两全"的解决办法还是可以借鉴的。

94. 男子不可陋

大丈夫若逐日在家庭动用间量柴头、数米粒、号^①定升合，使其妻孥无所措手足^②，此等人必无出息。

| 今译 |

大丈夫如果每天忙着在家庭日常事务中量柴头、数米粒、标记确定升和合，让他的妻子和儿女不知如何是好，这种人必定没有出息。

| 简注 |

① 号（hào）：标记。

② 无所措手足：手脚没有地方放。形容不知如何是好。出自《论语·子路》："刑罚不中，则民无所措手足。"

| 实践要点 |

陆陇其在这一则格言里批评了那些看似聪明，实则懵懂的见识短浅的男子。

他认为"男子不可陋","陋"即见识短浅，见识短浅的男子"必无出息"。什么样的男子见识短浅呢？陆陇其举例说明，那些"逐日在家庭动用间量柴头、数米粒、号定升合，使其妻孥无所措手足"的男子就是见识短浅的。《菜根谭》中提到："大聪明的人，小事必朦胧；大懵懂的人，小事必伺察。"这句话批判的也是那些看似聪明，实则懵懂的见识短浅的男子。俗话说："世事洞明皆学问，人情练达即文章。"做到世事洞明、人情练达，才是真正的大聪明、大智慧。如何做到世事洞明、人情练达呢？除了多阅读、多观察、多体验、多思考之外，装装糊涂也是必不可少的。俗话说："难得糊涂。"如果能够做到"大事不糊涂，小事不计较"，做到"不偏不倚"，谨守中庸之道，那就是真正拥有大智慧的贤者了。

95. 戎氏自惩

从来妇性宜柔。女孩儿须教之温顺，务锄其暴气，戒其多言，如木鸡①然，方成妇德。切勿纵容任意，嫁到人家，乖戾②恣睢③，不孝翁姑，不敬夫主。或一言不合，动辄以投河吊死吓人为护身符，累人家不安，致归罪父母失教。如彼戎氏④之以强暴⑤训女者，可惩也。妇女贤而能，或不能而贤，定是夫主之利。若不能而不贤，或不贤而又能，断非夫家之福。

自古以来，女性性格都宜柔顺。对女孩子，必须教导她性情温顺，务必除去她身上的暴戾之气，训诫她少说话，像木鸡一样，才能修成女人应有的德行。务必不要纵容她行事任意，导致她出嫁后悖谬、放纵，不孝顺公婆，不尊敬丈夫。或者是一言不合，就拿投河、上吊等吓人的事情当护身符，连累夫家生活不安稳，以致夫家怪罪她父母对她缺少管教。像西部边疆少数民族那样以强横凶暴为标准教育女儿的，应该受到惩罚。女人贤惠能干，或者虽不能干但很贤惠，必定是夫家的福气。如果既不能干又不贤惠，或者虽不贤惠却很能干，绝对不是夫家的福气。

| 简注 |

① 木鸡：喻指修养深淳以镇定取胜者。

② 乖戾 (lì)：（性情、言语、行为）别扭，不合情理，急躁、易怒。

③ 恣 (zì) 睢 (suī)：放纵，放任。任意做坏事，形容凶残横暴，想怎么干就怎么干。

④ 戎氏：指西部边疆游牧民族。

⑤ 强暴：强横凶暴。

陆陇其在这一则格言中讲述的是如何训诫女儿。他认为，"戎氏自惩"，"如彼戎氏之以强暴训女者，可惩也"。陆陇其服膺传统儒家对女性需要"三从四德"（"三从"指女子未嫁从父、出嫁从夫、夫死从子，"四德"指妇德、妇言、妇容、妇功）的认定，认为"从来妇性宜柔"，把"柔"看作是女人的道德底色。由此出发，陆陇其认为，训诫女儿，"须教之温顺，务锄其暴气，戒其多言，如木鸡然，方成妇德"。"教之温顺"是正面引导，"锄其暴气""戒其多言"是反面戒止，女子如能做到性情温顺，没有暴戾之气，少言寡语，呆若木鸡，也就修成了妇德。同时，他还认为，如果不能教育女儿做到呆若木鸡，起码要教导她"切勿纵容任意"，不至于到了夫家后"乖戾恣睢，不孝翁姑，不敬夫主"，甚至"一言不合动辄以投河吊死吓人为护身符，累人家不安，致归罪父母失教"。通过正反两方面的分析后，陆陇其得出如下结论："妇女贤而能，或不能而贤，定是夫主之利。若不能而不贤，或不贤而又能，断非夫家之福。"这两句话中，贤、能都有所体现，贤放在第一位并起决定作用的，能放在第二位并起到辅助作用。贤"定是夫主之利"，不贤"断非夫家之福"，"贤而能"是妇德的最高境界，"不贤而又能"是妇德的最差状态。当下，我们应该否定传统儒家所提倡的女人"三从四德"的谬论，但也要看到陆陇其这则格言中的正面价值，比如说教导女儿做人善良、孝敬公婆、尊重丈夫、态度温和、举止有礼等，这些仍然具有积极意义。当然，其中最有益的部分是让女人自己认识到"妇女贤而能"，"定是夫主之利"，这是陆陇其对女人的殷切希望，也是这则格言的最终落脚之处。

96. 知敬必孝

妇道以敬夫为主。能敬夫者，必孝翁姑。若不孝翁姑，必由夫子薄视父母。《诗》不云乎"刑于寡妻"①，未之闻耶？不敬亲者，必非孝子。妻不敬夫者，必非端妇，亦必非孝妇。

| 今译 |

妇女之道以尊重丈夫为主。能尊重丈夫的妇女，必然孝敬公婆。如果不孝敬公婆，必然是因为丈夫与父母感情淡薄。《诗经》说，"刑于寡妻"，难道没听说过吗？不孝敬父母的，必定不是孝子。不尊重丈夫的妻子，必定不是行为端正的妇女，也必定不是孝顺的妇女。

| 简注 |

① 刑于寡妻：刑于，指以礼法对待。后用以指夫妇和睦。出自《诗·大雅·思齐》："刑于寡妻，至于兄弟，以御于家邦。"

儿媳妇为什么不孝敬公婆呢？陆陇其认为，这可能是由以下两个原因导致的：其一，"夫子薄视父母"，丈夫没有给妻子起到示范作用；其二，"妻不敬夫"，既然连丈夫都不尊重，那么何谈孝敬丈夫的父母呢？因此，陆陇其得出了"知敬必孝"的结论。这则格言要求妻子尊重丈夫，同时提出儿子必须孝敬父母，将妻子对丈夫的"敬"和儿子、儿媳妇对父母、公婆的"孝"结合起来，认为敬由孝而生，孝与敬共生，孝敬共同发挥作用，家庭才会和谐，生活才会幸福。

97. 媳妇系家成败

孝子顺孙，必由孝妇孝媳。若媳妇长舌，为鸲为鹦[①]，子孙便不成孝悌矣。兄友弟恭，须得妯娌和谐。若妯娌短见，搬是搬非，兄弟酿成参商矣。可见父子兄弟顺逆、乖和[②]之象机[③]操于媳妇之手。则凡未嫁处子，父母在家可不训之诫之也哉？

孝子顺孙的背后，必然是孝妇孝媳。如果媳妇是长舌妇，在家里凶横霸道，子孙便做不成孝子贤孙了。兄友弟恭，必须得妯娌关系和谐。如果妯娌中有一方见识短，搬弄是非，兄弟之间就会彼此对立。可见，父子、兄弟之间是顺是逆、关系正常还是反常，关键要看媳妇如何去做。因此，凡是还没出嫁的女子，父母在家可不能不教导她们学做孝妇孝媳啊！

| 简注 |

/

① 为鸮（xiāo）为鸱（chī）：鸮，猫头鹰；鸱，雀鹰。指猛禽类的鸟。

② 乖和：反常，不和谐。

③ 象机：关键。

| 实践要点 |

/

陆陇其在这一则格言中讲述了媳妇在家庭中的作用。他认为，"媳妇系家成败"，媳妇关系到家庭的成败，"孝子顺孙，必由孝妇孝媳"。如果媳妇品性好，贤良淑德，孝顺公婆，团结妯娌，家庭关系就会和谐，家业便会兴旺；如果媳妇品性不好，如"长舌""为鸮为鸱""短见""搬是搬非"等，子孙便不孝顺，兄弟便不友恭，家庭关系便不和谐，家业便会败落。因此，他提出要加强对女儿的教育，"凡未嫁处子，父母在家可不训之诫之"。陆陇其的这则格言写在封建社会的清初，放在新时代的今天也有其实际价值，"孝子顺孙，必由孝妇孝媳"的见地非常深刻，对父母必须训诫未嫁女儿的强调也非常重要。

98. 佳妇忘言

夫妻口角，家庭之不幸。然或无东少西，触怒[1]争论，亦是常事，殊非稀奇。妻子见父母兄弟而隐讳者，定是良妇。若喋喋[2]称说不好者，心怀异念，决非佳妇。

| 今译 |

夫妻之间发生口角是家庭的不幸。然而因为家里物资匮乏而生气，发生争论，也是常有的事，并不稀奇。妻子见到父母兄弟后隐藏回避家里吵架的事情的，定然是良妇。如果喋喋不休地说家里的不好，甚至心怀异念的妇人，绝对不是佳妇。

| 简注 |

① 触怒：指令人发怒、生气。
② 喋喋：说话多。唠唠叨叨，说个没完。

夫妻之间难免会有意见不合的时候，发生口角也是再正常不过的事情。陆陇其对此有着清晰的认识，他认为，"无东少西而触怒争论，亦是常事，殊非稀奇"。但是，发生口角之后怎么处理就体现了人的不同品性。俗话说："夫妻没有隔夜的仇"，"床头吵架床尾和。"夫妻之间的很多争论，说过也就过去了，不会太在意。妻子回娘家后怎么处理口角的事情，更是体现了妻子的品性。陆陇其认为，"见父母兄弟而隐讳者，定是良妇。若喋喋称说不好者，心怀异念，决非佳妇"。陆陇其赞扬那些为了顾及两家的和谐关系，而宁愿忍受一时的委屈，不向父母兄弟倾诉的女子，而批判那些将家庭矛盾扩大化，甚至闹得两家不和的女子。陆陇其的态度是公平而且诚恳的，出发点是为了家庭的和谐和社会的安定。

99. 气杀人

凡妻不作家①，子不读书，为人夫为人父者真可气杀②。

| 今译 |

凡是妻子不擅长持家，儿子不勤读诗书，为人夫者、为人父者真是要被气死了。

简注

① 作家：治家，理家。

② 杀：表示程度深。

实践要点

　　陆陇其在这一则格言里讲述了两种不良现象："妻不作家""子不读书"，即妻子不懂得持家之道，儿子不知道勤读诗书。勤俭持家是中华民族的传统美德，勤读诗书是父兄对子弟的殷切希望。如果妻子不是勤俭持家，而是奢靡浪费，家里有金山银山也会败光；如果儿子不是勤读诗书，而是浑噩度日，这个家是看不到希望的，即使富贵之家迟早有一天也会败落。"不作家""不读书"对居家过日子来说要很要命的，难怪陆陇其会说："为人夫为人父者真可气杀。"如果碰到"妻不作家""子不读书"，该怎么办呢，难道就眼睁睁地看着，只能呼喊"真可气杀"吗？当然不是，陆陇其在反对的同时也给出了积极建议，那就是"妻作家""子读书"，为人夫者、为人父者应当引导妻子作家、儿子读书。至于如何引导，此处没有提供答案。当然，要求"妻作家""子读书"，首先自己要做到"作家""读书"，言传身教才是最好的引导方式。

100. 孝敬外有六德

不谈夫过，不怨家贫，不嫌夫丑，不厚^①母家^②，不放私债，不盛^③修容。

| 今译 |

不谈论丈夫的过错，不抱怨家里贫困，不嫌弃丈夫长得丑，不厚待娘家，不放私债，不过分修饰仪表。

| 简注 |

① 厚：优待，重视。
② 母家：娘家。
③ 盛：丰富，华美。

| 实践要点 |

陆陇其在这一则格言中讲述的是家庭主妇在孝敬之外需要具备的六种品德。

古代社会讲究"三纲五常"，即君为臣纲、父为子纲、夫为妻纲这"三纲"和仁、义、礼、智、信这"五常"。朱子认为，夫妻构成的家庭是人伦关系得以产生的基础，"夫为妻纲"对应的行为规范是"节"，"饿死事小，失节事大"正是这种行为规范的体现。陆陇其是朱子的信徒，他讲述的"不谈夫过""不嫌夫丑""不怨家贫""不盛修容"以及"不厚母家""不放私债"等，是对"夫为妻纲"的直接或间接的具体解释。陆陇其讲述的"不谈夫过""不嫌夫丑""不怨家贫""不盛修容"四点，在妇女解放、人人平等的今天已不适用，必须弃之如敝屣。"不厚母家"就是要求正确处理好夫家和娘家的关系，不能厚此薄彼；"不放私债"就是要求正确理财，不参与民间借贷。这两点，对于建构新时代社会主义家庭文明仍然具有指导价值和现实意义。

101. 贤妻祸少

人当极气时，妻孥于中委曲①劝解，切勿高声助气。故曰："家有贤妻，夫不遭横事②。"又曰："家之贤妻，犹国之良相"。

┃ 今译 ┃

人非常生气的时候，妻子和儿女要婉转劝解，不可高声呼喊，火上加油。因此，有人说："家里有贤惠的妻子，丈夫就不会遭受飞来横祸。"又有人说："家里贤惠的妻子，犹如国家贤良的宰相"。

简注

① 委曲：委婉；婉转。

② 横事：飞来横祸，指意外的、平白无故的灾祸。

实践要点

陆陇其在这一则格言中讲述了妻子贤惠的重要性。他认为，"贤妻祸少"，并具体指出："人当极气时，妻孥中委曲劝解，切勿高声助气。""委曲劝解"是贤惠的表现，有利于丈夫火气的消退和事情的解决；而"高声助气"则不是贤惠的表现，火上加油，不但不利于事情的解决，甚至还会惹出更大的麻烦，损人害己，得不偿失。因此，陆陇其提到了两句俗语——"家有贤妻，夫不遭横事"和"家之贤妻，犹国之良相"，对贤惠妻子进行定位，对贤惠妻子的重要性作了概括。家有贤妻，是丈夫事业成功的重要保证，是家庭幸福的源泉；家有贪妻，丈夫早晚要倒霉，家庭迟早要败落。事实也是如此。每一个清官的背后，都有一个贤惠的女人；每一个贪官的背后，都有一个甚至是几个贪得无厌的女人。

102. 淡妆贤妇

世人但知办备衣饰，使夫愁肚拔肠①。一件未坏，又做一件，未可称之为贤。冬年时节淡妆自适②者，方为贤妇。

今译

世间的妇人只知道置办新衣服，让丈夫愁肠寸断。有的妇人一件没有穿坏，又做了一件新的，这种妇人不能称作是贤惠。冬天过年的时候，化着淡妆还怡然自乐的妇人，才是贤惠的妇人。

简注

① 愁肚拔肠：愁坏了肚子，拔出了肠子，形容非常忧愁。
② 自适：悠然闲适而自得其乐。

实践要点

陆陇其在这一则格言中讲述了女人的梳妆打扮。爱美之心，人皆有之，尤其是女人，更喜欢梳妆打扮。陆陇其对女人梳妆打扮之事有着深刻的认识，他站在一家之主的立场对人们说："世人但知办备衣饰，使夫愁肚拔肠。"这句话一经说出口，不知赢得了多少男人的支持，又伤了多少女人的心。然而，陆陇其不是一味地反对梳妆打扮，他对女人是否贤惠有个基本的判断标准："一件未坏，又做一件"的女人不能称作是贤惠，"冬年时节淡妆自适"的女人才称得上是贤惠。由此可见，陆陇其反对的是女人过度梳妆打扮，对于适度的梳妆打扮，他还是认可并支持的。据《陆清献公莅嘉遗迹》记载，陆陇其在担任嘉定知县时，曾看到一妇人长时间梳头不已。他就叫来妇人的丈夫，对他说："汝小本营生，理当勤俭。吾去时见汝妻梳妆，回而未竟，懒慢至此。汝纵勤俭，岂能成家？且使幼辈相延习惯，何以裕后？"陆陇其还让他的夫人教导妇人如何勤俭持家。受到教育以后，这个妇人变得勤俭起来。

103. 戒刻薄

男女刻薄①者，必不长寿，且必无子。然惟妇人刻薄极②做得出。若男子刻薄，或有悔心。

| 今译 |

男女刻薄者，必然不会长寿，而且命中注定没有儿子。然而，只有妇人才

非常有可能做出刻薄的事情。如果男子做了刻薄的事情，或许会有悔过改正的心思。

| **简注** |

① 刻薄：意思是指（待人，说话）冷酷无情，过分苛求。
② 极：副词，表示最高程度。

| **实践要点** |

陆陇其在这一则格言中讲述了"刻薄"。他认为，"男女刻薄者，必不长寿，且必无子"，刻薄带来的直接后果是"不长寿""无子"，这是两个非常严重的后果。无论短命还是无后，都是与性命相关的，因此必须"戒刻薄"。但是，陆陇其认为男女是不同的，"惟妇人刻薄极做得出"，男人一般不会做刻薄的事，即使一时冲动做了，"或有悔心"。从其所处的历史时代来说，陆陇其的这个看法是不足为奇的。对于这一点我们暂且不论，不过陆陇其"戒刻薄"的观点即使放在今天也是适用的，说话尖酸刻薄的人是没有好结果的，只有以诚待人、宽厚待人，才是正确的相处之道。

104. 三好三必

男子好闲者必贫；女子好吃者必淫[1]；男女好乐者必殃[2]。

| 今译 |

男子游手好闲的必然贫困；女子贪图吃穿的必然淫荡；男女喜好享乐的必然遭殃。

| 简注 |

① 淫：淫荡，指在男女关系上态度或行为不正当。

② 殃 (yāng)：祸害，损害。

| 实践要点 |

陆陇其在这一则格言中讲述了"节欲"。他提出"三好三必"，认为三种喜好必然导致三种结果。由此引出两种性别四对关系：对于男人来说，"好闲"导致

"贫困","享乐"导致"遭殃";对于女人来说,"好吃"导致"淫荡","享乐"导致"遭殃"。因为时代不同,我们对这四对关系可能有不同的理解。比如说男子"好闲"导致"贫困",这是必然的。女人"好吃"导致"淫荡",今天看来,似乎没有那么严重。俗话说:"吃不穷,喝不穷。"女人吃吃喝喝与淫荡没有必然的关系。男人、女人"享乐"导致"遭殃",殃及身体健康,殃及心理健康,甚至殃及生命安全,这是有可能的,但也不一定那么绝对。当然,就节制欲望的主题来说,"三好三必"是有道理的。三国时期桓范就说:"要莫大于节欲。"陆陇其的"三好三必"揭示了欲望太盛与不幸结局之间的必然联系,提醒我们要节制种种不正当的欲念,如"好闲""好吃""好乐"等。只有做到"人有所好,不为物诱",下大力气提升自己的道德品质,剪除不正当的欲念,才会既达成所"好",又不"必"。

105. 妇辈应戒

凡姑媳、妯娌间,本是和谐,适遭不幸,尽有一人妒忌挑隙。或耳边聒闹①,或背后唧哝②,默使人认真闷气不解者,以吾四语黏壁解之,曰:"别人气我我不气,我若气时中他计。气出病来无人替,不气不气真不气。"能听我解,三复此言,颇有益矣。

/

　　婆媳之间、妯娌之间，本来应该是和谐相处的，如果恰巧碰到不幸的事情发生，很可能就是其中一人因嫉妒而挑唆闹事的缘故。或者是在耳边聒聒噪噪说闲话，或者是在背后嘀嘀咕咕说闲话，生了闷气又要默不作声以至于发不出来的，把我的这四句话贴在墙壁上就可以解气。这四句话就是："别人气我我不气，我若气时中他计。气出病来无人替，不气不气真不气。"能听得进去我的解气真言，反复诵读，是很有益处的。

| 简注 |

/

① 聒（guō）闹：说话琐碎，声音喧闹，令人烦躁。

② 唧（jī）哝（nóng）：小声说话。

| 实践要点 |

/

　　陆陇其在这一则格言中讲述了解气。他首先确定了姑媳、妯娌关系的原则：和谐。姑媳关系是父子关系的延伸，妯娌关系是兄弟关系的延伸，父慈子孝、兄友弟恭在姑媳、妯娌之间也应该适用。因此，陆陇其认为，"姑媳、妯娌间，本是和谐"，如果"适遭不幸"，可能是因"妒忌挑隙"所致。"或耳边聒闹，或背后唧哝，默使人认真闷气不解者"，碰到这些个情况，碍于情面，又不好发作，只能忍着，生生闷气。如何纾解闷气呢？陆陇其提出四句话的"解气歌"："别人气我我不气，我若气时中他计。气出病来无人替，不气不气真不气。"陆陇其"解气歌"的归结点是"气出病来无人替"，即把自己的身体健康放在首位，不能因为别人的问题而气坏了自己；出发点是"我若气时中他计"，即看透别人的挑唆闹事。如果做到保护自己和看透他人的统一，也就能够淡然处之，真的不生气了。当然，如果因嫉妒而去主动挑唆闹事也是不可以的，因此，本则格言的标题是"妇辈应戒"。当然，羡慕嫉妒、惹是生非，不单单是"妇辈应戒"，而是所有人都应该戒止的，不应该因性别不同而有所歧视。

106. 男子弗为赘婿，女子弗为养媳

赘婿①当以客礼②待之，养媳当以爱女抚之。只有教之诲之，岂有打之骂之？我见今之人家，打赘婿者有矣，骂养媳者有矣。人家子女，岂可赘婿，受人轻贱？毋为养媳，受人凌虐。

| 今译 |

上门女婿应当以招待宾客的礼节对待他，童养媳应当把她当做亲生女儿抚

养。只有教导训诫，怎么能打骂他们呢？我见到现在的人家，有打上门女婿的，也有骂童养媳的。正常人家的子女，怎么可以当上门女婿，受到别人的轻视呢？也不要当童养媳，遭受别人的凌辱和虐待。

| 简注 |

① 赘（zhuì）婿：就婚、定居于女家的男子，指上门女婿。
② 客礼：招待宾客的礼节。

| 实践要点 |

陆陇其在这一则格言中讲述了"赘婿"和"童养媳"的问题。他明确反对正常人家的子女去当上门赘婿和童养媳，在这则格言的题目中明确提出了自己的观点："男子弗为赘婿，女子弗为养媳。"虽然陆陇其明确反对，但是不可回避的是，当时社会上确实存在着赘婿、童养媳，而且确实存在着打骂赘婿、童养媳的现象，因此，他才退而求其次，强调"赘婿当以客礼待之，养媳当以爱女抚之"，要求相关人家礼待赘婿，关爱童养媳。陆陇其对赘婿、童养媳问题的关注，体现了他对社会弱势群体的关爱，表现了他的仁爱之心和怜悯之情。陆陇其年轻时，家里贫困，不得已"就婚于朱氏"，到朱氏夫人家里举行了婚礼，之后才回到陆家定居。就相关文献记载来看，陆陇其与朱氏夫人夫妻恩爱，似乎没有受到"就婚"的影响。当下，童养媳现象已经绝迹，赘婿还是较为普遍的，因赘婿造成的家庭纠纷也时常发生。因此，善待赘婿还是一个很有必要进一步讨论的社会现实问题。

107. 整旧维新

修补旧衣裳，收拾^①旧鞋袜，雨天替换。

今译

修补旧衣裳，整理旧鞋袜，用于下雨天替换。

简注

① 收拾：整理；整顿。

实践要点

陆陇其在这一则格言中讲述了"节俭"。陆陇其认为"整旧维新"有益于生活，他以修补旧衣裳、旧鞋袜，用于下雨天替换为例，指出生活中要精打细算，注重节俭。陆陇其深入生活，对生活中的许多细节有着深刻的体验和清醒的看法，他更是将这些体验和看法变成文字，写在格言中，以简单明了的话语让民众看得明白、学得进去。他的殷切嘱托和谆谆教导体现了他的拳拳爱民之情，更体现了他对语言艺术的深入把握。如何将高深晦涩的道理变成浅显易懂的文字，让民众看得明白，易于接受，陆陇其在这一则格言中做了有益的探索。对此，我们除了可以学习这则格言中蕴藏的道理，这种艺术表达手法也是需要注意的。

108. 男女要学算法

帐目须记明白，如视诸掌①，宛然②如昨。此亦成家紧要处。

| 今译 |

账目必须记录明白，如同看自己的手掌般清楚，仿佛是昨天才记的。这也是居家生活的紧要之处。

| 简注 |

① 视诸掌：如同看自己的手掌般清楚。

② 宛然：仿佛；真切，清楚。

这一则格言简单易懂，探讨的是学算法、记账目的问题，深入探究进去就会实现讲述的还是勤俭持家。陆陇其认为，"男女要学算法"，"帐目须记明白"。学会算账并把账记清楚，才会清楚了解家庭的收入和支出，才好安排家庭生活，量入为出，才能保持家庭的正常运转，这的确是"成家紧要处"；不然，寅吃卯粮，日子就没法过了。当下，中国已处于高等教育普及化阶段，男女皆懂算法，即使不刻意记账，各种移动支付平台也会把每一个月的账单计算清楚。所以记账、算账等方面是不成问题的，难的是我们要把握"量入为出"的尺度，继续保持勤俭持家的作风，如此才能把日子过得津津有味。

109. 救荒小补

居乡①要地几块，随时②种蔬果，或桃、梅，或橙、柿，兼种诸竹及瓜、茄、扁豆、萝卜、韭菜之类。此即生财之道，救荒之策。不结子花休要种，让于富贵家取乐焉。

/

　　住在乡下要清理出几块空地来，随着时令种些蔬菜瓜果，或是桃子、梅子，或是橙子、柿子，同时种上竹子以及丝瓜、茄子、扁豆、萝卜、韭菜等作物。这是生财之道，也是救荒之策。不结果子的花草不要种，就让那些富贵人家种了去取乐吧。

| 简注 |

/

① 居乡：住在乡下。
② 随时：随着季节时令。

| 实践要点 |

/

　　陆陇其生长于江南水乡小镇泖口，从小就与"农"字结下了不解之缘。陆陇其熟读儒家《四书五经》，传承了儒家重农抑商的传统观点，对"农"有着深刻的认识和特殊的偏爱。这则格言名为"救荒小补"，其中的建议，比如说随着时令种些桃子、梅子、橙子、柿子等蔬菜瓜果，既体现了他未雨绸缪、防灾抗灾的长远眼光，又体现了他内心深处亲近土地、亲近自然的重农情结。陆陇其建议种植的蔬菜瓜果中，桃子、梅子、橙子、柿子等是家常水果，丝瓜、茄子、扁豆、萝卜、韭菜等是家常蔬菜，竹子既可观赏又可用来打造家具器物，这些瓜果蔬菜都是具有实用价值的经济作物。至于那些"不结子花"，陆陇其的态度是"休要种，让于富贵家取乐焉"。可见，他的这则格言主要是面对穷苦人家的，至于富贵人家，家境殷实，物资充裕，种种花、养养草，观赏取乐似也无可厚非。

110. 储米买鸡

养鸡一只，供年节祭祀之需。若怕作践①污秽②，日逐③在吃米数内，尽我掌中握出一把藏在瓮内，至岁晚倾出买鸡。但不许出数外握出，自骗自己。亦不许厌烦日逐撮出，就一顿量出一升二升。若瓮恐湿气致烂，不妨倾出换进。若戒杀守得定，尤为善事。

| 今译 |

养鸡一只，以供年底祭祀之用。如果怕养鸡糟蹋粮食，弄脏环境，也可以每天按照一只鸡的吃米数量，拿一把米出来藏在瓮中。到了年底，把米倒出来去买鸡。但是不许每天多拿，自己骗自己，也不许觉得每天拿米有些厌烦，就一次性拿个一升两升出来。如果怕米藏在瓮中时间久了可能会潮湿腐烂，不妨藏一段时间后，就把旧米取出，换上新米。如果能够戒止杀戮又能守得住每天的定量，

更是大善事。

／

① 作践：糟蹋，浪费。

② 污秽：肮脏，不干净。

③ 日逐：汉语吴方言词汇，表一日复一日的状态，相当于普通话的每天。

| 实践要点 |

／

陆陇其在这一则格言中详细讲述了"储米买鸡"的缘由、方法及注意事项。年底需要用鸡祭祀，鸡的来源有两种：一是养鸡，一是买鸡。养鸡，存在着糟蹋粮食、破坏环境等问题，不如买鸡方便。买鸡，平时逐日储米，年底一次取出，以米换鸡，非常方便。储米买鸡，看似繁琐，实际上是一种零存整取、化零为整的理财方法。储米买鸡，既可以满足祭祀所需，又可以通过每日固定取、藏一定数量的米而让人养成每日固定做同一件事情的习惯，培养人的细心、耐心，还能避免直接杀掉喂养一年的鸡的不忍，确实是个一举多得的好办法。然而，养鸡除了祭祀、吃肉，还有鸡蛋可用。储米买鸡也就没有了母鸡生蛋的优惠，没有了零存整取的利息。如果仅仅需要一只鸡用于祭祀，那还是储米买鸡吧；如果顺便多养几只，除了祭祀，还可以吃肉和吃蛋，那就自己养鸡。因此，这件事情没有定论，需要我们根据实际情况，两相权衡，各取所需。

111. 姻缘前定

　　姻缘事，富贵、贫贱、美丑、寿夭、妻财子禄、克夫克妻、一娶再娶、子息多少、地远地近、年长年幼、或迟或早、或悍①或顺、或贤或愚、或爱或否②、或始合或终离、或正或妾、或为元配或为继室、或男有疾或女有病，皆五百年前默定③，非人家父母所得拣择去取，亦非将两家八字所能配合。其为夫妇也，不过借一媒妁之言④，合二姓之缘。此为种好歉，早已分定。感谢神祇⑤，不得怨天尤人，不得今之议亲每每择婿择家，求全责备⑥。不知皆由天定，非假人合。虽曰谨慎，实是痴呆。更有论男家财礼者，又有望女家陪嫁者。我谓既属婚姻，何须论财？我不多费，即是陪嫁。此要识得透。

　　姻缘一事，富贵或贫贱，美或丑，长寿或夭折，妻子、财富、子嗣、俸禄，克夫或克妻，一娶或再娶，子孙多少，距离远近，妻子年长或年轻，娶亲的时候早或晚，妻子蛮横或顺从、贤惠或愚笨、可爱或鄙陋，夫妻两人白头到老或劳燕分飞，娶的是正房或小妾，娶的是原配还是做继室，夫妻两人是男的有疾还是女的有病，这些都是五百年前行善积德而暗中注定的，不是人家父母根据各自喜好选择去娶，也不是男女双方八字相匹配就能结合。结为夫妇，不过是凭借媒人的介绍，合成两姓的缘分。婚姻中的好与不好，早已命中注定。感谢众神，不得怨天尤人，不得在商议婚姻嫁娶的时候总是挑拣女婿或婆家，求全责备。不知婚姻之事皆由天定，不是通过人的选择而结合的。这样的人虽然说起来是谨慎，实际上却是痴呆。更有贪图男家财礼的，又有奢望女家嫁妆的。我说既然是男女双方结成婚姻，何须衡量钱财多少？我不在婚姻一事上花费过多，就是女方的陪嫁了。这个事情要看得透彻。

| **简注** |

① 悍：凶狠，蛮横。

② 否：通"鄙"，鄙陋。

③ 默定：暗中注定。

④ 媒妁 (shuò) 之言：媒人的介绍。出自《孟子·滕文公下》："不待父母之命，媒妁之言，钻穴隙相窥，逾墙相从，则父母国人皆贱之。"

⑤ 神祇 (qí)："神"指天神，"祇"指地神。神祇，泛指神。

⑥ 求全责备：对人或对人做的事情要求十全十美，毫无缺点。指苛责别人，要求完美无缺。出自《论语·微子》："君子不施其亲，不使大臣怨乎不以。故旧无大故，则不弃也。无求备于一人。"

陆陇其在这一则格言中讲述了"婚姻"。他认为,"婚姻前定",诸如富贵、贫贱、美丑、寿夭等婚姻中可能出现的事项,"皆五百年前默定"。陆陇其对婚姻的看法明显带有宿命论色彩,带有封建社会的时代烙印。中国古代,婚姻讲究门当户对,男女双方结婚不能自由组合,更不能私奔,正如陆陇其所言,婚姻"非人家父母所得拣择去取,亦非将两家八字所能配合",而是要借助"父母之命,媒妁之言","合二姓之缘"。当下,妇女解放,婚姻自由,嫁娶皆由男女双方商定,在国家法律范围内实施,早已超越了"父母之命,媒妁之言"的范畴。因此,陆陇其对婚姻的看法,已经不符合现在的社会现实,很难得到诸人的赞同。然而,陆陇其对男方财礼和女方陪嫁的看法还是有一定道理的。他认为,"既属婚姻,何须论财?我不多费,即是陪嫁",提醒联亲姻家不应计较男方财礼、女方陪嫁,而是要根据约定俗成的规矩和各自的经济状况合情合理地商议财礼和嫁妆,具有很强的现实针对性。

112. 及时成婚

丈夫①生而父母愿为之有室,女子生而父母愿为之有家。故儿女少时,看得人家好,便该凭媒妁以茶、圆、钗、环谢允。待其长大，相时度势^②，即为毕姻^③。断不可使男女老大，致兴怀春闺怨，甚有鼠牙雀角^④者，又甚有钻穴逾墙^⑤者。

男孩子生下来，父母就希望给他们早日娶亲，女孩子生下来，父母就希望把她们早点嫁出去。因此，孩子小的时候，看着好的人家，便该凭借媒妁之言，用茶、桂圆、钗、环等把亲事定下来。等他们长大了，观察时势，根据实际情况，为他们安排婚礼成婚。万万不可使男孩子、女孩子年龄很大了还不结婚，以至于他们或怀春或闺怨，甚至因为强暴欺凌而引起争讼，又甚至是干出钻穴逾墙的偷情行为而为人所不耻。

① 丈夫：男子。

② 相时度势：审时度势，观察分析时势，估计情况的变化。

③ 毕姻：长辈为晚辈完婚。

④ 鼠牙雀角：鼠、雀，比喻强暴者。原意是因为强暴者的欺凌而引起争

讼。后比喻打官司的事。出自《诗经·召南·行露》："厌浥行露，岂不夙夜？谓行多露。谁谓雀无角，何以穿我屋？谁谓女无家，何以速我狱？虽速我狱，室家不足！谁谓鼠无牙，何以穿我墉？谁谓女无家，何以速我讼？虽速我讼，亦不女从！"

⑤ 钻穴逾墙：比喻违背父母之命、媒妁之言的青年男女自由相恋的行为。后也指男女偷情或小偷行窃。出处见上节注 ④。

| **实践要点** |

/

陆陇其在这一则格言中继续讨论婚姻问题，劝导适龄男女"及时成婚"。陆陇其认为，"丈夫生而父母愿为之有室，女子生而父母愿为之有家"，无论是男孩子的父母还是女孩子的父母，都有希望子女有家有室，生活幸福美满的愿望。由这个普遍愿望出发，陆陇其列举了父母为儿女操办婚姻的两个步骤：一是定娃娃亲，"儿女少时，看得人家好，便该凭媒妁以茶、圆、钗、环谢允"；二是举行结婚仪式，"待其长大，相时度势，即为毕姻"。儿女结婚之后，父母也就完成心愿，等着抱孙子孙女或外孙子外孙女，以含饴弄孙、颐养天年了。这是理想的状态。如果"男女老大"还未结婚，那就有可能出现意外情况，轻则"怀春闺怨"，重则"鼠牙雀角"，甚至"钻穴逾墙"，生出事端。陆陇其提倡适龄男女"适龄成婚"，要求父母"相时度势，即为毕姻"，体现了他对青年男女的关怀。至于他说的"定娃娃亲"，反对"钻穴逾墙"等，有其时代的局限性，我们也没有必要用今天的观点去强求古人。

113. 良贱弗姻

贫富不同，贵贱有体。良家子女，仍当良家联姻。断不可疾贫贪利，一时失算，误与臧获^①，谬托丝萝^②。财钱有尽，遗臭万年。

今译

贫穷和富裕有所不同，高贵和低贱有所区分。家境富足人家的子女，应当与同样家境富足人家的子女结婚。不可嫌弃贫穷，贪图小利，一时失算，误嫁小人，误托终身，以致酿成婚姻悲剧。钱财总有花尽的时候，恶名则会遗臭万年。

简注

① 臧获：古时候对奴婢的贱称。

② 丝萝：菟丝与女萝。菟丝、女萝均为蔓生，缠绕于草木，不易分开。古诗文中常用以比喻结为婚姻。《古诗十九首·冉冉孤生竹》："与君为新婚，菟丝附女萝。"

陆陇其在这一则格言中讲述了婚姻嫁娶的对等原则。他认为，"良贱弗姻"，"良家子女，仍当良家联姻"。陆陇其的这一看法延续了中国古代婚姻讲究门当户对的传统思想并有所突破，他除了要求"良家联姻"，还要求"良贱弗姻"，尤其强调了"断不可疾贫贪利，一时失算"，着重批判了女方父母贪图男方财礼而导致女子"误与臧获，谬托丝萝"的恶劣行为，体现了他对品性善良却囊中羞涩的青年学子求偶需要的关怀。据记载，陆陇其在任嘉定知县时，有富家翁因嫌弃未婚婿家道中落而贿赂陆陇其请他帮助解除婚约，陆陇其很愉快地接受了贿金，并把贿金交给了富家翁的未婚婿，改善了未婚婿的家庭经济状况，最终促成了这一桩婚姻。陆陇其成人之美的故事，一时传为美谈。

114. 继娶正论

后生家不幸遭鼓盆①，此极不堪事，安得不再娶？然断不可娶再醮②妇，伤心疑虑。尤不可私昵③仆妇婢女，致倒乾坤。必须择人家闺女，娶之方一心一路，且无凌虐前子之事，亦无漏卮之虞。但年纪太小者，亦不可卤莽娶之，恐其少不更事，未必能持家也。

/

年轻人不幸死了妻子，这是非常糟糕的事情，怎么能不再娶一房呢？然而，务必不可娶寡妇，免得让人伤心疑虑。尤其不可私下里亲近家里的仆妇和婢女，以致乾坤颠倒，上下失序。必须选择良家女子，娶回来后才会一心一意地过日子，而且不会发生凌虐前妻子女的事情，也不用担心家庭利益外泄。但是，年龄太小的，也不可以鲁莽地娶回家，恐怕她少不更事，不能勤俭持家。

| 简注 |

/

① 鼓盆：指丧妻。出自《庄子·至乐》："庄子妻死，惠子吊之，庄子方箕踞鼓盆而歌。"

② 再醮（jiào）：醮，指古代男女婚嫁时，父母为他们举行酌酒祭神的仪式，后来指结婚。再醮即第二次结婚。后来专指寡妇再嫁。

③ 私昵（nì）：私下亲近。

| 实践要点 |

/

陆陇其在这一则格言中讲述了年轻人丧妻后继娶的标准问题。陆陇其认为，"后生家不幸遭鼓盆"，可以继娶，但是"断不可娶再醮妇"，"不可私昵仆妇婢女"，而是要"择人家闺女"，还不能"年纪太小"。以此看来，陆陇其为年轻人继娶设立的标准是：良家适龄女子。陆陇其肯定了丧妻的年轻人重建家庭的必要性，说明他不仅关心年轻人的品格和学业，还关心年轻人的生活，体现了他的长者情怀和导师风范。陆陇其为年轻人考虑得比较周到，继娶良家适龄女子，既可以"一心一路"，又无"凌虐前子之事"，还无"漏厄之虞"，又能"持家"，省去诸多后顾之忧。当然，就现在社会的观点来看，陆陇其"断不可娶再醮妇"的说法有性别歧视的嫌疑，涉嫌在男女再婚问题上设置双重标准，具有历史局限性。

115. 纳妾善道

不孝有三，无后为大。傥正妻无子，有身家①者安得不纳妾为后嗣计？然妇女多疑、多险亦多诈，又最多言、多刻、多忍。直拙者直言不许，诈者口许心违。纳妾一事，不能容者十有八九；即容矣，不能相和者亦十有八九。然夫为妻纲，何计其容不容？要在我处之有道，勿作溺爱色相，勿听谗言，严戒使女搬是搬非。每日必共桌而食，同室而处。弗得各房自膳，先启一适己自便之局，各怀一参商疑忌之心。犹是言笑晏晏②，同作同止，步亦步，趋亦趋③，我无诈，尔无虞④。妻道自宜宽裕温柔为主，妾道惟谦卑逊慎忍耐为心。诚如是也，安得有争长竞短⑤之事？安得有析居各爨之嫌？宜家宜室⑥，非特妾或有，于妻亦宜。男生养蕃息⑦，绵延祖宗一脉血食，非孝子之事乎？若夫贱妨贵、少凌长、远间亲、新间旧、小加大、淫破义，此非夫人之过，妾实开之罪耳，夫子亦不免焉。

"不孝有三，无后为大。"假使妻子没生儿子，身家丰厚的人怎么能不为了子孙后代考虑而纳妾呢？然而，女人多怀疑、多阴险而且多狡诈，又最多话、刻薄、隐忍。性子直拙的女人直接说不允许纳妾，允许纳妾者也是口是心非。纳妾一事，正房妻子不能容纳的十个里面有八九个；即使容纳了，正房妻子和小妾不相和的十个里面也有八九个。然而，"夫为妻纲"，丈夫何需考虑妻子容纳不容纳？关键在于，我要有处理的方法，不被色相所淹没，不被谗言所迷惑，严格训诫婢女搬弄是非。丈夫和妻子、小妾每天都要在同一张桌子上吃饭，在同一个院子里生活。不能让各房各自做饭，事先开启一个自得自便的局面，各自怀有互为参商、互相疑忌的心思。由此一来，妻子和小妾说说笑笑，和柔温顺，同时做事，同时休息，亦步亦趋，没有尔虞我诈，关系非常和谐。为妻之道，自然应当以宽裕、温柔为主；为妾之道，唯有在谦卑、逊慎、忍耐上用心思。如果这么做了，怎么会有计较细小出入、争竞谁上谁下的事情发生呢？又怎么会有分家居住、各自开火做饭的事情呢？家庭和顺，夫妻和睦，不只是对小妾的要求，也适用于妻子。作为男子，生养繁衍子孙，绵延祖宗一脉香火，不也是孝子应该做的事情吗？如果低贱的妨碍高贵的、年少的欺凌年长的、血缘疏远的离间亲近的、新来的离间先到的、年幼的超越年长的、淫贱伤害道义，这些不是妻子的过错，而是小妾冒犯正妻而产生的罪过，做丈夫的也不能免除罪责。

┃ 简注 ┃

① 身家：家财，家产。

② 言笑晏晏：说说笑笑，和柔温顺。出自《诗经·卫风·氓》："总角之宴，言笑晏晏。"

③ 步亦步，趋亦趋：步，走；趋，快走。即亦步亦趋，出自《庄子·田子方》："夫子步亦步，夫子趋亦趋，夫子驰亦驰，夫子奔逸绝尘，而回瞠若乎后矣。"

④ 我无诈，尔无虞：虞，欺骗；诈，欺骗。尔虞我诈，比喻互相欺骗，互不信任。

⑤ 争长竞短：计较细小出入，争竞谁上谁下。

⑥ 宜室宜家：形容家庭和顺，夫妻和睦。出自《诗经·周南·桃夭》："之子于归，宜其室家。"

⑦ 蕃息：滋生，繁衍。

陆陇其立足于旧中国旧社会一夫一妻多妾制，围绕"不孝有三，无后为大""夫为妻纲""宜室宜家"等儒家观念，深入浅出地讨论了为何纳妾、如何纳妾、如何协调妻妾关系等问题，言之凿凿，分析透彻，确实有其道理，也能够为他所处时代的家庭建设提供一定的指导，确实可以称之为"纳妾善道"。陆陇其希望一夫一妻多妾多子女的封建大家庭以团结协调为主，"每日必共桌而食，同室而处"，维持和谐有序的家庭关系。他要求做丈夫的"处之有道，勿作溺爱色相，勿听谗言，严戒使女搬是搬非"，要求做妻做妾的"言笑晏晏，同作同止"，亦步亦趋，没有尔虞我诈。由此，他提出为妻为妾之道——"妻道自宜宽裕温柔为主，妾道惟谦卑逊慎忍耐为心"，如此才能"宜室宜家"，"生养蕃息"，延续祖宗血脉。然而，新中国新社会实施一夫一妻制，陆陇其所说的"纳妾善道"已经不合时宜，也就没有现实指导价值了。陆陇其对"纳妾"一事的看法，是他的时代局限性导致的，我们不必求全责备；但是，对于他的一些错误言论，尤其是他所说的"妇女多疑、多险亦多诈，又最多言、多刻、多忍"等，带有明显的性别偏见，需要引起我们的高度警惕。古之圣贤，囿于时代，圣贤之言也不都是金科玉律，我们应当有所鉴别，不能全盘接受，更不能全部遗弃，而是要选择性继承，创造性转换，这是我们对传统文化的应有态度。

116. 快乐事

无事静坐，随意检书，遇喜随笔[①]，是亦快事。或时临法帖，学几行真草字[②]，亦是乐事。

没事的时候，安静地坐下来随意翻检图书，遇到喜欢的地方就随手记录下来，这也是令人快乐的事情。或者随时临帖写字，学上几行楷书和草书，也是令人快乐的事情。

| 简注 |

① 随笔：随手下笔。
② 真草字：真，真书，即楷书；草，草书。

| 实践要点 |

什么是快乐的事情？令人身心愉悦的事情就是快乐的事情。陆陇其认为读书

和临帖是让人快乐的事情。读书让人知识丰富，临帖让人心安神定。如果无目的的读书、无安排的临帖，"随意检书，遇喜随笔"，"时临法帖，学几行真草字"，抛却现实功利，往往能达到无目的的合目的性，让人身心更为愉快。如果读书是为了应付考试，临帖是为了完成任务，带有强烈的功利目的，往往是不那么快乐的。因此，如何才能快乐呢？除了身心愉悦，还要淡忘功名利禄，审美的愉悦才是真正的快乐。

117. 君子成美

人有好事，切勿插入破句①，自坏心地②。

| 今译 |

别人如有好事，不要在背后非议、阻挠，自己败坏自己的胸襟和器量。

| 简注 |

① 破句：指在不是一句的地方断句。此处比喻背后非议、阻挠等羡慕嫉妒恨的行为。

② 心地：器量，胸襟。

俗话说："君子有成人之美。"君子胸襟宽广，气度慷慨，乐见他人成功，乐于分享他人的快乐和喜悦。陆陇其在这则格言中也倡导"君子成美"，他还特意提醒人们不要在背后非议、阻挠，坏人家好事。他认为，"插入破句"，坏人好事的同时，也是"自坏心地"，于人于己都不利，何苦来哉！古人云："有容乃大。"做一个宽容的人，成就别人的成功，也成就自己的胸襟，这既是宽容他人，又是宽容自己，何乐而不为呢！

118. 尊师重傅

处馆先生多半是贫儒。请先生训子弟，宾主师生四拜①之后，是以子弟一生学术付托先生矣。先生亦以子弟之才不才任为训教矣，岂不与父母一般心肠？为主人者，决不可欺先生是一个贫人，随意简慢，务要致敬尽礼。朱墨笔砚、铺陈床帐、梳藏牙刷、镜刷灯台、面锣手巾、脚桶脚布、草纸、寒天脚炉、暑天浴桶，陈列在房，锁钥俱备。日逐面汤、脚水、水果、点心，不致苟且②。粥饭必时，酒肴须检点。净衣裳、晒被席，督馆僮旁及周到。冬夏巾服鞋袜亦须照顾。日间或偶有时新果色，不拘时进。所馈束脩③，不必四季时节，破格从重，或一起或二起，一顿送足。使先生无忧内顾，并可做一件正经事。间或随时随意送折席一缄，出自先生意外，使之铭感。此亦请先生者皆所必有。但要留心检察，不得始勤终怠。先生自然不肯轻率走动，加意训诲讲解，百般启发引导学生出息，亦如父母之教儿子一般亲切。虽终其身，一个先生足矣。父母在家庭间，又须朝夕训诫，要听先生训诲。如此内外夹攻，必定成器。傥不率教④，我偶然迁怒，或有不适意先生处，断不可使厨灶人知觉，以生慢怠，便觉参商。师弟⑤一不相得，虽诲尔谆谆，听我藐藐⑥矣，则何益哉？此请先生者不可不知。又不可逐日稽功察课，又不可年常轻易易师。只要我尊师重傅为主，一概教法、心思俱不必参用。

| 今译 |

在私塾中教书的先生多半是家庭贫困的儒生。聘请私塾先生教导子女，宾

与主、师与生行过四拜礼之后，子女一生的学问和功业就托付给私塾先生了。私塾先生根据弟子的才能，因材施教，难道有和父母不一样的心肠？主人家绝不能欺负私塾先生是穷困人，随意敷衍，招待不周，务必要恭敬，礼节周到。朱墨笔砚、铺陈床帐、梳藏牙刷、镜刷灯台、面锣手巾、脚桶脚布、草纸、寒天脚炉、暑天浴桶等物件，一一摆放在房中，锁和钥匙配备齐全。每天提供面汤、洗脚水、水果和点心，不能敷衍马虎。粥和饭必须按时供应，酒水和菜肴必须谨慎。洗净衣裳、晾晒被席，督促馆僮服务周到。冬天和夏天的巾服鞋袜也要到位。每天家里如果有新鲜的水果，可以随时提供。送给私塾先生的酬金也不一定按季上交，应该破格从重，或是一次给付，或是分两次给付，每一次都要给足。这样做能让先生没有后顾之忧，并且会把教书当做正儿八经的事情来做。有时候也可以随时随地随意赠送一个红包，使私塾先生有意外之喜，让他心存感激，铭记在心。这也是聘请私塾先生的人家必备的礼节。但是需要留心检查自己的言行，不能开始的时候照顾很周到，最后却很懈怠。这些事情做到了，私塾先生自然不会轻率地离馆而去，还会特别注意训诲和讲解，想尽办法启发引导学生求学上进，就和父母教育子女那样亲切。终其一生，接受一个私塾先生的教导就足够了。父母在家里，又必须朝夕训诫子女，教育他们要听从私塾先生的教导。如此一来，内外夹攻，子女必定成器。假若子女不遵从教导，主人家偶尔也会迁怒于私塾先生，或许会说些不利于私塾先生的言论，务必不可让厨房里烧菜做饭的师傅们知道，做出慢待私塾先生的事情来，这样一来就会彼此隔阂。先生和弟子一旦不能互相投合，虽然讲的人不知疲倦，听的人却若无其事，徒费唇舌，有什么好处呢？这是聘请私塾先生不能不知道的事情。又不可每天都去检查功课，也不可常年轻易更换私塾先生。只要我们在对待私塾先生一事上以尊师重傅为主，什么教法、心思都可不必参考使用。

／

① 四拜：即四拜礼，中国传统礼仪中最隆重的礼仪。明代《童子礼》记载："凡下拜之法，一揖少退。再一揖，即俯伏，以两手齐按地，先跪左足，次屈右足，顿首至地，即起。先起右足，以双手齐按膝上，次起左足。仍一揖而后拜。其仪度以详缓为敬，不可急迫。"行四拜礼时每一拜均要起身行揖礼，再下拜。明清时期，四拜礼是对父母、师长所行之礼。

② 苟且：指只顾眼前利益，得过且过，马虎，敷衍。

③ 束脩 (xiū)：旧时送给老师的酬金。

④ 率教：遵循教导。

⑤ 师弟：老师和弟子。

⑥ 诲尔谆 (zhūn) 谆，听我藐 (miǎo) 藐：谆谆，教诲不倦的样子；藐藐，疏远的样子。讲的人不知疲倦，听的人若无其事。形容徒费唇舌。出自《诗·大雅·抑》："诲尔谆谆，听我藐藐。"

| 实践要点 |

／

陆陇其在这一则格言中讲述了为何要尊师重傅以及如何尊师重傅。唐代文学家韩愈在《师说》中指出："师者，传道、授业、解惑也。"他把传道、授业、解惑看作是教师的职责，认为教师要培养学生良好的道德品格，传承儒家道统，传授学业知识，解答学生在学习过程中产生的疑惑。如此看来，教师职责重要，责任重大，尊师重傅也就是必然之义了。中国古代历来有尊师重傅的传统，陆陇其基于儒家重视教育、尊重教师的传统，结合他长期坐馆执教的经历，总结出了论点清楚、论据充实、论证严密的尊师重傅论，既具有理论说服力，又具有现实操作性。陆陇其详细描述了主人家聘请私塾先生的礼节和对待私塾先生的态度，尤其是用大量的篇幅描述了需要给私塾先生准备的物品，可谓是"事无巨细，一一代为之筹"。在这则格言最后，陆陇其认为，"只要我尊师重傅为主，一概教法、心思俱不必参用"，也就是说，只要我们能做到"尊师重傅"，厚待私塾先生，私塾先生必然会善待学生。当下，教育体系非常完善，从幼儿园到大学都有专门的学校，各种课外培训班也如雨后春笋般涌现，家长已经不再需要聘请私塾先生，陆陇其说的诸种实际做法已不合时宜；但是，他所倡导的尊师重傅的精神还是需要我们继承的。教育乃立国之本、强国之基，尊师重傅正是国家、民族、社会以及家庭重视教育的集中体现，仍然需要我们提倡和弘扬。

119. 弗责备先生

天下不读书之主人，专责备先生。天下惟赖束脩之

主人，专责备先生。又或家本贫穷，自愧不能尊师重傅
而反责备先生。噫！先生何可责备哉？盖读书一事，要
涵育①薰陶，俟其自化②，不可欲速。但可责子弟之不
率教，不可责先生之不善教。但自愧主人之不诚，不可
责先生之不诚。子弟自然成器矣。切勿归罪先生，使先
生笑我午出头③也。

| 今译 |

    天底下那些自己不读书的家主，只知道责备私塾先生。天底下那些赖着束脩
不给的家主，只晓得责备私塾先生。又或者是家里原本就很贫困的家主，自愧
不能做到尊师重傅所以反过来责备私塾先生。噫！私塾先生怎么可以责备呢？大
概读书这件事情，关键在于涵养化育、濡染熏陶，待其自然化育，不可性急求快。
只可以责备弟子不接受教导，不可以责备私塾先生不善于教导。只可以自愧作为
主人态度不诚恳，不可以责备私塾先生态度不诚恳。子弟自然而然就会求学上
进，成就一番事业。务必不要归罪于私塾先生，使私塾先生笑我蠢笨。

| 简注 |

① 涵育：涵养化育。

② 自化：自然化育。出自《老子》："法令滋彰，盗贼多有，故圣人云，我无为而民自化。"

③ 午出头：即"牛"字，笑人愚笨的用语。

| 实践要点 |

在这则格言中，陆陇其反复劝谕主家"弗责备先生"。陆陇其首先分析了可能导致主家"责备先生"的几种情况：一种是"不读书之主人"，一种是"赖束脩之主人"，一种是"家本贫穷，自愧不能尊师重傅"。前两种是主观因素导致的，不可原谅；第三种是客观因素导致的，情有可原，但也不能提倡。陆陇其认为，"读书一事，要涵育薰陶，俟其自化，不可欲速"，指出孩子读书是一个涵育熏陶的过程，要耐心诱导、循序渐进，使之养成自主自觉的习惯，不可拔苗助长、盲目追求速度。同时，他要求主家遵循教育规律，做到尊师重傅，"但可责子弟之不率教，不可责先生之不善教"，"但自愧主人之不诚，不可责先生之不诚"，协助私塾先生管教好自家子弟，反思自己对待私塾先生的态度等等，由此可以看到陆陇其对私塾先生的偏爱。陆陇其对"弗责备先生"话题的深入探讨，反映了他对教育规律的深刻认识。他提醒人们，教育子女，欲速则不达，要注意培养子女的学习兴趣，教会子女学习的方法，让其自然发展，自然成器。这些，在当下也是适用的，具有一定的理论指导价值。

120. 砚田恒产

我辈读书不博得一科第^①，便无治生^②之策矣。惟恃砚田聊取脩金安家。傥处^③得一富贵人家，自然尊师重傅，受益不浅。即处得一乡村句读^④，各家轮流供给，每日必有酒肉，时刻以先生为念，亦可苟安。常见寒士馆苟不就，而辄借店面，行龟课^⑤者有之，行星命者有之，行医道者有之。自谓身无拘束，究竟生意不堪，复归处馆。则知馆之一途，天厚借以赡我辈寒儒，略报一生读书苦志。是亦谓天之未丧斯文处。所以吾辈舍馆而外，未见他道之有成者。故肆业^⑥贵有常耳。人而无恒，不免江南望江北好矣。我夫子以得见有恒^⑦为可，殆^⑧敌为是？

| 今译 |

　　我们这些读书人，如果不参加科举考试获取一个功名，便没有谋生的方法了。唯有凭借笔墨纸砚做私塾先生，收取束脩安身立命。假使受聘到一个懂得尊师重教的富贵人家，收益就会很大。即使受聘担任乡村中教授句读的私塾先

生，各家轮流供给财物，每天必然有酒有肉，各家也时刻把私塾先生放在心上，也可以苟且安生。经常见到家境贫寒的儒生，因为各种原因没有受聘坐馆，而是立刻就去租借一个店面，有的用龟甲给人算命，有的用星象给人算命，有的行医坐诊。自我标榜活得自由自在，无拘无束，最终还是维持不下去，只好又回去应聘坐馆。由此可知，坐馆是上天厚待，借以赡养我们这些家境贫穷的读书人，以此来稍微回报一下我们终其一生勤读诗书的坚定志向。这也是人们常说的上天还没有毁灭这种文化。所以，我们这些读书人除受聘坐馆外，从没见过在别的行当有所成就的。因此，修习课业贵在有常。人如果没有恒心，不免江南望着江北好啊。孔夫子所说的"能够见到始终保持良好品德的人，这样才是可以的"，大约是因为这个原因吧。

简注

① 科第：指科举考试，因科举考试分科录取，每科按成绩排列等第。

② 治生：经营家业，谋划生计。

③ 处：受聘用。

④ 乡村句读（dòu）：乡村中教授句读的私塾先生。

⑤ 龟课：用龟甲来给人算命。

⑥ 肄（yì）业：修习课业。古人书所学之文字于方版谓之业，师授生曰授业，生受之于师曰受业，习之曰肄业。

⑦ 得见有恒：能够见到始终保持良好品德的人。出自《论语·子张》："子

曰：'善人，吾不得而见之矣；得见有恒者，斯可矣。'"

⑧ 殆：大概。

| 实践要点 |

陆陇其认为读书人应当以参加科举考试为己任，以考取功名为目标，如果"不博得一科第"，则"惟恃砚田聊取脩金安家"。他认为，教书有两种可能：一种是"得一富贵人家，自然尊师重傅，受益不浅"；一种是"得一乡村句读，各家轮流供给，每日必有酒肉，时刻以先生为念，亦可苟安"。在这两种情况下，都可以靠坐馆得来的束脩维持家计。读书人如果没有考取功名，又不去坐馆，只能另谋生计，常见的是租借一个店面，"行龟课""行星命"或"行医道"，最终结果只能是"生意不堪"，有伤斯文。陆陇其比较了教书和其他谋生手段后，得出结论："馆之一途，天厚借以赡我辈寒儒，略报一生读书苦志。"因此，陆陇其说："吾辈舍馆而外，未见他道之有成者。"由此，他认定教书最适合读书人，并鼓励读书人以私塾先生为职业，坚持教书育人，做一个孔老夫子赞许的"有恒者"。陆陇其谈论"砚田恒产"，除了给未能考取功名的读书人谋出路，还在于弘扬"得天下英才而育之"的乐教观念。正是由于有大批读书人守着"砚田恒产"，坚持耕耘教育园地，中华优秀传统文化才得以世代传承和弘扬，中华民族才能作为文明古族立足于世界民族之林。

121. 师范

做先生第一要人品端正，第二要认真教训，第三要有坐性①，第四要弗责备供给②，第五要弗滥接客③、拜客④。服侍馆僮，弗与闲谈。若遇主人好，束脩弗消讨；若遇主人不好，束脩必要讨。他偏谓寻头讨脑⑤，反叫先生不好。

| **今译** |

做私塾先生，第一是要人品端正，第二是要认真教育引导，第三是要坐得住，第四是不要指责生活待遇不好，第五是不要随意接待宾客、拜访宾客。私塾里服侍的仆人，不要与之闲谈。如果遇到好的主家，酬金不用讨要。如果遇到不好的主家，酬金必须讨要。主家故意挑毛病，反而让私塾先生不好做人。

| **简注** |

① 坐性：耐性，坐得住。
② 供给：生活待遇。

③ 接客：接待宾客。

④ 拜客：拜访客人。

⑤ 寻头讨脑：故意挑毛病。

| 实践要点 |

师范者，学高为师，身正为范也。教师承担着教书育人的重任，自己首先要接受教育，既要具有较高的学问知识，又要具有较高的道德修养。陆陇其在长期的从教生涯中总结出了教师应当遵守的五条行为规范："人品端正""认真教训""有坐性""勿责备供给""弗滥接客、拜客"。其中，"人品端正""有坐性"属于对教师道德修养的要求，"认真教训"是对教师教学态度的要求，"勿责备供给"属于对教师薪酬待遇的要求，"弗滥接客、拜客"则是对教师人际交往的要求。做到以上五点，就可以去做私塾先生了。此外，陆陇其还特别提醒私塾先生做到以下两点：一是"服侍馆僮，弗与闲谈"；二是"若遇主人好，束脩弗消讨；若遇主人不好，束脩必要讨"。第一点是为了保持师道尊严；第二点是为了保障教师权益。陆陇其的五点行为规范和两点特别提醒，表达了他对私塾先生的殷切希望，体现了他对祖国教育事业的高度责任感和事业心。

122. 宽严训

　　国子先生坐于退食①之堂，诸生侍先生。曰："小子来，我问汝，吾之为教也，宽乎？严乎？"有对曰："宽，诸生感而不忘也。"先生曰："不然，吾不宽也。"又对曰："先生严，诸生畏威而不敢犯也。"先生曰："不然，吾不严也。"又有对曰："先生宽严得中。"先生曰："不然，我不宽严得中也。"诸生咸请问之。先生曰："我岂不自知与？而以问诸生者，特试之耳。诸生未之达②也。我语汝：夫宽施诸率教③者，严施诸不率教者也，何有定则？使务为宽，则固有不率教者焉，不亦纵④乎？使务为严，则固有率教者也，不亦苛⑤乎？使务为宽严得中，则固当有全用宽者焉，不亦失严之半乎？有当全用严者焉，不亦失宽之半乎？故诸生全率教者则全用我宽，全不率教者则全用我严，率教者多则多用宽，不率教者多则多用严。又就一人而言，始而率教则用我宽，继而不率教则用我严，终而又率教则仍用我宽也。始而不率教则用我严，继而率教则用我宽，终而又不率教则仍用我严也。一分率教，我有一分之宽；一分不率教，我有一分之严。材质⑥在人，因之而已，而我何与焉？是之谓宽严适宜。故我未尝不宽而不以宽言也，未尝不严而不以严言也，未尝非宽严得中而不以宽严得中言也。夫是以事无隐情⑦而教无遗术⑧。尔小子固当仕有官职者也，宽严之理所当知也。故特训之小子志之。"

| 今译 |

　　国子先生退朝之后坐于堂上，诸位学生服侍在先生周围。先生说："学生们过来，我问你们，我待你们是严厉呢，还是宽松呢？"有的学生说："宽松，学生们铭记在心，感戴不忘。"先生说："不是的，我待你们不宽松。"又有的学生说："先生很严厉，学生们畏惧您的威严，因而不敢犯错误。"先生说："不是的，我待你们不严厉。"又有的学生说："先生宽严适中。"先生："不是的，我没有做到宽严适中。"学生们都围上来问先生到底是严是宽。先生说："宽还是严，难道我自己不知道吗？我这么问你们，是为了试探你们啊。你们还不懂得宽严的道理。我告诉你们吧：宽松是对遵从教导的学生们来说的，严厉是对不遵从教导的学生们来说的，哪里有固定的用法呢？假使一定要宽松，对那些冥顽不化不遵循教导的学生来说，不就显得纵容了吗？假使一定要严厉，对那些一直以来遵从教导的学生来说，不就显得苛刻了吗？假使一定要宽严适中，如果学生们全部应当使用宽容的方式，那么不就失去严厉那一半的作用了吗？如果学生们全部应当使用严

厉的方式，那么不就失去宽容那一半的作用了吗？因此，学生们如果全都遵从教导，我就完全使用宽容的方式；全都不遵从教导，我就完全使用严厉的方式；遵从教导者多，我就多使用宽容的方式；不遵从教导者多，我就多使用严厉的方式。具体到某一个学生来说，开始的时候遵从教导，我就采用宽松的方式；后来不遵从教导，我就采取严厉的方式；到最后又遵从教导了，我就仍然采取宽松的方式。如果他开始的时候不遵从教导，我就采取严厉的方式；后来遵从教导，我就采取宽松的方式；最后如果又不遵从教导，我就仍然采取严厉的方式。有一分遵从教导，我就采用一分的宽容；有一分不遵从教导，我就采用一分的严厉。才能器质在于个人，我只是因材施教而已，这与我个人的好恶有什么关系呢？这就是我所说的宽严适宜。因此，我从来没有不采取宽容的方式而不用宽容的言论，也从来没有不采用严厉的方式而不用严厉的言论，更从来没有不是采取宽严适中的方式而不用宽严适中的言论。因此，这么一来，事情就不会有隐情，教育也不会有隐藏的手段。你们这些学生以后是要走上仕途当官的，宽严之理应当知道。因此，我今天特意讲解宽严论让你们记住。"

| 简注 |

① 退食：退朝就食于家或公余休息。出自《诗经·召南·羔羊》："退食自公，委蛇委蛇。"郑玄《笺》："退食，谓减膳也。自，从也；从于公，谓正直顺于事也。"朱熹《集传》："退食，退朝而食于家也。自公，从公门而出也。"后因以指官吏节俭奉公。

② 未之达：还不懂这个道理。

③ 率教：遵从教导。

④ 纵：纵容。

⑤ 苛：苛刻。

⑥ 材质：才能器质。

⑦ 隐情：难言的事情。

⑧ 遗术：前人留传下来的技艺、方法等。

| 实践要点 |

洋洋洒洒五百多字的一篇《宽严训》，满是金玉良言、肺腑之论，道出了陆陇其对"宽严"的深刻认识。在教育过程中，教师对待学生"宽"好，还是"严"好？陆陇其认为，"宽施诸率教者，严施诸不率教者也，何有定用？"在此，他定下一个基调："宽"是针对"率教者"的，"严"是针对"不率教者"的，"宽"还是"严"，没有一个定论。如何确定实施"宽"还是"严"呢？陆陇其认为，对于集体来说，"诸生全率教者则全用我宽，全不率教者则全用我严，率教者多则多用宽，不率教者多则多用严"；对于个人来说，"始而率教则用我宽，继而不率教则用我严，终而又率教则仍用我宽也。始而不率教则用我严，继而率教则用我宽，终而又不率教则仍用我严也"。以此看来，实施"宽"还是"严"的客观标准是："一分率教，我有一分之宽；一分不率教，我有一分之严"；理论基础是："材质在人，因之而已"，也就是孔子所说的因材施教，做到具体问题具体分析。陆陇其要求教师根据学生的具体情况，运用宽严相济的办法做好教育工作的经验之谈，对于担任私塾先生的读书人来说，有着非常强的现实指导价值。陆陇其以宽严论教育，又不局限于教育，他在这则格言的最后指出："尔小子固当仕有官职者也，宽严之理所当知也。"如此看来，陆陇其的《宽严训》不单单是论述教育中的宽严问题，更意在论述政治中的宽严问题，提醒诸生要懂得宽严之理，在以后的施政中做到宽严相济。陆陇其两任知县、一任御史，勤政爱民，怜贫惜孤，宽刑恤民，被称作清官、循吏、直吏，在政治实践中很好地做到了宽严相济。陆陇其宽严论源于儒家倡导的"致中和"的政治理念。《中庸》说："喜、怒、哀、乐之未发，谓之中。发而皆中节，谓之和。中也者，天下之大本也；和也者，天下之达道也。致中和，天地位焉，万物育焉。""中"是普天下之人最大的根本，"和"是普天下之人应当共同遵守的普遍规则，"中和"才能让天下万物各行其道、各得其所。陆陇其的宽严论不但适用于教育领域，也适用于政治领域，对于我们建设新时代中国特色社会主义有着重要的借鉴价值。

123. 有利无害

眉公先生①云："天下事利害恒相半，有全利而无少害者惟书。不问贵贱、老幼，观书一卷则有一卷之益，观书一日则有一日之益，故有全利而无少害也。"信哉斯言乎！先生格言充栋②，此更切于教人读书。特引一条以为训，有儿孙者共勉之。

眉公先生说:"天下之事,利害各半,有百利而无一害的事唯有读书。不论是富贵或贫贱、老人或小孩,读一卷书有一卷的好处,读一天书有一天的好处,所以说读书是有百利而无一害的事。"确实是这样啊!陈先生的格言汗牛充栋,这句话更是契合于教导人们读书。因此,特意引这一条用来当作训诫,家里有儿孙的要共同努力。

| 简注 |

① 眉公先生:陈继儒(1558—1639),字仲醇,号眉公,南直隶松江府华亭县人。诸生,明代文学家、书画家,著有《眉公全集》。

② 充栋:"汗牛充栋"的简化。唐柳宗元《陆文通墓表》:"其为书,处则充栋宇,出则汗牛马。"指书籍存放时可堆至屋顶,运输时可使牛马累得出汗。后来用"汗牛充栋"形容著作或藏书极多。

| 实践要点 |

古语云:"万般皆下品,惟有读书高。"古往今来,读书是人们所共同关心的话题,有关劝人读书上进的篇章汗牛充栋,代有佳作。陈继儒《小窗幽记》中就有很多关于读书的格言,如"万事皆易满足,惟读书终身无尽",又如陆陇其此

处引用的这则。后一则格言包含两层意思：一是读书"有全利而无少害者"，把读书看作是"有利无害"的事情，从性质上肯定了"读书有利"；二是"不问贵贱、老幼，观书一卷则有一卷之益，观书一日则有一日之益"，倡导勤读诗书，开卷有益，活到老、学到老，从适用年龄上提出了"终身读书"。陆陇其引用陈继儒的格言来劝人读书，肯定了陈继儒的"读书有利""终身读书"等看法，体现了他对青年学子读书上进的殷切希望和真切关怀。

124. 当借即与

> 人有称贷①，谊当②应急，慨然③即与。或有或无，切勿风雨累人奔走，使人怀恨。

| 今译 |

别人如果前来借贷，从道义上讲应当急人之难，那就慷慨地借给他吧。或者是有，或者没有，借还是不借，要说清楚，省得劳累别人风里雨里来回奔走，以致让别人怀恨在心。

① 称贷：指举债，向人告贷。出自《孟子·滕文公上》："又称贷而益之，使老稚转乎沟壑，恶在其为民父母也。"

② 谊当：表示道义上必须如此。

③ 慨然：指无所吝惜，形容慷慨。

| 实践要点 |

/

这一则格言讲述的是借贷问题。陆陇其认为，如果有人来借钱，家里有钱的话，就应该急人之所难，"当借即与"；如果家里正好没有钱，或者说是不想借给他，那也应该把话说清楚，"切勿风雨累人奔走"。俗话说："借钱容易还钱难。"借钱的时候，借钱者态度很好，装得像孙子一样；等到要还钱了，很多借钱者就态度大变，好像自己是大爷一样。如今，欠债还钱、天经地义的事情，在很多情况下却变成了连续的催债，甚至催生了专门的催债公司，催债导致双方关系变坏，好事也就变成了坏事。陆陇其本着急人之所难的良好初衷，建议人们善待借钱者，这是他的善意，反映了"借急不借穷"的传统观点，值得我们学习和借鉴。

125. 好义急公

凡钱粮或在图或在册，总宜照法早纳，切勿累管数人比较^①，致使开列欠户，休面不雅。自一两起至几两者，须亲身交纳讨串，切勿托管数人等漫写^②收票为据，致有重纳之累。若钱数或不妨寄^③，然亦小心看其人寄得寄不得。每见官府告示，严禁不许私付保歇^④、差役、银店种种人，官府大禁其弊。我辈身命所系，岂可轻托？

| 今译 |

凡是在图或在册的税银或公粮，都应当按照法律规定及早缴纳，务必不要劳累税务征收人员连续催讨，限期缴纳。长期拖着不交，致使衙门开出欠户名单，自己脸上也不好看。一两以至于几两的税银，必须本人亲自缴纳并索要正式票据，务必不要托付税务征收人员随意写张纸条当做收据，以免有重复缴纳的麻烦。如果钱粮数量确定，也可以托人转交，但要小心察看所托之人是否值得托付。常常见到官府贴的告示，严禁事项中有一条就是不许私下来把税银交付给保户和歇家、衙门里的差役、银店的老板和伙计等种种人，官府严禁事项革除了这里面可能产生的弊端。缴纳税银与我们的身家性命密切相关，怎么可以轻易托付给他人呢？

| 简注 |

① 比较：旧时官府征收税银或公粮，立有期限，到时不能完成，须受责罚，然后再限期完成，称为比较。

② 漫写：随意写作。

③ 寄：托人传送。

④ 保歇：保户和歇家，是清代县级地方政府为了追征赋役和词讼审理的方便而设在县衙与乡民之间的中间人。

| 实践要点 |

这一则格言讲述了缴纳钱粮的缘由和方法。陆陇其认为，钱粮是国家财政之根本，在图在册的钱粮应该按照法律规定及早缴纳，不要让税务征收人员反复催讨，更不要拖到官府贴出有伤体面的欠户告示。如何缴纳呢？陆陇其认为，钱粮是"我辈身命所系"，"须亲身交纳讨串"，亲力亲为是首选；如果因为各种原因自己无法亲自缴纳，也可以请他人转交，但是，一定要保证所托之人能够把事办成，不能私下里交付给"保歇、差役、银店种种人"。陆陇其倡导人们及早缴纳钱粮，提醒人们"亲身交纳讨串"，切勿所托非人，体现了他对钱粮缴纳过程中可能存在的问题的深刻认识，字里行间也包含着他对清代统治者日益加重赋税的忧虑和对民众的关爱。陆陇其所说的税银主要是指人头税、农业税和商税等，以人头税、农业税为主。当下，人头税在清代雍正年间推行"摊丁入亩"的时候早已取消；农业税也在 21 世纪初取消，农民种地还有补贴，"皇粮"再也不用缴纳了，这是五千年来前所未有的重大改革；至于商税，已经取代人头税、农业税成为国家税收的重要来源。经商之人，"好义急公"，按章纳税是必须的，切勿偷税漏税，害人害己。

126. 近仁四端

亲朋有急难^①，须多方救济^②。儿女有过失，须着实^③切责^④。家人非大过，须佯痴宽恤。租户无好人，须刻意宽恕。

| 今译 |

亲戚朋友有危急患难，必须多方救济。儿女有过失，必须严词斥责。佣人除非有重大过失，否则应当装聋作哑宽大体恤。租户没有好人，必须刻意宽恕。

① 急难：危急患难。

② 救济：用金钱或物资帮助生活困难的人。

③ 着实：（言语、动作）分量重，力量大。

④ 切责：严词斥责。

| 实践要点 |

　　陆陇其在这一则格言里讲述了如何做到"仁"。具体来说，"仁"主要表现在以下几个方面：一是救济有急难的亲友，二是切责有过失的儿女，三是宽恤非大过的佣人，四是宽恕租户。做到以上这四点，就是做到了"仁"。救济有急难的亲友、切责有过失的儿女、宽恤非大过的佣人，这三项是对儿女、亲戚、朋友以及佣人的关爱，体现了仁者爱人的儒家思想；宽恕租户，这一项是建立在"租户无好人"的预先判断基础上的，体现了以和为贵的儒家思想。仁者爱人，以和为贵，这两者都是儒家"仁"学说的核心内容，做到这些，也就做到了"仁"，也就趋近于仁者。

127. 体心行善

亲友贫窘①时见吾若难开口，或于冰冻十二月见其衣单，不妨脱一件与之。或于青黄不接时见其食贫，不妨携升斗周②之。默体其心，阴行善事，庶几③君子哉！

| 今译 |

亲戚朋友窘迫的时候见到我们如果难以开口，或者是见他们在寒冬腊月还穿着单衣，不妨脱掉一件棉衣给他们；或者是见他们在青黄不接的时候食物匮乏，不妨拿一升或一斗米粮接济他们。默默地体察他们的心思，暗地里做些善事，差不多就是君子所为吧！

| 简注 |

① 贫窘：贫困窘迫。
② 周：周济。
③ 庶几：差不多，近似。

陆陇其在这一则格言里讲述了如何"体心行善"。他认为，人都是有尊严的，越是在贫穷窘困的时候，越是难以开口请人帮忙。比如说，寒冬腊月穿单衣、青黄不接缺食物，这两个是最极端的案例。因为穿衣、吃饭是人生存的最低保障，如果连衣食都匮乏，人的生活状况就可想而知了。碰到这个情况，该如何做呢？陆陇其认为，"见其衣单，不妨脱一件与之"，"见其食贫，不妨携升斗周之"。陆陇其用了"见"和"不妨"两个词语来讲述他的观点，带有主动去做和乐意去做的意思。如果能够做到主动去做、乐意去做，那就是方法上、意愿上的双重正确，用陆陇其的话来说就是"默体其心，阴行善事"，这样就是君子作风。当下，我们在济困扶危时，更要注意方式和方法。行善者要懂得尊重受帮助者的自尊心，采取让他人接受的方式去帮助，而且不能在帮助他人之后以恩人自居。

128. 胜烧香

人肯于先生面上①加厚一分，亲友面上用情一分，而于租户面上宽让一分，于奴仆面上薄责②一分，此是现在功德③，胜烧香万万也。

人如果乐意照顾到私塾先生的情面，对其加厚一分；照顾到亲戚朋友的情面，对其用情一分；照顾到租户的情面，对其宽让一分；照顾到奴仆的情面，对其薄责一分。这些是现实的功业和德行，胜过烧香拜佛千万倍啊。

简注

① 面上：情面，面子。

② 薄责：用低标准来要求。出自《论语·卫灵公》："躬自厚而薄责于人，则远怨矣。"

③ 功德：功业和德行。

实践要点

陆陇其在这则格言中讲述的是"仁慈"。陆陇其是清代康熙年间中下层官员中"尊朱黜王，力辟佛老"的典型代表，他的学术思想遵循朱熹理学，反对阳明心学，同时，他还反对佛老学说，反对烧香拜佛。他认为，在现实生活中如果能够加厚先生、用情亲友、宽让租户、薄责奴仆，不但能让他人受益，还能间接让自己受益，以此加深自己的功业和德行，胜过烧香拜佛千万倍。《菜根谭》中说："立百福之基，只在一念慈祥。"仁慈者的博大境界和宽大胸怀，充分体现了中华优秀传统文化以和为贵的人道精神。仁慈意味着宽容，古语云："海纳百川，有容乃大。"宽容，既是对他人的宽容，又是对自己的宽容。仁慈，即对人宽容，也对己宽容，放过他人，也放过自己，何乐而不为呢!

129. 可处贫富

我贫无谄^①，又当无怨^②。我富无骄^③，又须有情。

| 今译 |

穷人不要巴结富人，也不要仇恨富人。富人不要自高自大，又应当对穷人有仁爱之心。

| 简注 |

① 谄(chǎn)：奉承，巴结。
② 怨：仇恨。
③ 骄：自高自大。

　　"贫无谄""富无骄"出自《论语·述而》:"子贡曰:'贫而无谄,富而无骄,何如?'子曰:'可也。未若贫而乐,富而好礼者也。'"陆陇其借用《论语》中的语句,重申了人应当具有贫无谄、富无骄的美德,并在此基础上延伸出贫无怨、富有情的道德要求。贫人要有骨气,不要去巴结富人,安贫乐道,知足常乐。富人不要自高自大,不要轻视穷人,要以礼待人。这是传统儒家对穷人、富人如何自处以及相处的道德要求。陆陇其的可贵之处在于提出贫无怨、富有情。当下,社会贫富差距较大,仇富心理比较普遍,不是"贫无怨",而是"贫有怨",也就是我们通常所说的"仇富",由此导致的影响恶劣的事件时有发生,比如说惨无人道的杭州保姆纵火案等。陆陇其教导穷人要"无怨",不要去"仇富",而是要挺起腰杆做人,劳动致富,知识致富,通过自己的双手去创造美好幸福的生活。同时,他也提出了"富有情"的道德命题,教导富人对穷人要有仁爱之心,这与当下所提倡的富人回报社会做慈善有异曲同工之妙。

130. 安贫贱

　　富贵者处其暂[①],贫贱者处其常[②]。我若富贵不可骄,人若富贵不可羡。我贫贱断不可屈,人贫贱断不可欺。

今译

富贵是暂时的，贫贱才是常态。我若富贵，不可自高自大；人若富贵，不可眼馋羡慕。我若贫贱，绝不可屈服；人若贫贱，绝不可欺辱。

简注

① 暂：不久，短时间。
② 常：长久，经久不变。

实践要点

这一则格言接续《可处贫富》并有所延伸，在提出道德要求时，也指出了实践方式。陆陇其基于"富贵者处其暂，贫贱者处其常"的判断提出"贫贱断不可屈"的命题。"贫贱断不可屈"出自《孟子·滕文公下》："富贵不能淫，贫贱不能移，威武不能屈，此之谓大丈夫。"陆陇其浸淫《四书》多年，《治嘉格言》有多处引用《论语》《孟子》中的语句，此即一例。孟子用"不能淫""不能移""不能屈"的三个"不能"描述了"大丈夫"的坚毅品格。陆陇其沿袭孟子的思想，提出"我贫贱断不可屈"，教导人们贫贱时不可屈服，要充满斗志；同时，他还提出"人贫贱断不可欺"，教导人们富贵时不可骄人，要富而好礼、富而有情，善待穷人。当然，一味的"安贫贱"并不算好，遵纪守法，撸起袖子加油干，通过努力让自己的生活变得更好，也是人之常情。

131. 万不得已而求人

我欲求人甚难开口，当思人欲求我便该应命①。故只
愿人有求我之时，断不可有求人之日。

我想求人办事时很难张开口，应当想到别人也是这样的心态，在别人求我时
应当答应别人。因此，只愿别人有求我的时候，绝对不要有我求别人的时候。

| 简注 |

① 应命：从命，遵命。

| 实践要点 |

陆陇其有一颗长者善者之心，能够推己及人，由自己想要求别人时难以开口的

为难心态，想到别人也该如此，这是在教导我们应该答应别人的请求，与人为善，助人为乐。至于他在文中所说的"只愿人有求我之时，断不可有求人之日"，从一个"愿"字也能看出这种说法只是他一厢情愿的理想状态，人生在世，哪有万事不求人的道理？正如题目中所说，"万不得已而求人"，人总有万不得已的时候，该求人还是去求吧，不要太过难堪。如果每个人都抱有"我欲求人甚难开口，当思人欲求我便该应命"的心态，求人办事也不是什么难事，唯愿人人能够推己及人，乐于助人。

132. 善培初念

凡人初念极好，转念便不好。知此两句，用情者当用初念忠厚，弗从转念刻薄。我尝读文震孟①先生《季文子三思而后行》题其起讲②曰："尝观人臣谋国，初念或能为主，转念即及身家。"二语实获我心③。

| 今译 |

世间之人，往往初念很好，转念便不好了。知道了这两句话，用情做事的时候应当用初念的忠厚，不要改从转念的刻薄。我曾经读过文震孟先生的《季文子三思而后行》，他在该文的起讲部分写下这样的话："我曾经观察权贵大臣谋划国

事，他们初念或许能为主上考虑，转念便考虑到了自己的利益。"这两句话和我的想法一样。

| 简注 |

/

① 文震孟：(1574—1636)，字文起，号湘南，明南直隶长洲（今江苏苏州）人。文徵明曾孙。崇祯初拜礼部左侍郎，兼东阁大学士。著有《姑苏名贤小记》。

② 起讲：八股文中的第三段文字，是议论开始的部分。

③ 实获我心：表示别人说的跟自己的想法一样。

| 实践要点 |

/

陆陇其在这一则格言里比较了初念和转念，要求人们"善培初念"。他认为，"凡人初念极好，转念便不好"。初念"忠厚"，所以好；转念"刻薄"，所以不好。他还引用明代官员文震孟《季文子三思而后行》中的话来说明初念与转念的区别，以此来印证初念的好和转念的不好。《三字经》中说："人之初，性本善。"这句话指的是人在孩童时期，品性本是善良的，如果借用过来讲述初念与转念，也有一定的道理。初念之所以珍贵，因为初念是"最初的念想"，出自人的赤子之心，出自人的道德良知和社会责任感；而转念则是人深思熟虑后的结果，所谓"三思而后行"，"三思"就是反复权衡利弊得失，三思之后得到的结论就是"转念"，掺杂了太多的功利因素和现实考虑，因此，转念就显得不那么纯粹，不那么真挚了。当下，我们既要"三思而后行"，不可莽撞行事，更要"善培初念"，凭着良心做事，以爱己之心爱人，多行对他人对社会有益之举。

133. 驾驭小人

无赖小人，傥有财米交关，一味拼命图赖①、跌诈②，是其本心。此是我不幸处。我当养气权耐③，使人晓谕，锄其暴气。切勿亲自争长竞短④，损威伤重。

| 今译 |

无赖小人，假使与财物和米粮有关，便会一味地拼了老命抵赖、施诈，这是他的本性。这也正是我们的不幸。我们应当静心养气，权且忍耐，让别人知道他的所作所为，慢慢的剪除他身上的暴戾之气。务必不要亲自和无赖小人计较细小出入，那样会损伤我们的声威，破坏别人对我们的尊重。

| 简注 |

① 图赖：妄图否认或抵赖。

② 跌诈: 假装，冒充，施诈。

③ 权耐: 权宜忍耐。

④ 争长竞短: 计较细小出入。

| 实践要点 |

/

　　陆陇其在这一则格言里讲述了如何和无赖小人打交道。他认为，无赖小人一旦涉及钱财，就会暴露出"图赖""跌诈"的本性。与这样的人打交道，"切勿亲自争长竞短"，不能与其争一时之长短，而是要"养气权耐"，"避其锐气，击其惰归"，慢慢地与其理论，避免与他结下怨仇。等到他锐气消磨、戾气散尽，能够心平气和地商讨事情如何处理了，再与其计较，说不定能够把问题解决。如何与无赖小人打交道，这个话题古已有之，今天也会不可避免地涉及。经济发达地区的城里相对好些，人的文明素质普遍比较高，偏远的地方，尤其是偏远的乡下，物质生活不太丰富，法制观念不太健全，人的文明素质受制于基本的需求，有些品行不算坏的人也会因为少许的财物而与别人吵架甚至闹翻。在这些情况下，如何与无赖小人打交道，陆陇其给出了切实可行的建议，即"养气权耐，使人晓谕，锄其暴气"，忍得一时，才能赢得一世。何况"亲自争长竞短"会导致自己"损威伤重"，试看大老虎告诉小老虎为何不与疯狗争斗的故事就会明白了。

134. 勿欺贫重富

我极怪人欺贫重富。如亲眷顾①我，茶饭酒肴，我行吾素②。一斤肉、一壶酒，可当五果七菜③。勿以其富，曲致恭敬，竟蹈瘦狗赶肥羊④之喻。勿以其贫，率意冷淡，不思无茶烧白汤⑤之说。

今译

我非常讨厌有的人欺辱穷人尊重富人。如果亲戚朋友来拜访我，茶、饭和酒菜，按照我的方式去做就可以了。一斤肉、一壶酒，可以充当五果七菜。不要因为来的人富有就刻意地毕恭毕敬，做一些吃力不讨好的事情。更不要因为来的人贫穷就故意地轻视冷淡，怎么不去想想口惠而实不至的说法。

简注

① 顾：拜访。

② 我行吾素：指不受外界影响，按自己向来的行事方式去做。出自《中庸》："君子素其位而行，不愿乎其外。素富贵行乎富贵，素贫贱行乎贫贱，素夷狄行

乎夷狄，素患难行乎患难，君子无入而不自得焉。”

③ 五果七菜：五果，指栗、桃、杏、李、枣五种果子；七菜，浙江地区指的生菜、芹菜、葱、韭菜、薤（jiào）头、蒜、甘笋七种蔬菜。比喻蔬菜瓜果品种丰盛。

④ 瘦狗赶肥羊：比喻吃力不讨好，无法办到力所不及的事。

⑤ 无茶烧白汤：比喻口惠而实不至。

| 实践要点 |

陆陇其在这一则格言里讲述了如何对待穷人和富人。他认为，"勿欺贫重富"，对待穷人和富人要一视同仁。如果亲戚朋友来家里做客，要按照自己的标准去盛情接待，即使是"一斤肉、一壶酒，可当五果七菜"，不要过分看中喝什么酒吃什么菜，而是重在言行沟通和感情交流。如果对富人"曲致恭敬"，就有"瘦狗赶肥羊"的嫌疑；如果对穷人"率意冷淡"，就有"无茶烧白汤"的嫌疑，这两种做法都是不恰当的，都要引起我们的警惕。如果别人这样对待我们，我们当然会很不乐意；推己及人，如果我们这样对待别人，别人也会很不乐意。因此，与人交往时，"勿欺贫重富"，要同等对待富裕或穷困的亲戚朋友。当然，这些话说起来简单，做起来却很难。生活中有很多人是势利小人，欺贫爱富，趋炎附势，与他们遭遇是必不可免的，那就需要我们一方面做到同等对待他人，另一方面也要提高鉴别能力，了解他人的品性，做到心中有数，在遭遇到他人不友好的对待时，不至于心中落差太大。

135. 知非即灭

人若有一念之差^①，便当随起随灭。勿使任意直差到底，以致溃败^②、决裂^③，如破衣莫可还复。

| 今译 |

人若是有一个不好的念头，在念头刚刚生起的时候就把它消灭。不要使它不受约束地一直错下去，以致事业破败、感情破裂，如同破了的衣服没法再修复原样。

| 简注 |

① 一念之差：一个不好的念头造成了严重的后果。

② 溃败：破败。

③ 决裂：感情关系等破裂。

| 实践要点 |

陆陇其在这一则格言里讲述的是"知非即灭"，即防微杜渐，及时制止和消灭不好的念想。俗话说："一念成佛，一念成魔。"很多事情的决断都在人的一念之间，如果觉察到自己这一念是错误的，就要及时消灭，及时改正。与陆陇其同时代的江苏昆山人朱柏庐也曾在他的传世名作《治家格言》中就这个话题进行过探讨，他认为，"因事相争，焉知非我之不是，须平心暗想"。朱柏庐的探讨比陆陇其更深入一步，提出了如何（"平心暗想"）以及为何（"焉知非我之不是"）要消灭这一念之差。陆陇其、朱柏庐等先贤提醒我们，遇事不能冲动，要及时制止自己的坏想法，还要多做自我反思，多从自己身上找问题。常言道："知错能改，善莫大焉。"制止冲动，及时改错，对别人是好事，对自己也是好事。这么做可能会避免一场争端，甚至会躲开一场灾难。

136. 养气养心

人只怕心地不好，不怕气性不好。气性不好容易修补，心地不好便难还复。

| 今译 |

做人只怕心性存养不好，不怕气质性情不好。气质性情不好容易修正补充，心性存养不好便难以返回复归。

陆陇其在这一则格言里讲述了修身养性之道。他认为，"人只怕心地不好，不怕气性不好"，因为"气性不好容易修补，心地不好便难还复"。这几句话读起来容易，理解起来却很难。心地，指人的心性存养；气性，指人的气质性情。从哲学层次来说，心地是先天的，气性是后天的，先天心地难改，后天气性易改。心地不好，就是先天不好，根底坏了，"便难还复"；气性不好，即后天不好，但只要根底还好，通过修正补充，还是可以变好的。这是两者的区别，可以稍作简单的解释。然而，心地和气性又可以统一为人的秉性，不论是心地，还是气性，想要"修补""还复"都是很难的。气性不好，事业难成；心地不好，做人都难。两者只要有一个方面不好，都会严重影响到做人做事。怎么办？陆陇其提出"养气养心"的命题，试图以"养"来使人具有并保持好的心地、好的气性。俗话说："江山易改，禀性难移。"不论是养气还是养心都是很难的，需要人持之以恒，朝乾夕惕，如此方能修成正人君子。

137. 为善止谤

> 为善不求人知，求知非真为善。受谤^①不急自解^②，无辩可以止谤。

今译

做好事不要企图让别人知道，想要别人知道自己做好事并企图得到回报的就不是真的做好事。受到别人恶意攻击也不要急于自我辩解，不做自我辩解可以制止别人的诽谤。

简注

① 谤（bàng）：恶意攻击别人，说别人的坏话。
② 自解：自我辩解，自作解说。

实践要点

陆陇其在这一则格言里讲述了两个话题："为善"和"止谤"。他认为，做好事应不求人知，无心求报，应默默地去做，持之以恒地去做，只求自己内心平静，为他人、为社会做一点贡献、献一份爱心；受到诽谤也不要急于辩解，应冷静对待，低调处理，时候到了，事情自会清白，流言蜚语自会消失。时间是最好的见证者，为善、止谤都不要着急，一切交给时间去评判，我们能做的就是默守内心，但求心安。

138. 戒贪无厌

人应谢我，切勿过望^①。过望则未免有施劳心^②，非正人君子之道。

｜ 今译 ｜

别人应该感谢我的，务必不要期望太高。期望太高就免不了要耗费力量和精神，这不是正人君子的作为。

｜ 简注 ｜

① 过望：超过原来的希望。

② 施劳心：劳神费力，耗费力量和精神。

｜ 实践要点 ｜

陆陇其在《为善止谤》篇中讲到"为善不求人知"，这一则格言延续这一思想，提出"人应谢我，切勿过望"。既然做好事不求人知、不求回报，那就不存在企求回报、期望感谢的想法。但是，并不是人人都能做到"为善不求人知"，也不是每一次做好事都能做到不被别人知道。别人知道自己做了好事，或者进一步说别人应该感谢自己做的好事，我们该怎么办呢? 陆陇其的建议是"人应谢我，切勿过望"，事情做了就做了，以平常心对待，自己心情愉悦就好，不要对别人的回报期望太高。期望太高不是"正人君子之道"，而且还会有副作用，让自己劳神费力，得不偿失，甚至有贪得无厌的嫌疑。

139. 足食宽怀

做人家①若柴米不足，一年便无开眉②日子。冬间定要积足一年饭米、一年柴草，并多积砻糠③者，亦颇受用。若迟至春则价便贵。

| 今译 |

一家人过日子如果饭米和柴草都不够用，一年到头都不会有舒心日子。过冬期间一定要储存好够一年使用的饭米和柴草，并多备些谷糠，也会用得着的。如果等到开春了再去购买，价格就高了。

① 做人家：吴语词汇，通用于苏南、上海、浙北一带，喻指勤俭持家的江南美德。

② 开眉：舒展双眉。意为解愁、欣喜。

③ 砻（lóng）糠（kāng）：指稻谷经过砻磨脱下的壳。

| 实践要点 |

柴米油盐是居家过日子的必备品，如果缺吃少穿，日子就会过得不舒坦。陆陇其提倡江南人家勤俭持家的家庭美德，建议人们家庭开支要有长计划、短安排、细水长流，精打细算，合理规划好一年的生计，比如说趁着冬季价格较低的时候储好柴米，备些谷糠，不要等到青黄不接的时候再去高价购买柴米。如此一来，便能做到手中有粮、心中不慌，生活更有滋味，这也就是陆陇其所说的"足食宽怀"。

140. 节俭免求人

要知求人时未必有济①，纵或勉强应承，究竟终不如愿。当面背后不知无数言语，气色淡薄②，情状、面相难当。何如有时常思此光景且节俭，莫待无时亲遭此苦楚^③，自怨自艾^④也。

| 今译 |

/

要知道求人办事不一定能如愿，纵使别人勉强答应下来，终究也不能如人意。人前人后不知道要说多少好话，看多少脸色，自己也很难堪。不如时常想想这种难堪场景，平时做到勤俭节约，不要等到求人帮忙时遭受这种痛苦，那时候再悔恨自己的过错就晚了。

| 简注 |

/

① 济：成功。

② 淡薄：冷淡。

③ 苦楚：痛苦，苦难。

④ 自怨自艾（yì）：悔恨自己的过错。

| 实践要点 |

/

陆陇其从自己的生活经验出发，得出了"节俭免求人"的结论。他认为，求人办事，好话说尽，笑脸赔尽，还不一定能够得到称心如意的结果，实在是脸面丧尽、令人难堪的事情。不求人，那该怎么办呢？不如求自己。俗话说："求人不如求己。"如果平时能够做到勤俭节约，手里积攒些财物，也就不会为缺衣少穿去求人帮忙了。因此，我们居家务必要勤俭节约，同时要教育子女养成勤俭持家的优良品质，让勤俭持家成为一种世代相传的家风，如此才能做到"节俭免求人"。

141. 败家皆因贪吃坏法

勤俭持家，切勿贪吃，切勿生事①坏法。有田有宅，或祖父遗庇②，或自己苦挣，决不可轻卖轻押，便难回赎。

| 今译 |

勤俭持家，务必不要贪图吃喝，务必不要惹是生非，败坏法令。家里有田地有宅子，或是祖辈、父辈遗留下来的恩德，或是自己辛辛苦苦挣来的汗水结晶，绝对不能轻易卖掉或抵押，否则就难以赎回来了。

/

① 生事：制造事端，惹事。

② 遗庇（bì）：庇，荫庇，庇护。指遗留下来的恩德。

| 实践要点 |

/

陆陇其在上篇中讲述"节俭免求人"的道理之后提出了勤俭持家的建议；在这则格言中，他就如何"勤俭持家"作了进一步阐述。陆陇其认为，"败家皆因贪吃坏法"，这里有两层意思：一是"贪吃"败家，二是"生事坏法"败家。先说"贪吃"，小门小户不说了，即使家大业大，也禁不住胡吃海喝，坐吃山空，进的少、出的多，甚至只有出、没有进，总有一天会把家败掉，《红楼梦》里的贾家荣国府就是例证；再说"生事坏法"，从"败家"的速度上来讲，"生事坏法"比"贪吃"更甚，败坏法令，轻则罚款，重则收监，甚至抄家灭门，家里再有权势，也搁不住子弟胡作非为，早晚要败落掉，《红楼梦》里的贾家宁国府就是例证。因此，陆陇其才说"切勿贪吃，切勿生事坏法"。陆陇其还再三告诫人们，田宅"决不可轻卖轻押"，他的这些话需要我们牢牢记住。

142. 勿贪吃着

人孰不欲着衣吃饭？品行皎皎^①，贫不求人，即盐齑^②、酸汤淘饭，尽自适矣；破衣蒙戎^③蔽体，亦愿足矣。人亦不得笑我，我何尝乞于人？若贪吃贪着，穷作富态，美其食，丽其衣，终将不继，被人议我丰啬^④不均。不如守我寒素^⑤，蔬食布衣为可常^⑥也。

| 今译 |

正常人哪一个不需要穿衣吃饭呢？品行清白的人，即使贫穷也不去求别人帮忙，吃着粗盐和酸菜，喝着酸汤泡饭，也能做到悠然闲适，自得其乐；破旧的衣服蓬松杂乱，能把身体遮住也就满足了。别人也不会取笑我，我何需乞求别人呢？如果贪吃贪穿，身为穷人却摆出一副有钱人的样子，吃美味的食物，穿华丽的衣服，这种状态终将不会持续很久，也会被人讥笑我是丰饶与节俭做得不够均衡。不如坚守清苦简朴，吃蔬菜、穿布衣，这种生活才是可以常年保持的。

| 简注 |

① 皎皎：洁白，清白。

② 齑 (jī)：捣碎的姜、蒜、韭菜等。

③ 蒙戎：蓬松，杂乱。出自《诗经·邶风·旄丘》："狐裘蒙戎，匪车不东。"

④ 丰啬：丰，丰饶。啬，节俭。

⑤ 寒素：清苦俭朴。

⑥ 可常：可以常年保持。

|　实践要点　|

/

陆陇其在上一节中讲述"败家皆因贪吃坏法"之后，这一则格言继续强调"勿贪吃着"。他首先肯定了人们需要"着衣吃饭"的正常生理需求，进而从正反两方面指出了穷人对"着衣吃饭"的两种态度及其后果。一种态度是安于贫困，"盐齑、酸汤淘饭"，"破衣蒙戎蔽体"，这是"品行皎皎"的人的做法，不会受到别人的非议；一种是不安于贫困，"穷作富态，美其食，丽其衣"，这是"贪吃贪着"的人的做法，将会受到别人的非议。由此，陆陇其得出结论，"贪吃贪着"败坏家风、败落家业，还会造成不良的社会影响，不如"守我寒素"，保持一颗平常心，不要太在意自己的吃穿，更不要去和别人比吃比穿，努力做到知足常乐。当下，物质生活极大丰富，有人陷入物欲迷网不可自拔，陆陇其提出的"守我寒素"是一剂良药，有其现实价值。

143. 安贫志学

衣，身之文①也。若服之不衷，又身之灾也②。食，民之天③也。若饮食之人④，则人贱之⑤矣。故衣敝缊袍而不耻⑥，蔬食饮水而乐在。鹑衣百结⑦，箪食瓢饮⑧，古圣贤每每如此，吾何独不然？乃欲着好衣，吃好饭耶？孔子曰："士志于道而耻恶衣恶食者，未足与议也。"⑨所当终身诵之。

| 今译 |

衣服是身体的纹理，如果穿得不合礼仪，就会使身体受到伤害。食物是生民的根本，如果只晓得吃吃喝喝，就会遭到别人的轻视。因此，才有人虽然穿着破衣烂袍，而不认为丢脸；吃着蔬菜，喝着清水，却觉得快乐自在。穿着破烂的衣服，过着清贫的生活，古代圣贤往往如此，我们为何不这样做呢？反而要吃好吃的，穿好衣服呢？孔子说："读书人有志于追求真理，却以吃得不好穿得不好为耻辱，那就不值得和他谈论什么了。"这句话要终生称述。

/

① 文：纹理，形象。

② 若服之不衷，又身之灾也：衷，适合，合乎礼节。穿的服饰不合礼仪，会使身体遭受灾祸。出自《左传·僖公二十四年》。

③ 天：主宰，根本。

④ 饮食之人：只晓得吃吃喝喝的人。出自《孟子·告子上》。

⑤ 贱：轻视。

⑥ 衣敝缊（yùn）袍而不耻：虽然穿着破衣烂袍，而不认为丢脸。出处《论语·子罕》："衣敝缊袍，与衣狐貉者立，而不耻者，其由也与。"

⑦ 鹑（chún）衣百结：鹑，鹌鹑。结，悬挂连缀。鹌鹑的尾巴短而秃，像打满补丁一样。形容衣服非常破烂。

⑧ 箪（dān）食瓢饮：箪，古时盛饭的圆形竹器。一箪饭，一瓢水，形容读书人安于贫穷的清高生活。后用为生活简朴，安贫乐道的典故。出自《论语·雍也》："一箪食，一瓢饮，在陋巷，人不堪其忧，回也不改其乐。贤哉回也！"

⑨ 上志于道而耻恶衣恶食者，未足与议也：出自《论语·里仁》。

| 实践要点 |

/

陆陇其在这一则格言讲述了"安贫志学"。他接连引用或化用"服之不衷，身之灾也"（《左传》）、"饮食之人"（《孟子》）、"衣敝缊袍"（《论语》）、"箪食瓢饮"

（《论语》）等儒家经典中的语句，通过正反对比来说明"安贫志学"是古圣贤之道。从而指出，古圣贤尚且如此，作为普通人的我们更应如此。最后，陆陇其引用孔子"士志于道而耻恶衣恶食者，未足与议也"，直接表明了自己的态度，希望读书人能安贫志学，有所成就。"安贫志学"是读书人应有的态度。南宋学者陆九渊说："人惟患无志，有志无有不成者。"能够经得起生活的磨难，不耻恶衣恶食，正是一种高贵的品质和坚定的毅力。只有安贫志学，才会学有所成。陆陇其要求读书人终身牢记孔子"安贫乐道"的教诲。当下，新时代的青年学子也应"安贫乐道"，"安贫志学"，做一个有志于中华民族伟大复兴的完整的人。

144. 作家切勿赊取店帐

写票支货，非不便易，未免过取滥用。日久算帐，不觉骤积多金，岂不肉痛①闷心？何如发银现买，必竟惜费，或亦少省些。未必非作家②之一助云。

| 今译 |

写票记账领取货物，不是不方便，而是难免拿得太多、用得太滥。时间久了，结账的时候，一下子觉得怎么要付那么多钱，难道不让人心痛吗？不如用现

银去买，一手交钱一手取货，毕竟白花花的银子看在眼里，好歹会知道珍惜，或许会省掉一些钱。这么做，未必不是治家的好办法。

<h2>┃ 简注 ┃</h2>

① 肉痛：肉体感觉疼痛，吴语方言里面指"心疼"。
② 作家：治家，理家。

<h2>┃ 实践要点 ┃</h2>

陆陇其在这一则格言里讲述了治家之道。他认为，"作家切勿赊取店帐"，因为记账取货虽然方便，但难免会"过取滥用"，而且日久天长，总有结账的时候，账单一算，金额巨大，那时候就会觉得心疼了。因此，他建议人们"发银现买"，看着白花花的银子花出去，心里还是有些感觉的。当下，人们普遍使用手机支付，在各种购物平台上，看着喜欢，指头点点，货物就送到家了。方便是方便，用起来也很痛快，可是等到月底或年底出账单的时候才发现，竟然花掉了这么多钱，而且还买了些不需要的东西。于是，心里不胜感叹，甚至有些心疼。信息时代，移动支付方便了人们的生活，也掏空了人们的钱包，想要回去用现金消费已经越来越不可能了，那就用心管好自己的手指头吧！

145. 痛戒使米

| 今译 |

居家过日子一定不可轻易用米购物。应当考虑到青黄不接的时候，从店里买米的场景：米店用的升和斗都很浅很小，平白受气，让自己心情烦闷。如果米价很低时，尤其不能用米购物。假使免不了要用掉一些米，宁可整批地买进一些米用于零星使用，绝对不能就着家里的米一点一点用掉。

| 简注 |

① 使米：用米购物。

② 籴 (dí)：买进粮食，与"粜"相对。

③ 趸 (dǔn)：整批；整数。

陆陇其在这一则格言里继续讲述治家之道。陆陇其生活的年代，物质生活不甚丰富，还有以物换物、用米购物的销售方式。陆陇其告诫人们，"做人家切不可轻贱使米"，因为用米容易，买进来难。唯利是图的奸商总是贱时进、贵时出，大斗进、小斗出，既赚差价，又赚斤两，占尽便宜。如果一定要零星用掉一些米怎么办呢？陆陇其建议人们整批地买入一些米，而不能就着家里本来就不是很多的米去用。陆陇其深通治家之道，这与他出身江南乡村小地主家庭有关，也是他爱民为民的直接体现。

146. 益寿丸

足柴足米，无忧无虑。早完官粮①，不惊不辱。不欠人债起利②，不入典当门庭③。只消④清茶淡饭，便可益寿延年。

| **今译** |

家里储备足够的柴米，生活便无忧无虑。早日缴纳官府的税粮，日子便过得不惊不辱。不欠别人债务，以免生利息；不到当铺去典当物品。只需要清茶淡

饭，便可以益寿延年。

① 官粮：指旧时交纳于官府的税粮。

② 起利：生利，生息。

③ 门庭：家门，门户。

④ 只消：只需要。

| 实践要点 |

陆陇其在这一则格言里讲述了如何延年益寿。他认为，想要长寿，要解决以下几个问题：首先是要解决吃穿问题，不缺吃不缺穿，一日三餐有保障，这是最起码的物质保障。物质的贫乏限制了古人的想象力，"足柴足米"了，有吃有穿了，也就"无忧无虑"了。其次是要解决税粮问题，"普天之下，莫非王土"，种地交粮是天经地义的事。新中国建立以后，农民也要交公粮，21世纪初才取消了农业税，终结了种地交粮的历史。陆陇其生活的清代康熙年间，当然要缴纳税粮。陆陇其治下的嘉定县，他之前的几任知县皆因催缴税粮不力而免职，可想而知，催缴税粮的难度很大，反过来想就是农民遭受到官府催缴税粮的骚扰必然也很大。如果"早日完粮"，省去了官府催缴之扰，官府下乡也不用担心，也就能做到"不惊不辱"了。再次是要解决欠债问题，不能有外债，也不能因急用钱而

去典当物品。欠债还钱，虽是天经地义，利滚利，钱滚钱，却也让人不堪重负。如果典当物品，那就更令人不堪了。因此，陆陇其才说"不欠人债起利，不入典当门庭"，手有余钱，可存可花，不用考虑还别人钱，生活岂不乐陶陶！解决了吃穿、税粮和欠债三个问题之后，"无忧无虑"，"不惊不辱"，"只消清茶淡饭，便可益寿延年"。"清茶淡饭"是陆陇其开出的"益寿丸"，"清淡"二字是关键，清淡就要简单、朴素，不要大鱼大肉、大酒大菜，梁山好汉式的"大碗喝酒，大口吃肉"虽然豪爽，却不利于身体健康，时间久了就会因营养过剩而导致各种富贵病。因此，管住嘴、迈开腿，清茶淡饭，适当运动，有益于人的身体健康，自然便会益寿延年。

147. 衣饰弗宜当

明朝典当钱数二分起息，两数一分五厘。名曰三年为满，实足四十个月。不过一本一利。大概如此，实是便民。今兹一变，大不相同。假如一两银子新做一件衣服，裁缝钱吃用约去三四钱，所当觳①五钱，倏焉②没矣。哀哉！故只是不当为高。如有急用，万不得已，不若现今就卖，所损还不多也。望侥倖而竟为典当做人家，此断不可者也。

明朝时期的典当规矩是，钱数二分起息，两数一分五厘。名义上说是三年为满，实际上足有四十个月。不过是还一本一利，不会利滚利、钱滚钱。情况大概是这个样子，实在是便民。而今情况有所改变，典当的规矩与明朝时期大不相同。比如说用一两银子新做一件衣服，支付给裁缝要三四钱，做出来的衣服仅值六七钱，拿去典当的时候，也就能够当五钱，另外五钱忽然就没了。悲哀啊！因此，不去典当才最高明。如果要钱急用，万不得已，不如直接卖掉，损失还没有那么多。希望那些心存侥幸指望靠典当过日子的人家，千万不要这样做。

| 简注 |

① 觳（gòu）：通"够"，数量上满足。

② 倏（shū）焉：忽然。

| 实践要点 |

陆陇其在这一则格言里讲述了典当。他认为，"衣饰弗宜当"，因为典当有很多弊端，得不偿失。他以典当新衣服为例来说明典当的弊端："假如一两银子新做一件衣服，裁缝钱吃用约去三四钱，所当觳五钱，倏焉没矣。"在这个例子中，家里原有一两银子，拿来做了衣服，裁缝赚取三四钱，拿到手的新衣服价值为

六七钱。拿着衣服去典当，当铺只给当五钱，拿到手的也就只有五钱。转一圈下来，一两银子成了五钱，还要欠下当铺的利息。因此，他认为"不当为高"。如果急需用钱，不如把物品直接卖掉换钱，这样拿到的钱还比较多，又能减去当铺的盘剥。新中国建立以后，在党和政府的直接干预下，当铺生意基本断绝。但是近年来，典当行业又有死灰复燃之势。对当铺不可不防，陆陇其的这则格言仍有其现实价值。

148. 麻袋有益

取租用麻袋，便弗狼籍①。切勿用篮担、散斛②扛上，以致疏虞③。

| 今译 |

收租子统一使用麻袋，便不会导致杂乱不堪。务必不要使用篮担、散斛等不规则的器具，以免疏忽失误。

| 简注 |

① 狼籍：杂乱不堪、乱七八糟的样子。

② 斛 (hú)：中国古代量器名，亦是容量单位，一斛本为十斗，后来改为五斗。

③ 疏虞：疏忽，失误。

| 实践要点 |

陆陇其在这一则格言里讲述了如何收租子。他认为，"取租用麻袋"，"切勿用篮担、散斛"。每个麻袋能盛多少租子都有定数，使用麻袋容易计算数量，如果使用篮担、散斛等形式不规则、盛放数量不统一的器具，就会杂乱不堪，甚至疏忽失误，导致少收或错收。陆陇其这则格言提示我们，要认清楚每种器具的功用，根据需要选择不同的器具；这则格言还提示我们，做事情要有一定的规矩，统一要求，按照规矩办事。

149. 叉袋戒借出

家伙①什物②，亲邻皆可借用，切勿吝惜。惟叉袋③借去，便支吾沈匿④，竟不思还。切不可借出。若相知亲友借去袋粮米或不妨，盖一年不过一次耳。

/

家用器物，亲戚邻居都可以借取使用，不要过分爱惜，舍不得拿出来。唯独叉袋被人借去之后，借的人便会在你询问的时候含混躲闪，甚至把叉袋藏起来，不想还回来。叉袋务必不可借出。如果是彼此相知的亲戚朋友借去装粮米倒也无妨，大概一年不过借一次吧。

| 简注 |

/

① 家伙：日用器物。

② 什物：泛指日常应用的衣物及零碎用品。

③ 叉袋：袋口成叉角的麻袋或布袋。

④ 沈匿：也作"沉匿"，意为隐藏。

| 实践要点 |

/

陆陇其在这一则格言里讲述了家用器物的保管和使用。陆陇其认为，"家伙什物亲邻皆可借用"，但他坚决反对把叉袋借出去，因为叉袋借出之后，借叉袋之人"便支吾沈匿，竟不思还"。借叉袋之人为何有如此表现呢？俗话说："帮急不帮穷。"家里如果穷得连装米的袋子都没有，借去的米袋子怎么会保存好呢？怎么还会还得回来呢？因此，陆陇其坚决反对把叉袋借出。当然了，如果是相知亲友借去装米也无妨，毕竟是亲戚、朋友，互相帮忙是应该的，有的能借就借给人家吧，下不为例。陆陇其的这则格言，表面上是写家用器物的保管和使用，实际上是在说如何帮助别人。他字里行间也支持"帮急不帮穷"的观点，对于亲戚朋友，他还是讲情义的，但是他的这种情义也很有限，一年仅限帮助一次。

150. 慎用人

凡货物出入，以及打米、筛米、量米等，用人勿滥，必择其人平素①信实②。

| 今译 |

凡是货物出入，以及打米、筛米、量米等，不要滥用人，必须选择平时看起来诚实的人。

| 简注 |

① 平素：平时，向来。

② 信实：诚实，真实可靠。

陆陇其在这一则格言讲述了如何用人。他认为，涉及钱和物的事情，如需雇人去做，不要滥用人，必须选择"平素信实"的人。陆陇其的选人标准不是这个人是否精明，是否能干，是否适合，而是把诚实放在第一位，看中的是人品。当下，许多公司在选人用人的时候，也是把人品放在第一位，因为能力是可以培养的，人品却是与生俱来的，人品比能力更重要。

151. 防盗贼

坚固墙壁门户。夜若卧觉①，弗便就睡，须周围听察。

| 今译 |

墙壁和门户修得坚固些。夜里躺着睡觉，不要倒下就睡，应该四处查看一番。

| 简注 |

① 卧觉：躺着睡觉。

陆陇其在这一则格言里讲述的是如何"防盗贼"。陆陇其认为居家过日子务必要注意安全，一是墙壁和门户要修得牢固些，从物质方面做到有所准备，增加盗贼进家的难度，减少盗贼入户的几率；二是要提高警惕，尤其是夜深人静容易麻痹大意的时候，更要仔细查看，不能疏于防范，从精神方面做到有所准备。如果能做到这两点，安全系数就会大大提高。即使有盗贼，也会及早发现，及时处理，把损失降到最低。当下，住宅小区都有保安，外面的事情可以交给保安，家里的事情还是要自己负责，提高警惕，防微杜渐，注意安全为要。

152. 慎火烛

堂内烛台、灶前灰堆，及暑天点灯帐中刺蚊，冬天脚炉烘被等，最易失错。勿托丫鬟误事，必须主母①亲察为主。夏夜以扇驱蚊，不致伤生。冬天夜睡有绵被，少顷②便暖。世上无被者若干，转念及此，可免烘、可免祸。

/

堂屋内的烛台、灶台前的火堆，以及夏天点着灯在蚊帐内灭蚊子，冬天用暖脚炉烘被子等，最容易失误出错，有可能导致火灾。防火的事情，不要托付丫鬟去办，必须以家里的女主人亲自查看为主。夏天夜里要用扇子驱赶蚊子，不至于杀生。冬天夜里睡觉有棉被，一会儿便暖和了。世上冬天睡觉没有被子的人有很多，想到这些，就可以不用暖脚炉烘被子了，也就免除了火灾的发生。

| 简注 |

/

① 主母：当家女性，家里的女主人。
② 少顷：片刻，一会儿。

| 实践要点 |

/

陆陇其继续讲述治家之道，在《防盗贼》篇里讲的是如何防盗，这一篇里讲的是如何防火。防火防盗是居家两大要事，陆陇其都考虑到了，并逐一进行讲解，由此可见他的拳拳爱民之心。如何防火呢？陆陇其认为，烛台、灶台、夏天灭蚊灯、冬天暖脚炉等是容易导致火灾的因素，睡觉之前，家里的女主人要逐项查看，排除火情，做到万无一失。他还特意指出两点，一是夏天用扇子驱赶蚊子不至于伤生，二是冬天要想到没有棉被盖的人从而不用暖脚炉暖被子。这两点，一是关心蚊子，一是关心穷人，充满了人文关怀。

153. 人马群聚时小心防备

凡有正事，群人会集，此时紧防作脚①。贼料不及察，最易偷盗。予亲见府县②临一寺院，诸僧迎接官府，被贼潜偷衣物银两。此戊辰四月事也。至于喜庆一切大事人头热闹时，总要留心。

| 今译 |

凡是遇有正事，很多人聚集在一起时，要谨防盗窃。盗贼预料到人多时不容易察觉，最容易偷盗。我亲眼见到府县官员驾临寺庙，和尚们出去迎接，被盗贼潜入偷走了衣物和银两。这是康熙二十七年（1688）四月发生的事情。至于喜庆等一应大事，只要是众人聚集，场面热闹时，总要留心盗贼。

| 简注 |

① 作脚：从中牵线联络，此处指盗窃。

② 府县：府县官员。

在这一则格言里，陆陇其继续讲述治家之道。防火防盗，除了防止盗贼进门盗窃，还要防止盗贼在人多热闹之时趁人不备伺机偷盗，因此，陆陇其提出："人马群聚时小心防备。"他首先从理论上讲述了为什么要在人多热闹时小心防备盗贼，又以自己的亲身见闻指出了确实存在人多热闹时盗贼伺机偷盗的事件发生，要求人们"喜庆一切大事人头热闹时，总要留心"。治家不易，陆陇其为告诫人们如何治家操碎了心，先贤之名，实至名归。

154. 弗羡弗妒

人自发①积有米、有柴、有吃、有着，羡之何益？妒之何损？要见得透。

| 今译 |

别人家自发地储备下柴和米，有吃的、有穿的，羡慕人家对自己有什么好处

呢? 嫉妒人家对别人有什么坏处呢? 这些要看得透彻。

| 简注 |

① 自发: 不受外力影响而自然产生。

| 实践要点 |

　　陆陇其在这一则格言里讲述了如何看待别人的生活。他认为，人家本着生活的需求，家里"积有米、有柴、有吃、有着"，不愁吃喝、不愁衣着，基本生活有保证，这种情况下，自己不要羡慕，也不要嫉妒，要看得透彻，以平常心待之。古人云: "己所欲，施之于人。"既然自己想要生活富足，吃穿住行都不愁，那么，也要想别人过得好，甚至能容得下别人比自己过得好。这是一种有包容心的宽大胸怀，所谓"安得广厦千万间，大庇天下寒士俱欢颜"。当下，物质生活极大丰富，更要有别人过得好就是自己过得好的宽大胸怀，不必羡慕嫉妒恨。有那个时间、那份心思，不如用自己的劳动去创造美好幸福的生活。

155. 养犬

要养防宅犬一只，可抵几个管更①之人。

/

家里要养一只看家护院的狗，可以抵上几个负责打更的人。

| 简注 |

/

① 管更：负责打更。

| 实践要点 |

/

养犬防宅，看家护院，这在古代中国很普遍。陆陇其是爱狗之人，更是爱家之人。他从养狗的实际作用发挥出发，正确看到了养狗的好处，一只狗"可抵几个管更之人"，因此建议人们"要养防宅犬一只"。狗与人长期相处，养狗早已是家常事。当下，中国农村也有很多人家养狗，一方面是看家护院，另一方面是慰藉心灵。

156. 乐得做

要养一老实人，辟①草莱②尽土地，砍野柴供燎炊。

/

要雇佣一个老实人，把荒地上的杂草除掉，清理出田地来种瓜果蔬菜，把荒地上的柴火收集起来，可以拿来烧火做饭。

| 简注 |

/

① 辟：开发建设。

② 草莱：犹草莽，杂生的草。

| 实践要点 |

/

陆陇其生于农村，长于农村，做官、坐馆之余，他长期生活在江南水乡小镇泖口，对农村生活有着很深的体验，也有着深厚的感情。开荒种地、砍柴生火等事情，在别人看来可能是些杂事，在他看来，却是"乐得做"的事情。如果自己不亲自做，那就"养一老实人"去做，这叫地尽其利、物尽其用。当下，住在城里，已无空地可用，如果条件允许的话，在阳台、窗台上种些花草，种些小菜，也是不错的选择。

157. 取便

堂内要用台桌椅子，不必新做。店家尽有半新旧者①
出卖，置②之，亦颇便宜。

| 今译 |

堂屋内要用台桌椅子，不需要去新做。家具店里有半新不旧的二手家具出卖，
买回来安放在堂屋内，价格很便宜，用起来也很方便。

| 简注 |

① 半新旧者：半新不旧的二手家具。

② 置：安放，搁，摆。

| 实践要点 |

陆陇其在这一则格言里讨论了"取便"。他认为，如果需要台桌椅子，可以到
家具店里买些半新不旧的二手家具来用，既实用，又省钱，还能省去添置新家具

所耗费的时间和精力，把省下来的时间用来读书写字，岂不快哉! 这则格言，一方面体现了他的节俭思想，另一方面体现了他的实用思想。当下，我们一般不会去购买二手家具来用，但是，节俭、实用的思想还是适用的，在这两个思想的指导下，"贫无可奈惟求俭，拙亦何妨只要勤"。

158. 闲时备得

要置锄头、花剪，适意^①整理场圃^②败草^③。

| 今译 |

要置办下锄头、花剪，空闲的时候可以称心如意地整理场圃上的枯枝败叶。

| 简注 |

① 适意：称心，合意。

② 场圃（pǔ）：农家种菜蔬和收打作物的地方。

③ 败草：枯萎的草，干枯或腐朽的草。

陆陇其在这一则格言里讲述了"闲时备得"。他认为，家里要备下锄头、花剪，空闲的时候可以"适意整理场圃败草"。备下家具，用时方便，读书也是这个道理，平时多读些书，"艺多不压身"，到时候自然有用武之地。俗话说："书到用时方恨少。"陆陇其这则格言讲给农人听是平时要备下锄头、花剪，讲给读书人听就是平时要多读些书、多掌握些知识，功夫用到平时，道理都是一样。

159. 真直平易近人

做人要正直无欺，真实无伪。又要温厚和平，勿太棱角峭厉①。

| 今译 |

做人要正直，不要欺骗别人，要真实，不要弄虚作假。又要温厚和平，不要锋芒毕露，说话过于严厉。

① 峭厉：陡峻。《论语·阳货》"古之矜也廉"，朱熹注曰："廉，谓棱角峭厉。"棱角峭厉，比喻人疾言厉色，使人难以靠近。

| 实践要点 |

/

在这一则格言里，陆陇其讲述了正人君子的做派。他认为，正人君子要"正直无欺，真实无伪"，做到正直、真实，还要做到"温厚和平"，容易让人接近。只有做到这些，才是真正的正人君子。在现实生活中，正直、真实是容易做到的，这是人的先天秉性，平易近人却要后天不断磨炼、不断提高修养才能做到。

160. 诈痴受益

做人须留正经七分，略装聋做哑诈痴呆一二分，弗宜乖巧太露。原有几分受益处，若察察为明①，件件认真，则争是争非、会②是会非、淘闲气、争饿气③、疏亲眷、坏朋友，自有许多不便宜。

做人须留七分正经，一二分装聋作哑诈痴呆，不宜太过于显露自己的聪明伶俐。装聋作哑是有几分好处的，如果事事都要苛察清楚，件件都要认真对待，就有可能会与别人争论是非，让自己遭遇是非，平白无故淘些闲气、争些怨气，进而导致亲眷疏远、朋友不和，自然会产生很多不便。

| 简注 |

① 察察为明：指以苛察细小之事为精明。

② 会：遇到，遭遇。

③ 饿气：恶气，怨气，怨恨。

| 实践要点 |

陆陇其在这一则格言里讨论了做人之道。他认为"诈痴受益"，做人"须留正经七分，略装聋做哑诈痴呆一二分，弗宜乖巧太露"。即使聪明过人，也不能"察察为明，件件认真"，在小事上斤斤计较，自以为聪明，常常就会因小失大，进而影响到对大事的判断和决策。常言道："难得糊涂。"有时候，只要不涉及到大的原则性问题，聪明人装点糊涂也好，正如歌里唱的"留一份清醒留一份醉"。内里清醒、外表糊涂，这样容易让人接受，因为"水至清则无鱼，人至察则无

徒"，谁愿意和一个事事精明的人打交道呢？何况，"诈痴"对修养身心也是有好处的，小事琐事装装糊涂，看透却不说透，差不多就行了，有利于人保持心态平和，这是养生之道，是长寿的秘诀。

161. 傲骨存品

做人不可有傲态，然不可无傲骨。有傲态，则起人憎厌①鄙贱②，窃笑③腹诽④。有傲骨，则凡事不卑污⑤苟贱⑥，人品斯正。

| 今译 |

做人不可有傲态，但是不可无傲骨。人如果有傲态，就会让人觉得讨厌、卑贱，让人暗中讥笑、不满。人如果有傲骨，做事就不会让人觉得卑鄙、肮脏、下贱，人品就会端正。

| 简注 |

① 憎厌：厌恶，讨厌。

② 鄙贱：卑贱。

③ 窃笑：暗中讥笑。

④ 腹诽：暗中不满。

⑤ 卑污：指卑鄙龌龊。

⑥ 苟贱：卑鄙下贱。

| **实践要点** |

陆陇其在这一则格言里讲述的是"傲骨"与"傲态"。他认为，"做人不可有傲态，然不可无傲骨"，有傲态就会让人厌恶、讥讽，所谓"贫贱骄人，傲骨生成难改"；有傲骨就会让人觉得"人品斯正"。什么是傲骨？傲骨是一种受人尊敬的品格，有傲骨之人"所守者道义，所行者忠信，所惜者名节"，能做到道义、忠信、名节三者的统一。"做人不可有傲态，然不可无傲骨"，这是陆陇其的至理名言，我们须当谨记。

162. 体面误人

争体面三字，误尽许多人家。富贵人要见得透，勿为媚子①所惑。贫穷人要甘忍耐，勿为擎好手②事。

| 今译 |

"争体面"三个字贻害了很多人家。富贵人家要看得透彻，不要被所宠爱之人迷惑。贫穷之人也要甘于贫穷，懂得忍耐，不要去做给别人戴高帽的人。

| 简注 |

① 媚子：所宠爱之人。

② 擎好手：戴高帽的人。

| 实践要点 |

陆陇其在这一则格言讲述的是"争体面"。他认为"体面误人"，提醒人们不论富贵还是贫穷，都不要去"争体面"，爱慕虚荣，打肿脸充胖子，做外表光鲜、内里窘困之人。有人认为，中国人好面子，房子要买大的、车子要开好的、衣服要穿新的、吃饭要吃贵的，中国的很多工程是"面子工程"，华而不实，贻害世人。对此，我们要有所警惕，深刻认识到陆陇其所说的"体面误人"，"勿为媚子所惑"，"勿为擎好手事"，做一个正直善良的正人君子。

163. 勿却趁船人

身在舟中，见有乞趁船①者，无论文人俗人②、晴天雨天，察其言貌未必不良，切勿却阻。此是方便事，不过半日光景，无损于我，人亦知感。若看得面生可疑，至如③长行远路不能本日到者，却不可趁。

| 今译 |

坐在船上，如果见到有人请求搭船，不论是读书人还是庸俗的人，晴天还是雨天，观察他的样貌和谈吐，如果没发现什么不良企图，务必不要推辞阻挡。这是与人方便的事，不过是半天的时间，对我们来说没有什么损失，别人也会懂得感恩。如果看他样貌可疑，或者是路途遥远一日之内不能到达的，就不要让他搭乘了。

| 简注 |

① 趁船：搭乘船只。

② 俗人：庸俗的人；鄙俗的人。

③ 至如：连词，表示另提一事。

陆陇其在这一则格言里讲述的是如何助人为乐。他以"勿却趁船人"为例：如果请求搭船的人"言貌未必不良"，搭船路途又在一日之内，那就"切勿却阻"，与人方便，别人知道感恩，自己心里也感到快乐。但是，如果"看得面生可疑"，或者"长行远路不能本日到者"，那就"却不可趁"。俗话说："恻隐之心，人皆有之。"对求援者伸出援手，助人为乐，本是善事，是仁慈的表现，体现了儒家倡导的仁爱思想。只是，要懂得识别，分清楚状况，不要因为帮助别人而让自己受到伤害。凡事都有两面性，助人为乐也要把握好分寸，适度才好，中庸最好，这是陆陇其生活智慧的体现。

164. 要识人

人有情意①本浓②外面热闹③者，亦有情意本淡④者。又有外面热闹而中藏冰冷，毫无情意。此等人须识得透，不可认差了人。

有的人对人的感情深厚，表面上看起来很热情；有的人对人的感情很淡薄。也有的人表面上看起来对人很热情，心中却冷酷无情，毫无真情实意。这种人要了解透彻，不能错把他们当作好人。

│ **简注** │

╱

① 情意：对人的感情，人与人之间的深厚感情。

② 浓：深厚。

③ 热闹：闹腾，活跃。

④ 淡：淡薄。

│ **实践要点** │

╱

世上之人有很多种，有的人情意深厚、表现热情，有的人情意淡薄、不冷不热，有的人表面热情、内心冰冷。陆陇其指出，人际交往中要看透那些心口不一、外热内冷、虚情假意的小人，以免上当受骗。口蜜腹剑、笑里藏刀是此类人最真实的写照，对这类人不可认差，要有防备之心。如何才能识透这类人呢？陆陇其没有给出明确的答案，也许，在交往中注意观察，持续观察，"日久见人心"，交往时间长了也就看透了。

165. 识情免薄

人情薄似秋云，多鄙吝^①而少慷慨^②。即好亲好眷，一年中只好望^③一朝，多只二朝。太多，虽至亲而亦不亲矣。此情须识得透，方不受人淡薄。

| 今译 |

人情淡薄，好似秋云，世上之人多数对人吝啬，只有少数待人大方。即使是关心很好的亲戚，一年中最好就拜访一次，最多两次。拜访次数多了，虽然是血肉至亲也会觉得不那么亲近。这种情况要了解透彻，才不会受到别人的冷落。

| 简注 |

① 鄙吝：过分爱惜钱财。

② 慷慨：大方，不吝啬。

③ 望：拜访。

俗话说:"人情淡如水。"陆陇其通晓人情世故,认为世上之人"多鄙吝而少慷慨",即使是至亲好友也不要去给人家添过多的麻烦,添麻烦次数多了,人家也会心生厌恶。与至亲好友之间该如何交往呢?俗话说:"君子之交淡如水。"与至亲好友交往,热闹相聚、财物往来是次要的,主要是精神的契合和心灵的沟通,逢年过节凑在一起热闹热闹,平常时节打个电话、发个微信,互相道个问候,心里想着对方也就行了。

166. 应出分金

凡庆吊分金①,此是交际之礼。分单不写则已,写则必如数即付,勿烦人走索。又不可有名无实,或以色银②抵塞。自坏人品,令人心薄。

| 今译 |

凡是庆贺或吊唁都要按照情分赠送礼金,这是交际的礼节。礼金簿上不写则已,如果写了,就要按照写的数额当场如数给予,不要麻烦受赠者奔走索取。又

不可答应给的却不给，或者以次充好。这么做是自己败坏人品，让别人从心底里轻视。

| 简注 |

/

① 分金：按照情分赠送的礼金。

② 色银：即次银。在纯银或足银中加入少量的其他金属，一般是加入物理化学性质与银相近的铜元素，就可以形成质地比较坚硬的色银。

| 实践要点 |

/

中国是一个人情社会，在人与人的交往中，难免会有礼金往来。如果口惠而实不至，往往会受人轻视。在这一则格言里，陆陇其提到了三种会让人看轻的情况：一种是不"如数即付"分金，"烦人走索"；一种是"有名无实"；一种是"以色银抵塞"。这三种情况都不是我们对待分金应有的态度，需要引起我们的警惕。当下，有些文化艺术名人或演艺体育明星捐赠时调门很高，却迟迟不肯付诸行动，甚至食言自肥，百般抵赖，他们的做法实在是"自坏人品，令人心薄"。

167. 见交情

守我贫贱本分^①。亲友喜庆，或可不随众人附贺，独吊唁^②决不可缺礼。

今译

做事情要坚守我们贫贱之人的本分。亲戚朋友家里有喜庆事，或许可以不跟随众人前去庆贺，但是，去他们家里祭奠死者并慰问家属时一定不能缺少礼节。

简注

① 本分：安分守己。

② 吊唁（yàn）：祭奠死者并慰问其家属。

实践要点

陆陇其在这一则格言里探讨了人与人之间的交往。他首先要求人们安分守己，不能趋炎附势，更不能嫌贫爱富。他用"附贺"与"吊唁"两种情形作比较，指出人所应有的正确做法：喜庆事不一定要附贺，吊唁时却不能缺礼。的确，喜庆事，自然会有很多人来捧场，来的却不一定是有交情的人；悲伤时，难得会有人来安慰，来的却必定是交情好的人。古诗云："海内存知己，天涯若比邻。"有交情的朋友不一定要一直在一起，俗话说"危难时刻见真情"，却要在最需要的时候及时出现。古今同理，当下依旧如此。

168. 亲贤远奸

　　敬重孝友①端人②。敬重实有情义正人③。敬重真心实意④正人。敬重读书君子。若游荡⑤无信、骄傲刻薄、合赌、斗牌、扛酿⑥者，勿近。

| 今译 |

　　敬重事父母孝顺、对兄弟友爱的正直之人。敬重有情有义的正直之人。敬重心意真诚的正直之人。敬重有志操、有学问的人。如果对方是闲游放荡毫无诚信的人、骄傲刻薄的人、聚众赌博的人、耍弄纸牌的人、怂恿众人凑钱饮酒的人，请勿靠近。

① 孝友：事父母孝顺、对兄弟友爱。

② 端人：正直的人。

③ 正人：正直的人，正派的人。

④ 真心实意：心意真实诚恳，没有虚假。

⑤ 游荡：闲游放荡。

⑥ 扛醵（jù）：怂恿众人凑钱饮酒。

| 实践要点 |

　　我们应该和什么样的人交往？三国时期的蜀汉丞相诸葛亮说："亲贤臣，远小人，此先汉之所以兴隆也。"陆陇其也给出了类似的答案，他建议我们与"孝友端人、实有情义正人、真心实意正人、读书君子"交往，而不要与那些"游荡无信、骄傲刻薄、合赌、斗牌、扛醵者"接近。亲贤远奸，国事如此，家事亦是如此，唯有如此才能家业兴旺、国运昌隆。陆陇其认为，"游荡无信、骄傲刻薄、合赌、斗牌、扛醵者"都是奸佞，都不可接近，但是今天看来，这些人还是有些区别的，不能一概而论。游荡无信之人、骄傲刻薄之人，必然是奸佞小人，惹人讨厌，不可接近。合赌之人、斗牌之人，不为天理国法所容，轻则破财，重则败家，也不可接近。扛醵者，即怂恿众人凑钱喝酒之人，在清初物质生活极不丰富的情况下，喝酒会消耗掉本来用于吃饱肚子的粮食，确实很不应该；当下，物

质生活极大丰富，只要饮食有度，那就与社会无碍，在某种程度上甚至还能促进消费，进而推进社会发展，同时加深朋友感情，有什么不可以的呢？因此，扛醵者也不一定不是正人君子，对于古人的说法，我们要有自己的判断。

169. 敬老慈幼

见扶杖①老人，须真心敬重。见孩提有志气者，须加意②爱护。

｜ 今译 ｜

见到拄着拐杖的老人，我们要从心底里敬重他们。见到有志气的小孩子，我们要特别留意他们、爱护他们。

｜ 简注 ｜

① 扶杖：拄着拐杖。
② 加意：特别留意，非常留心。

在这一则格言里，陆陇其再次重申了"敬老慈幼"，他要求我们真心敬重拄拐杖的老人、加意爱护有志气的小孩。"人生七十古来稀"，在陆陇其所生活的年代，人的平均寿命比较短。据史料记载，清代人的平均寿命只有 33 岁，扶杖老人一般要在 50 岁以上。那时候的人能活到 50 岁实属不易，按照孔子所说"三十而立，四十而不惑，五十而知天命"，知天命之人饱经世故，已看透社会，了悟人生。俗话说："家有一老，如有一宝。"如此之人确实值得人们真心敬重。"儿童是祖国的花朵，是民族的未来和希望"，加意爱护有志气的小孩，保住读书种子，留下未来希望，这既是敬老爱幼的道德需要，更是国家和民族的实际需要。

170. 嘉善而矜不能

见肯读书儒童①，须加意劝奖②。见初学作文，须短中求长③，圈出好处，加意鼓舞，使其有兴④。

见到肯读书的童生，应当特别留意劝勉鼓励。见到初学写作八股文的读书人，应当从他们的习作中选择相对比较好的篇章，把其中写得较好的地方圈画出来，特别注意加以鼓舞，使他们有继续写作下去的兴趣。

简注

① 儒童：明清时期，凡参加秀才考试者，不论年龄大小，皆称童生，别称文童或儒童。

② 劝奖：劝勉鼓励。

③ 短中求长：指于一般中选择比较好的。

④ 兴（xìng）：对事物感觉喜爱的情绪。

实践要点

"嘉善而矜不能"出自《论语·述而》，原文为："君子尊贤而容众，嘉善而矜不能。"嘉，赞许、表扬；矜，通"怜"，怜悯、同情。整句话意思是，君子尊重贤人，也容纳普通的人；嘉奖好人，也同情能力差的人。陆陇其以《论语》中的原话"嘉善而矜不能"为该节的题目，侧重点在于"矜不能"。陆陇其教导我们，对于初学者、小孩子，我们要遵循多表扬、多鼓励、少批评、少指责的原则，理解并同情之，还要注意发现他们说话、做事、文章中的闪光点，给予适当的鼓励和表扬。一句温暖的话，也许会让一个人受益终身。

171. 友直益矣

看朋友文字，不妨直笔①，好则录之、读之。但不可志②其疵处，向人前播扬③。此是厚道，且免人恨。

| 今译 |

看朋友写的文章，不妨用直接、真实地叙述文章的本来面貌，好的地方就记录下来、经常读读。但不可记着文章中的瑕疵之处，向人前传布。这是为人厚道，还能免除别人的嫉恨。

| 简注 |

① 直笔：历史编纂术语，直接、真实地叙述历史的本来面貌。
② 志：记着。
③ 播扬：传扬，传布。

| 实践要点 |

陆陇其在这一则格言里讲述的是如何看待朋友的文章，实际上是论述如何交友。陆陇其交友之道的核心观点是"直"。在他看来，"看朋友文字，不妨直笔，好则录之、读之"。这里面有两层意思：一是"直笔"，这是对待朋友文章的基本态度，他提倡人们客观真实地看待、评价朋友的文章；二是"好则录之、读之"，这是在直笔判断基础上的延伸，选出好的篇目或章节，摘抄下来，时常诵读，吸取他人之长，促进自己成长。有评价则有优劣，如何对待朋友文章中的瑕疵甚至错漏呢？陆陇其认为，"不可志其疵处，向人前播扬"。他劝诫人们不可太"直"，要有所隐晦，有所规避，有所忌讳，懂得"为尊者讳，为亲者讳，为贤者讳"。这既是阅读他人文章之道，又是交友之道，在当下也是适用的，不可不知。

172. 看人起弗执一

> 见人有欺寡妇者，决宜力止。若干泼妇，又当理谕^①，弗要助恶。

｜ 今译 ｜

见到有人欺负寡妇，应当坚决全力制止。如果当事双方涉及到泼妇，又当讲道理，使他们明白，不要助长恶劣行为。

/

① 理谕: 用道理来解说, 使当事人明白。

/

看到有人起争执, 尤其是看到有人欺负弱者时, 止恶劝善、扶正去邪是我们义不容辞的社会责任。但是, 对于如何制止争执, 陆陇其认为"看人起弗执一", 要具体问题具体分析, 不能一概而论。比如说"见人有欺寡妇者", 采取的措施就是"决宜力止", 坚决予以制止, 把寡妇保护起来;"若于泼妇", 采取的措施就是"理谕", 以理服人, 弄清楚是非曲直后再劝说双方和解, 坚决不能助长恶劣行为。这两个例子, 都涉及妇人, 一是寡妇, 一是泼妇。对于涉及妇人的争执事件, 陆陇其教导我们要懂得权变, 采取不同的处理方式。

173. 弗轻卖田

若卖田供吃着, 则日往月来①, 决无生财之道, 岂有回赎之期? 若卖田做生意, 则日趁日活, 岂有积聚之财? 亦决无回赎之理。不如固守此田, 虽利息有限, 终觉稳当。若为儿女定亲做亲卖田，虽是正经，亦觉以门面虚费而受实祸，不知何时可得回赎，好不彷徨。若做歹事卖田做使费^②，则玷辱祖宗，纳诸罟擭^③陷阱，断无回赎之理矣。可不警省^④？除非为父母丧葬，万不得已耳。然卖时当思赎计，断不可兴加价杜绝想^⑤也。设一旦轻卖轻绝，日后无所赖恃^⑥，不得了生，大可慨惜。总要忍守淡泊，勿卖为上。

| 今译 |

/

如果靠卖田供给吃穿，随着岁月流逝，则绝对没有发财聚资的门道，难道还有赎回的日子吗？如果是卖田做生意，赚一天够一天吃的，哪里会有钱财积聚？也绝对没有赎回的道理。不如守着这些田地，虽然每年所得的利息有限，终究觉得稳当。如果是为了儿子娶媳妇、女儿出嫁卖田，虽然干的也是正经事，心里总觉得为了充门面而卖田有些自作自受，不知道猴年马月才能赎回，真让人坐立不安、心神不定。如果是为非作歹闯出祸事，卖田用于打点、贿赂，那就是玷污祖宗了，好像是被人驱赶到罗网之中，绝对没有赎回来的可能。难道这不能让人警悟自省吗？除非是为了父母丧葬之事，万不得已而为之。然而，卖田的时候应当想着如何赎回，绝对不能有高价卖掉的念头。假设一旦轻率地卖掉、轻易地弃绝，日后无所依靠，生计无着，就太令人慨叹惋惜了。总之，我们要忍守淡泊，以不卖田为上。

①　日往月来：出自《周易·系辞下》："日往则月来，月往则日来，日月相推而明生焉。"指岁月流逝。

②　使费：指用于打点、贿赂的费用。

③　罟（gǔ）攫（huò）：出自《中庸》："驱而纳诸罟攫陷阱之中。"指捕取禽兽的工具。

④　警省：警戒省察，警悟自省。

⑤　加价杜绝想：高价卖掉的念头。

⑥　赖恃：依靠，凭借。

| 实践要点 |

陆陇其在这一则格言中用较大的篇幅着重论述了"弗轻卖田"的道理。他认为，"卖田供吃着"，"决无生财之道"，"卖田做生意"，"岂有积聚之财"，两者都会导致所卖之田"决无赎回"。因此，不能卖田"供吃着"，"做生意"，不如守着几亩薄田过清贫的日子。陆陇其生活的年代，有两种情况可能导致人们"名正言顺"地卖田。一是"儿女定亲做亲"。陆陇其认为，这种情况下卖田"虽是正经"，

却是"以门面虚费而受实祸，不知何时可得赎回"，终究会让人"好不彷徨"。一是"做歹事卖田做使费"。陆陇其认为，这种情况下卖田是"玷辱祖宗"，"断无回赎之理"，更要让人警悟自省。那么，什么情况下可以卖田呢？只有一种情况，"为父母丧葬，万不得已耳"，这是为人子女者尽孝道，可以卖田；但是，陆陇其认为，即使在这种情况下卖田，也要"卖时当思赎计，断不可兴加价杜绝想也"。因此，忍守淡泊、弗轻卖田，才是上上之策。农耕社会，土地是生民之本，以孔子为代表的传统儒家提倡以农为本、重农抑商。明清之际的理学家陆陇其延续了传统儒家以农为本、重农抑商的思想，这在他弗轻卖田以及对做生意不以为然的态度中有着明显的体现。当下，土地仍然是生民之本，粮食供给涉及重大国家安全问题，坚守18亿亩耕地红线是长期执行的国策，陆陇其的"弗轻卖田"思想仍然有其现实意义。

174. 至穷莫卖坟树

坟树系上世①所培，历几岁月，成此拱把②。先灵③凭依焉。我愧不能种一枝、补一缺，何可见此生心，轻为斩伐？虽家道贫窘，甚至朝不食、夕不食，饥饿不能出门户；然宁饿死，断不可斩卖，致玷辱④祖宗，遗臭万年也。

　　祖坟上的树是前代祖先所栽培，历经无数岁月，才长成了两手合围大小。祖先的神灵附着在这些树上。我很羞愧自己不能增种一棵、补足一处，怎能见到之后生出轻率砍伐的心思呢？虽然我家道中落，生活窘困，过着朝不保夕的生活，甚至饿到无法出门的程度；然而，我宁可饿死，也绝对不可轻率地砍伐，以至于使祖先蒙受耻辱，让自己遗臭万年。

| 简注 |

　　① 上世：前代祖先。

　　② 拱把：指径围大如两手合围。出自《孟子·告子上》："拱把之桐梓，人苟欲生之，皆知所以养之者。"

　　③ 先灵：祖先的神灵。

　　④ 玷（diàn）辱：污辱，使蒙受耻辱。

| 实践要点 |

　　家族发达、家业兴旺之时，大肆修建家族墓地，广泛种植松柏桐杨，显示家族赫赫声威。然而，富不过三代，一旦家族败落了，家业也会随之飘零，由富贵之家沦落为贫寒之家，各种能变卖的早就卖了，最后剩下的也就只有家族墓地

和墓地上种的树。陆陇其认为,"至穷莫卖坟树",因为坟树由祖先栽培,上面凝结着祖先的汗水和心血,留下了祖先的恩泽;这些树又是祖先神灵的凭附之所,同祖先的坟墓一起,成了凭吊祖先、抒发幽思的依托。因此,即使家道衰落,生活穷困潦倒,甚至"朝不食、夕不食,饥饿不能出门户",也不能变卖坟树。这是何等决心和毅力!当下,家族墓地已被公共墓地取代,栽培坟树便无从谈起,但是,怀念祖先之情、祭奠祖先之行还是需要的。家族血脉没有中断,家族传承就不可中断,方式可以调整,情感不会变淡。

175. 至富莫造花园

造屋已非胜①举,若造花园,尤为无益而妄费②。不过一时适兴③而已。宛其死矣,他人是愉④,子子孙孙岂能长享其乐境哉?徒令人叹黍离⑤、增忉怛⑥耳。我方戒其卖坟树,奚遂有造花园之事?故虽富足,金多银多,然亦宜拣受益事做。断不可造此花园,致令人笑其难久也。

| 今译 |

建造房屋已经不是人们所能承受的举动,若建造花园,更是有害无益而枉

费心思了。建造花园不过是一时遣兴罢了，一旦不幸离开人世，别人就会取而代之享受身心愉悦，后世子孙怎么能够长保富贵、长享乐土？白白地让人感叹黍离、增加忧伤而已。我在《至穷莫卖坟树》篇中刚刚训诫人们不要因为家境贫穷而卖掉坟树，哪里会顺从人们心愿鼓励人们建造花园呢？因此，家里虽然物用丰富而充足，金银很多不缺钱花，也要拣些让后世子孙受益的事情去做。绝对不能建造花园，而让人取笑难保家业长久。

| 简注 |

① 胜：能承担，能承受。

② 妄费：枉费，空费、白费，徒然耗费。

③ 适兴：犹遣兴。

④ 宛其死矣，他人是愉：出自《诗经·唐风·山有枢》："子有车马，弗驰弗驱。宛其死矣，他人是愉。"朱熹注曰："一旦宛然以死，而他人取之以为己乐矣。"意为一朝不幸离开人世，别人就会取而代之享受身心愉悦。

⑤ 黍离：出自《诗经·王风·黍离》："彼黍离离，彼稷之苗。行迈靡靡，中心摇摇。"意为因事物衰落而忧伤。

⑥ 忉（dāo）怛（dá）：忧伤，悲痛。

| 实践要点 |

陆陇其在《至穷莫卖坟树》篇中训诫人们不要因为家境贫穷而卖掉坟树，在这一则格言中又训诫人们"至富莫造花园"，不要因为家境殷实而耗费金银、大兴土木、建造徒有虚名却不能长保家族兴旺发达的花园。陆陇其用《诗经·唐风·山有枢》中的名句"宛其死矣，他人是愉"和《诗经·王风·黍离》中的典故"黍离"，告诉人们荣华富贵总是容易被风吹雨打去，以此来激励人们以史为鉴，牢记月满则亏、水满则溢的至理名言，治家营生要有长久打算，"断不可造此花园"，"宜拣受益事做"。什么样的事情才能令后世子孙长久受益呢? 习近平总书记说："不论时代发生多大变化，不论生活格局发生多大变化，我们都要重视家庭建设，注重家庭、注重家教、注重家风。"我们要传承弘扬中华传统家庭美德，结合当代实际和家庭情况，注重家庭、注重家教、注重家风，建设社会主义文明家庭。唯有如此，才能永葆家庭和谐、家业兴旺。

陆陇其家训
译注

下

［清］陆陇其　著

张猛　张天杰　选编／译注

上海古籍出版社

家书选录

示大儿定徵

我虽在京，深以汝读书为念。非欲汝读书取富贵，实欲汝读书明白圣贤道理，免为流俗之人①。读书、做人，不是两件事。将所读之书，句句体贴②到自己身上来，便是做人的法，如此方叫得能读书人。若不将来身上理会，则读书自读书，做人自做人，只算做不曾读书的人。

读书必以精熟③为贵。我前见汝读《诗经》《礼记》，皆不能成诵。圣贤经传，与滥时文不同，岂可如此草草读过？此皆欲速而不精之故。欲速是读书第一大病。工夫只在绵密④不间断，不在速也。能不间断，则一日所读虽不多，日积月累，自然充足；若刻刻欲速，则刻刻做潦草工夫，此终身不能成功之道也。

方做举业，虽不能不看时文，然时文只当将数十篇，看其规矩格式，不必将十分全力尽用于此。若读经读古文，此是根本工夫。根本有得，则时文亦自然长进。

千言万语，总之，读书要将圣贤有用之书为本，而勿但知有时文；要循序渐进，而勿欲速；要体贴到自身上，而勿徒视为取功名之具。能念吾言，虽隔三千里，犹对面也。慎毋忽之。

　　我虽然人在京师，却时刻想着你读书的事情。不是要让你通过读书来获取功名富贵，而是希望你通过读书明白圣贤所说的道理，免得成为世间平庸之人。读书、做人，不是两件事情。将所读之书中的圣贤道理，一句一句细心体会到自己身上来，便是做人的方法，这样才称得上是读书人。如果不将书中的圣贤道理结合到自己身上进行理解和体会，那么读书就是读书，做人就是做人，两者之间没有交集，只能算作是没有读过书的人。

　　读书务必以精湛纯熟为贵。我以前见你读过《诗经》《礼记》，但都不能背诵下来。圣贤所作的经和传，与当下泛滥的八股时文有很大不同，怎么能这么草草地读过去就算了呢？这都是想要提高读书速度而没有把书读精的缘故。只想提高速度是读书的第一大弊病。读书工夫只在细密周到从不间断，不在于速度啊。如果读书从不间断，那么，一天下来所读之书虽然不多，日积月累，自然就会充足；如果时时刻刻想着提高读书速度，那就会时时刻刻都只是做些潦草工夫，如此一来，就终身都不能走上成功之道了。

　　刚开始准备科举考试时，虽然不能不看些八股时文，然而八股时文只需看上数十篇，看看这些文章的规矩和格式，没有必要将全部精力都放在这个上面。如果诵读儒家经典和传世古文，这才是根本工夫。从根本上有所得，则八股时文自然会有所长进。

　　千言万语，总之是一句话，读书要以圣贤所作的有用之书为根本，而千万不要只知道读八股时文；读书要循序渐进，而不要总想着提高读书速度；读书要将书中所说的圣贤道理细心体会到自己身上，而不要把读书看作是获取功名利禄的工具。如果你能够常常想着我所说的这些话，虽然我们相隔三千多里，也如同面对面坐着一样。一定要小心遵循，切勿忽视。

简注

① 流俗之人：指世间平庸的人。

② 体贴：细心体会。

③ 精熟：精湛纯熟。

④ 绵密：细密周到。

实践要点

这是陆陇其写给大儿子陆定徵的一封信，大致写于清康熙十七年（1678），陆陇其进京准备参加博学鸿词科考试期间。通篇写的都是与读书有关的事情。陆定徵，陆陇其长子，生于清顺治十七年二月，亡于清康熙二十一年九月。

在这封信中，陆陇其首先讲了读书的功用。他开宗明义指出："非欲汝读书取富贵，实欲汝读书明白圣贤道理，免为流俗之人。"这是陆陇其对读书功用的界定。在他看来，读书不是为了考取功名、获取富贵，而是为了明白圣贤道理，免得沦为世俗平庸之人。儒家讲究"为人之学"和"为己之学"：为人之学是外在的，通过读书来获取功名富贵；"为己之学"是内在的，通过读书来提高道德修养，提高人生境界。很显然，陆陇其认可的是儒家"为己之学"，他也希望大儿子陆定徵能够深刻理会儒家"为己之学"。

其次，陆陇其讲了读书和做人的关系，这是延续读书的功用而来的。陆陇其提出，读书和做人是同一件事，他认为，"将所读之书，句句体贴到自己身上来，便是做人的法，如此方叫得能读书人。""读书人"三个字中包含着读书和做人两重意思。读书人与不读书人的区别在于，读书人能将书中的圣贤道理用到做人上去，而不读书人不知道书中的圣贤道理，自然也就不会把圣贤道理用到做人上去；进一步说，读书人把圣贤道理用到做人上去，可以学做圣人，完善人格，实现完美人生，而不读书人则永远也不会有学做圣人的机会。

再次，陆陇其讲了读书的方法。陆陇其指出，"读书必以精熟为贵"，要求陆定徵熟读精思，下实功夫背诵儒家经典《四书五经》。他还着重指出，"欲速是读书第一大病"，提醒陆定徵读书不要强求速度，而是"绵密不间断"，日积月累，功到自然成。

与此同时，陆陇其还讲述了"经典"与"时文"的关系，反映出他对科举考试的观点。他认为，对于"方做举业"的陆定徵来说，应该以儒家经典和传世古文为根本，日日夜夜，勤加诵读，至于八股时文，读上几十篇，了解一下"规矩格式"，大体知道怎么写就可以了。

最后，陆陇其总结全文，提出三项建议：其一，"读书要将圣贤有用之书为本，而勿但知有时文"，讲的是如何应对科举考试；其二，读书"要循序渐进，而勿欲速"，讲的是读书的方法；其三，读书"要体贴到自身上，而勿徒视为取功名之具"，讲的是读书的功用。

由以上可知，陆陇其认为，读书和做人是同一件事，读书的功用是"明白圣贤道理"；读书的方法是"循序渐进""精熟为贵"；应对科举考试，要以"读经读古文"为根本。

陆陇其给陆定徵的信中，既有关于读书的思想观念的指导，又有具体读书方法的指导，既能指明方向，又有可操作性，其中充满了深深的关怀和深切的父爱。陆定徵有这样的父亲，也是他的福分。只是陆定徵虽少年聪慧，却英年早逝，未登科甲，未能继承陆陇其的学术衣钵，让陆陇其的多年心血付之东流，可惜! 可惜!

示三儿宸徵

　　前有一字①，寄嘉善柯寓匏②带归，不知曾到否？我在外甚安好，家中不必悬念③。但汝读书要用心，又不可性急。"熟读精思，循序渐进"此八个字，朱子教人读书法也，当谨守之。

　　又要思读书要何用？古人教人读书，是欲其将圣贤言语身体力行，非欲其空读也。凡日间一言一动，须自省察，曰："此合于圣贤之言乎？不合于圣贤之言乎？"苟有不合，须痛自改易，如此方是真读书人。

　　至若④《左传》一书，其中有好不好两样人在内，读时须要分别。见一好人，须起爱慕的念，我必欲学他；见一不好的人，须起疾恶的念，我断不可学他。如此方是真读《左传》的人，这便是学圣贤工夫。汝能如此，吾心方喜欢。勉之，勉之！

/

前面有一封信，托付嘉善柯寓匏带回家去，不知你可曾收到？我在外面非常平安，家里人不必挂念。但是，你读书要用心，又不能性子太急。"熟读精思，循序渐进"这八个字，是先贤朱子教给人们的读书方法，你应当谨慎遵守。

又要思考读书要用来干什么？古代圣贤教人读书，是希望他们将先圣先贤的言语身体力行，而不是空读书。凡是日常的一言一行，必须自省自察："我今天的言行合乎圣贤的言语吗？不合乎圣贤的言语吗？"如果有不合乎的地方，必须痛下决心，予以改正，如此才是真正的读书人。

至于《左传》一书，其中刻画的有好人和不好的人两种人，你读书的时候要仔细分辨甄别。见到一个好人，必须生起爱慕之心，暗中想着必须向他学习；见到一个不好的人，必须生起厌恶之心，暗中想着我断断不可学他。这才是真正读《左传》的读书人，这么做便是学做圣贤的真工夫。你能做到这些，我心里才觉得高兴。努力，努力！

| 简注 |

/

① 字：书信。

② 柯寓匏 (páo)：名崇朴，字敬一，号寓匏，浙江嘉善人。清康熙十一年副贡生，官至内阁中书舍人。康熙十八年举博学鸿儒，因丁忧未参加考试。著有《振雅堂集》(内含《文稿》一卷、《诗稿》六卷、《词》二卷)。

③ 悬念：挂念。

④ 至若：连词，表示另提一事。

| 实践要点 |

这是陆陇其写给他的三儿子陆宸徵的一封信，信中所说还是与读书有关的事情。

首先，陆陇其要求陆宸徵牢记并遵守先贤朱子"熟读精思，循序渐进"的读书方法，提醒他"读书要用心，又不可性急"。其次，他要求陆宸徵深入思考读书的功用，提醒他读书要"将圣贤言语身体力行"，"日间一言一动，须自省察"。此外，陆陇其还以读《左传》为例讲述了什么是学圣贤工夫，要求陆宸徵读书的时候仔细甄别，区分好人和不好的人，做到"见贤思齐，见不贤而内自省"。

陆陇其《示大儿定徵》《示三儿宸徵》两封家信，写的都是与读书有关的事情，我们从中可以读出陆陇其对两个儿子的深深关怀和谆谆教导，也能体会到父爱的伟大。陆陇其是个真正的读书人，他的学问多半是遵循先贤朱子"熟读精思，循序渐进"的教诲，通过不间断的阅读和实践得来，是真正的学问，经得起历史的考验和思辨的追问。陆陇其在这两封信中的读书观，如对读书的功用、读书的方法、科举考试应对之策等的思考，其中有对先圣先贤读书观的继承，也不乏他自己多年读书心得体会的提炼，尤其是他对读书和做人关系的论述，以及对真正的读书人的论断等，可谓是真知灼见，对新时代如何读书也有着重要的指导意义和一定的参考价值。

与三儿宸徵（一）

接汝临清寄字，知舟行甚迟，未识何时抵家，心甚悬悬。

我自九月初三夜在张家湾起身，初四日进城，至初十始到畅春苑引见。十三日奉以御史用之旨，二十日奉补四川道之旨，廿四日到任随奉堂，协理山东道事。所管者稽察各省刑名①事件，此尚不难料理，惟求尽言职则甚棘手。

我于十月初七日上畿辅民情一疏，自谓委曲之甚，见者犹目为戆②，面奏时虽蒙皇上首肯，竟阻于部议。可叹，可叹！大抵目前时势甚难，且看光景。我寓中盘费③，目前仅可支持，未能照管家中。汝母子到家，必甚窘迫，只得与五叔商量，可且借饭米数担，俟过新春，再商接济之法也。

家中光景，可一一写示我。我既在京，家中诸务，汝当留心照管。但不可以此废读书，求其并行不悖，惟有主一无适④之法：当应事时，则一心在事上；当读书时，则一心在书上。自不患其相妨。不可怠惰，亦不可过劳，须要得中。《小学》及《程氏分年日程》，当常置案头，时时玩味。

元旆叔祖寄到所刻《松阳讲义》中多差字，若欲将汝带归之本校对，可即送去。但对毕可即将原本取回，不可遗失。我在京有一江阴人徐名世沐者，讲书甚精，近数与往还，颇得其益，将来欲采其说，附入《松阳讲义》中，另刻一本，目前且不必论也。

| 今译 |

接到你从临清寄出来的信，得知你乘坐的船走得很慢，不知道什么时候才能到家，心里非常挂念。

我自九月初三夜里从张家湾动身赴京，初四进城，等到初十才有机会到畅春园觐见康熙皇帝。十三日奉命以监察御史之职任用，二十日补任四川道试监察御史，二十四日到随奉堂赴任，协理山东道的事务。主要负责稽查各省刑律案件，这些还不难料理，只是想要尽到言官职责却很棘手。

我在十月初七日上了《畿辅民情疏》，自以为说得非常婉转，看过奏疏的人还是以为我忠厚耿直，面奏时虽然得到康熙皇帝的首肯，但是最后竟然受阻于部议。可叹啊，可叹啊！大概是因为目前时势非常艰难，且看看以后的情况吧。我寄居地方的生活费用，目前仅够日常花销，不能照应家里。你们母子到家之后，必定非常窘迫，只能同你五叔商量商量，暂且借得饭米数担，等到过了新春佳节，再商量接济的办法。

家里面的情况，你可一五一十写信告知我。我既然在京中，家里的大小事务，你应当留心照应。但是不可因此而荒废读书，如想要做到并行不悖，只有采取主一无适的办法：当应对事情的时候，就一门心思去做事情；当读书的时候，就一心用在读书上。这样就自然不必担心两件事情会互相妨碍。不可懈怠，也不可过于劳累，须要劳逸适中。《小学》和《程氏家塾读书分年日程》，应当常常放在案头，不时地研习体味。

元旆叔祖寄来的他所刻《松阳讲义》一书中很多地方少刻了字，如果他想用你带回去的本子加以校对，你就给他送去。但是，等他校对结束，你就立刻把原本取回来，不可遗失。我在京中认识一个叫徐世沐的江阴人，讲解《四书》非常精湛，近来与他有过多次交往，非常受益，将来打算采用他的说法，附入原本《松阳讲义》中，另外再刻一个版本，目前暂且不必讨论这些。

简注

① 刑名：古时指刑律。

② 戆（zhuàng）：忠厚耿直。

③ 盘费：指日常生活费用。

④ 主一无适：指专心于某一项工作而不旁及其他的事情。出自《论语·学而》

"敬事而信"朱熹注："敬者，主一无适之谓。"

　　这是陆陇其写给三儿子陆宸徵的信，大约写于清康熙二十九年（1690）冬天。信中，陆陇其讲述了他出任四川道试监察御史的时间以及他上《畿辅民情疏》的情况。陆陇其在信中还特别提到了他的经济状况。他说："我寓中盘费，目前仅可支持，未能照管家中。汝母子到家，必甚窘迫，只得与五叔商量，可且借饭米数担，俟过新春，再商接济之法也。"陆陇其时年六十，已任嘉定知县、灵寿知县近十年，而且还是名闻天下的一代大儒，在"三年清知府，十万雪花银"的清代，还有经济状况如此窘困的官员，家中妻子儿女还要靠亲戚朋友周济才可度日，着实非常难得，其清廉可见一斑；进而可知，陆陇其深受儒家安贫乐道思想影响，甘守淡薄，清廉有余，却不善于或者说是不屑于经营生计。与同时代的嘉兴大儒吕留良相比，陆陇其在经济方面确实欠缺了些。吕留良刻书卖书，获利甚丰，家境丰裕，常与文人雅士聚会闲聊，悠游自在；陆陇其或做清贫官，或是外出坐馆，或在家授徒，收入都不高，家里生活一直非常贫困，常常需要他人接济才可勉强度日。家庭经济窘迫导致他不得不常年奔波在外靠坐馆营生，这可能是陆陇其学术事业未竟而卒的重要原因之一吧。

　　陆陇其在信中还讲到了读书，他要求陆宸徵采取"主一无适之法"，"当应事时，则一心在事上；当读书时，则一心在书上"，让读书和做事同步推进，并行不悖；他还告诉陆宸徵，读书要劳逸结合，"不可怠惰，亦不可过劳，须要得中"，并把《小学》和《程氏分年日程》放在案头，不时地研习体味。

　　此外，陆陇其还提到了他的重要论著《松阳讲义》。该书是陆陇其担任灵寿知县时，在灵寿县学中为诸生讲解《四书》时的讲义，涉及《论语》《孟子》《大学》《中庸》等书，但不是每本书都面面俱到，章章提及，而是随时、随性地讲解阐发。陆陇其在《松阳讲义》中严格遵循朱子学说，着力"尊朱黜王"，"于姚江一派，则异同如分白黑，不肯假借一词"。朱子一生之精力在于《四书》，陆陇其一生之精力在于《四书章句集注》，因此，可以把《松阳讲义》看作是陆陇其学术论著的精华。

与三儿宸徵（二）

正月初五接元旂叔祖札①，始知家眷于十一月初八日到家，心始一慰。岁前我有一字寄子展带归，京中光景想已知悉，不知家中何时可有人来，须人到方可遣归接济。

汝到家不知作何光景？须将圣贤道理时时放在胸中。《小学》及《程氏日程》宜时常展玩，日间须用一二个时辰工夫在《四书》上。依我看《大全》法，先将一节书反复细看，看得十分明白，毫无疑了，方始及于次节。如此循序渐进，积久自然触处贯通。此是根本工夫，不可不及早做去。次用一二个时辰，将读过书挨次温习，不可专读生书，忘却看书、温书两事也。目前既未有师友，须自家将工夫限定，方不至优忽过日。勉之，勉之！然亦不可过劳，善读书者从容涵泳②，工夫日进，而精神不疲，此又不可不知。

我意欲于二三月内告假回南，然未知可得否，且再看光景。五叔及各房诸叔，俱不及作字，可一一说声。

/

　　正月初五接到元旃叔祖的信，才知道家眷已于十月初八日到家，心里稍微感到欣慰。年前，我有一封信委托子展带回家去，我在京师的情况想必你已经知道了，不知道家中什么时候有人到京师来，等到家里人到了才好让来人带着财物回去接济你们。

　　我不知道你在家情况怎么样？你必须将圣贤道理时时刻刻放在心中。《小学》和《程氏家塾读书分年日程》应当时常研习体味，每天要有一两个时辰的工夫放在《四书》上。依我阅读《四书大全》的方法，先要将一节内容反复细看，看得明白透彻、毫无疑问，才开始看下一节。如此循序渐进，日积月累，日子久了自然就融会贯通。这是根本工夫，不可不及早努力去做。其次用一两个时辰，将读过的书挨着温习，不可专门去读尚未读过的部分，而忘记了阅读已读过的书、温习已读过的书这两件事情。你目前在家中既然没有师友互相砥砺切磋，应当将自己的读书时间限定好、分配好，方不至于悠哉度日。努力，努力！然而，读书也不可过于劳累，善于读书的人从容阅读，深入体会，工夫每日都有长进，而且精神不至于疲惫，这些道理不可不知啊。

　　我想要在两三个月之内请假回到江南，然而不知能否如愿，看看情况再说吧。五叔和各房堂叔，都来不及写信了，你一一和他们道一声平安吧。

| 简注 |

/

①札（zhá）：信件。

② 涵泳：深入领会。

| 实践要点 |

　　这是陆陇其写给三儿子陆宸徵的信，大约写于清康熙三十年（1691）春天。陆陇其在信中主要讲述了读书问题。陆陇其要求陆宸徵"须将圣贤道理时时放在胸中"，要求他经常研习体味《小学》和《程氏家塾读书分年日程》，还要求他把读书时间分配好，"日间须用一二个时辰工夫在《四书》上"，"次用一二个时辰，将读过书挨次温习"。在此，陆陇其特别讨论了阅读儒家经典的方法。其一，根本工夫。陆陇其认为，阅读儒家经典，尤其是《四书大全》等科举考试用书，需要"先将一节书反复细看，看得十分明白，毫无疑了，方始及于次节"，这么做就是要下实功夫，把每章每节搞清楚、弄明白，做到朱子所说的"循序渐进，熟读精思"，日积月累，功夫到了，自然可以融会贯通。陆陇其的学问多半来自潜修自得，采取的就是这种老老实实的"笨办法"，可见，这种办法还是很有效的，类似于我们今天所说的文本细读法。其二，看书温书。陆陇其认为，读新书要和看旧书、温旧书结合起来，既要获得新的知识，又要温习旧的知识，新旧结合，"温故而知新"，如此才能读书日得，学问日进。此外，陆陇其再一次提醒陆宸徵读书要劳逸结合，要下功夫，又不可过劳，从容涵泳才能工夫日进、精神不疲。

与三儿宸徵（三）

　　我自二月初六日钦点会场外监试①，至三月初一日揭晓始回寓。初七日，用中及黄大等到，见汝两字，洞悉家中光景。此等艰难之状，不涉历②不知。到处可长学问，不可但③心焦④。

　　至于读书，在家中杜门静坐，须依我平日话头⑤去做工夫，不可优忽过日，一无长进。旁人之言不可轻信，须要辨其是非，自家立个主张。常将《小学》《近思录》之言放在胸中，去听人言，便如以镜照物，自然是非了然。

　　我在京安好，不必挂念，但常想南归，未有机会耳。倘秋间未得归，汝当到京，来时须用骡轿，不可勉强跨骡长途，比不得灵寿至京也。汝虽在家，我心常在汝身上，汝当以父母之心为心也。其余京中光景，黄大归自能言之。

我自二月初六钦点为会场外监试，到了三月初一拂晓才回到寓所。三月初七，用中和黄大等人来了，我见到你的两封信，了解了家中情况。这么艰难的状况，不亲身经历真是不知道啊。人生处处可以增长学问，不可徒然焦虑烦躁。

至于读书，你在家中谢绝宾客，静坐修习，必须按照我平时所说的话去下工夫，不可悠闲自在荒废时日，以致毫无长进。旁人说的话不可轻易相信，必须明辨其中的是非，自己心里要有主张。你常常将《小学》《近思录》中的名言警句放在心上，仔细研习体味，再去听别人说话，便如同拿镜子照物，自然会明白其中的是非。

我在京中一切安好，不必挂念，只是常想着回到江南家中，可惜没有合适的机会。假使秋天我还没回家，你应当到京师来看我，来的时候应乘坐骡轿，不可勉强骑着骡子做长途旅行，从家里来路程很远，比不得从灵寿到京师来那么近。你虽然在家中，我常把你放在心上，你应当把父母对待你的心思用在自己身上啊。京师的其余情况，黄大回去后自会和你说的。

| 简注 |

① 监试：明清时期科举考试时负有监督之责的官吏。《二十年目睹之怪现状》第四十三回："监临、主考之外，还有同考官、内外监试、提调、弥封、收掌、巡缉各官，挤满了一大堂。"

② 涉历：经过，经历。

③ 但：徒然。

④ 心焦：心中着急烦躁。

⑤ 话头：泛指启发问题的话语。

| **实践要点** |

这是陆陇其写给三儿子陆宸徵的信，大约写于清康熙三十年（1691）春天。陆陇其在信中提到了家里的经济困难状况，他说："此等艰难之状，不涉历不知。"虽没有明确说到家里条件究竟如何，但也可从只言片语中推测，陆家经济状况糟糕透了。即使如此，陆陇其还是乐观的，他要求陆宸徵从艰难生活中丰富阅历、增长知识。他还特意提到了读书问题，要求陆宸徵"依我平日话头去做工夫，不可优忽过日，一无长进"，同时提醒陆宸徵"旁人之言不可轻信，须要辨其是非，自家立个主张"，并要求他把圣贤道理牢记心中，看作是明辨是非的依据。此外，陆陇其还特别温情地指出，假如他秋天不回平湖，就要陆宸徵进京看他，"来时须用骡轿，不可勉强跨骡长途，比不得灵寿至京也"。舐犊之情，可见一斑。

与三儿宸徵（四）

黄大四月初三日在京起身，此时必已到家。我京中光景，渠①归想已备悉。一月来亦无他事，前月终，因捐纳之人纷纷②，只得又上一疏，旨意甚好，然未知部议何如也。我前字中欲汝秋间到京，然须再看光景，待我七月中再遣人归商量。黄大若有盘费，可先遣来，若盘费艰难，迟迟亦不妨。

新宗师③必已发牌，汝于举业尚未能精通，待下次考亦不妨。功名迟早，自有天数，不必强求，但读书不可不勤。孔子曰："不患莫己知，求为可知也。"当常思此言。有便信来，须将所用工夫一一写示我。然日间亦不可过劳苦，须有从容自得之乐，方是真会读书人。诰命④已领到，可对母亲说声。凡事自要立主意，不可轻听人言。人言之是非，亦不难辨，只是以圣贤之义理为权衡而已。汝能不为众楚所咻⑤，我心方慰。念之，念之！

今译

　　黄大四月初三日从京师起身，此时想必已经到家。我在京师的情况，他回去之后，想必你已经了解清楚了。一个月来也没有其他事情发生，上个月底，因为捐纳人员接二连三，我只得又上了一封奏疏，皇帝看后说是很好，然而不知道部议结果如何。我前面信中写到想要你秋天的时候到京师来，不过还得再看看情况，等我七月的时候再遣人回去和你商量。如果有路费，可以先让黄大过来，如果家里生活费用紧张，迟些日子也不妨。

　　新任提督学政想必已经发牌，你在举业上尚未能够精通，等到下次再考也不妨。获取功名有早有晚，都是上天注定的，不必强求，但是读书不可以不勤奋。孔子说："不怕没有人知道自己，只求自己成为值得别人知道的人。"你应当经常思考这句话。有便信捎来，你得把你日常读书所用工夫一五一十写给我看。不过每天读书也不要太过劳苦，当有从容自得的愉悦心情，这才是真正的读书人。封赏诰命夫人的诏书已经领到，可以对你母亲说一声。凡事要自己拿定主意，不可轻易听信他人言语。他人所说之话的是非，也不难辨析，只要以圣贤所说的道理作为判断标准就可以了。你能不被众多外来的干扰所惑，我非常欣慰。非常想念你们，非常想念你们！

简注

① 渠：人称代词"他"。

② 纷纷：一个接一个地，接二连三地。

③ 宗师：明清时期对提督学道、提督学政的尊称。

④ 诰命：即诰书，是皇帝封赠官员的专用文书。

⑤ 众楚所咻（xiū）：即"众楚群咻"。楚，楚国人；咻，吵，乱说话。众楚群咻，指众多的楚国人共同来喧扰，后指众多外来的干扰。出自《孟子·滕文公下》："一齐人傅之，众楚人咻之，虽日挞而求其齐也，不可得矣。"

| **实践要点** |

这是陆陇其写给三儿子陆宸徵的信，大约写于清康熙三十年（1691）夏天。

陆陇其在信中委婉提及了上疏议论捐纳一事。捐纳即捐资纳粟以得到官职、爵位。秦始皇四年，因蝗灾大疫，允许百姓纳粟千石，拜爵一级，由此开了中国古代的捐纳之途。之后，历朝历代多有沿袭，清代中后期大盛。朝廷把捐纳所得视为正项收入，明码标价卖官鬻爵，加剧了吏治腐败，成为当时的一大弊政。清康熙三十年，朝廷为筹款围剿准噶尔，特开捐纳。御史陈菁请求停止捐纳人员必须经过保举才能做官的做法，而实行多捐者优先录用的政策，吏部讨论后没有批准实行。时任御史陆陇其得知后，连续两次上疏议论捐纳，强烈反对捐纳多者优先录用，甚至提出捐纳人员如果在三年内无人保举，便让他辞官退职，用来澄清升官的途径。陆陇其的激烈言论引起了朝野的轰动，户部以捐纳人员都在观望，将会迟误军需为由，请求夺去陆陇其的官职，发往奉天安置。后因畿辅民心惶惶不安，唯恐陆陇其发配远地，于是，陆陇其得以免于发配。不久，诏命陆陇其巡视北城。监察御史试用期满，吏部讨论将他外调，陆陇其无心官场，乘机告假还乡。这封信就是写于他第二次上疏之后。当时，陆陇其前途未卜，处境堪忧。我们从陆陇其告知陆宸徵是否来京尚需讨论一段中，就可以推测出陆陇其当时的复杂心情。

即使在复杂的官场漩涡中，陆陇还是挂念着陆宸徵的学业。他劝说陆宸徵不要着急参加科举考试，因为"功名迟早，自有天数，不必强求"，但他要求陆宸徵"读书不可不勤"，并以孔子"不患莫己知，求为可知也"一言激励陆宸徵好学上进。陆陇其再次告诫陆宸徵，读书要劳逸结合，"日间亦不可过劳苦，须有从容自得之乐，方是真会读书人"，提醒他要从读书中寻找快乐，好读书、乐读书，做个真正的读书人；他还再次提醒陆宸徵，"凡事自要立主意，不可轻听人言"，要以圣贤道理来明辨是非曲直。

与三儿宸徵（五）

我八月初已开列在外转^①中，复蒙^②停止，目前又有试俸^③一局，未知作何光景。总之，听命而已，汝且不必进来。

文宗^④几时考嘉兴？汝文章尚未能精进，且待下次考亦不妨。只要上紧读书，不怕无功名也。我寓中日用甚窘，下半年俸银，因灵寿上年钱粮未完，罚去。此番人归，又无一钱可寄，当待仲冬遣人归矣。汝事事须谨慎，不可轻听人言，将书帖^⑤到府县中。亲友不知利害者甚多，须要自家有主意。若有要紧事务，须到城中与元旃叔祖商量。

星佑此番来，一慰契阔^⑥，甚好，但我寓中清淡，不能有所加厚，甚觉歉然^⑦，惟劝其读《小学》书，若平日能将《小学》字字熟读深思，则可为圣为贤，亦可保身保家。汝当互相砥砺，人而不知《小学》，其犹正墙面而立^⑧也软。彭年于中秋后到京，我亦劝其读《小学》，近来愈觉此书有味也。

　　我在八月初的时候已经被开列在外转名单中，后来承蒙圣上关爱才停止外转，目前又有试俸的安排，不知道前景会怎么样。总之，我听从朝廷安排就好，你暂且不要到京师来。

　　提督学政什么时候到嘉兴来主持考试呢? 你所写文章还没有精进纯熟，暂且等到下次再考也无妨。只要你抓紧时间读书上进，不怕考取不到功名。我在京师公寓的日常用度非常窘迫，下半年的俸禄银子，因为灵寿县去年需要缴纳的钱粮没有完成，所以被罚掉了。此番遣人回家，又没有银子捎带回去，需要等到仲冬时节再遣人回去的时候。你事事都要小心谨慎，不可轻易听信他人之言，将书札、柬帖送到知府衙门、知县衙门中去。亲戚朋友中不知道其中利害深浅的人很多，你要自己拿定主意。如果有要紧事务，应到城中与元旂叔祖商量。

　　曹星佑此次到京师来，可慰思念之情，非常好，但是我京师公寓中生活非常清淡，不能够好好地款待他，觉得非常抱歉，只有劝他读《小学》一书。如果平日里能够将《小学》字字句句熟读深思，那么就可以为圣为贤，也可以保身保家了。你和曹星佑应该互相砥砺，读书人如果连《小学》书中的道理都不知道，就如同面墙而立吧。彭年在中秋后到京师来找我，我也劝他读《小学》，近来越发觉得此书确有滋味了。

　　① 外转: 旧时谓京官转任外省同级官职。与"内转"相对。

② 蒙：敬词，承蒙。

③ 试俸：清朝吏部之铨选制度，乃官吏升转资格之一。凡任京官郎中以下，小京官以上之职，外官道府以下，佐杂等官以上之职者，均需试俸二年、三年、五年，方能升转。

④ 文宗：明清时期称提学、学政为文宗。亦用以尊称试官。

⑤ 书帖：书札、柬帖。

⑥ 契（qì）阔：久别；怀念。

⑦ 歉然：不满足貌；惭愧貌。宋叶梦得《石林家训》："然盛夏帐中亦须读数卷书，至极困，乃就枕；不尔，胸次歉然若有未了事。"

⑧ 墙面而立：亦作"面墙而立"，指面对墙壁，目无所见。比喻不学无术。出自《论语·阳货》："人而不为《周南》《召南》，其犹正墙面而立也与？"

| 实践要点 |

这是陆陇其写给三儿子陆宸徵的信，大约写于清康熙三十年（1691）秋天。信中，陆陇其提到了自己的坎坷仕途，以及他仍未解决的经济困难，尤其是他说要用下半年的俸银偿还灵寿县民所欠钱粮。陆陇其做官做到这个分上，能不清廉如水吗？如此言语，让人读了，不胜感慨。陆陇其在要求陆宸徵读书上进的同时，又劝说他不要急着参加科举考试，并提醒他要有主见，不可轻信他人言语。这是一个父亲对儿子的谆谆教导，其中充满关爱和温情。

陆陇其非常重视《小学》，他认为，"若平日能将《小学》字字熟读深思，则可为圣为贤，亦可保身保家"。因此，他要求陆宸徵、曹星佑、彭年等人勤读《小学》，按照《小学》中所讲述的圣贤道理做人做事。

《小学》是由宋明理学集大成者朱子编著的道德教育读本，其核心内容是教育儿童如何处事待人，如何孝顺父母，如何尊敬长辈，如何洒扫应对进退等。《小学》全书共六卷，分内外篇，其中内篇四卷，外篇二卷。内篇四卷，分《立教》《明伦》《敬身》《稽古》四个部分。《立教》主要讲教育的重要和方法;《明伦》主要讲父子之亲、君臣之义、夫妇之别、长幼之序、朋友之交;《敬身》主要讲恭敬修养功夫;《稽古》辑录了历代思想家的行为表现，作为《敬身》的证明。外篇二卷，分为《嘉言》《善行》，分别辑录了汉代至宋代思想家的言论和行为表现，作为《立教》《明伦》《敬身》的补充和说明。

朱子《小学》一书中蕴涵着做人做事的根本，读过《小学》之后，再读《四书五经》，孩子就不会傲慢，就知道圣贤学问最重要的是一定要落实在生活当中。朱子编著《小学》的目的，是为了从小就向儿童灌输封建道德观念，使封建道德的基本原则成为人们的道德品质，为封建统治阶级培养人才。宋代以后，《小学》成为元明清三代儿童道德教育的主要课本，影响甚大。《小学》注释校勘本主要有明代陈选《小学集注》、清代张伯行《小学集解》、上海广益书局《朱子小学白话解》和商务印书馆《朱子小学节本》等。

陆陇其是朱子的忠实信徒，一生以"尊朱黜王"为己任，因此才对《小学》一书推崇备至，教导儿子、女婿等晚辈勤读《小学》，以书中所讲的圣贤道理为指导来保身保家，乃至为圣为贤。

与三儿宸徵（六）

县考①一事，文理稍通者，无有不取，所遗者不过十之一耳。此无论不宜干渎②，亦且不必干渎。向来乡绅多纷纷开荐③，我所不解。汝见灵寿曾有一人来说乎？此一节，贤于我乡风气远矣。且预先要开荐，分明自处于极不通之地，少年志气亦不宜如此。

此番汝与曹家外舅④同就试，只宜听其自然，但要用心做文字。文字若好，自无不取之理。一则可验自己之力量，一则可见当事之公道，岂不美乎？如果落在孙山外，不过事之偶然，公道不泯，下次自然必取。但要读书，不必以此为虑。城中亲族有欲开荐者，可俱以我此意说知。

今译

在县考这件事情上，文章条理稍微通顺的，无不录取，所遗漏的不过是十分之一。此时，无论如何不要勾连官府，也不必去勾连官府。平湖的习俗，县考之前，乡绅们大多纷纷去官府具名推荐子弟，对此我很不理解。你可曾见到灵寿县考之前有一人来具名推荐子弟的吗? 就这件事上，灵寿的风气比我们平湖好多了。而且，预先要去官府具名推荐，分明让自己处于非常不畅通的境地，少年人意气风发、志向远大，也不应该这么做啊。

此次你与曹家外舅一起参加县考，只宜顺其自然，但要用心写考试文章。文章写得好，自然没有不录取的道理。一则可以检验自己的考试能力，二则可以看到考试的公平公正，岂不是很好吗? 如果名落孙山，不过是事出偶然，只要公道不泯灭，下次自然便会录取。你只要认真读书，不必为县考焦虑。城里的亲戚，如果有想要请人具名推荐的，你可以把我这番话的意思转告给他。

｜ 简注 ｜

① 县考：县试。明清时期考秀才的第一阶段考试在县里举行，俗称县考。

② 干渎：冒犯。此处指勾连官府。

③ 开荐：科举考试之前乡绅具名推荐子弟。

④ 外舅：据《尔雅·释亲》记载，妻之父为外舅，妻之母为外姑。妻子之父的亲兄弟为自己的外舅，辈分上比自己大一辈。妻子称自己的外舅应是叔父或者伯父。

｜ 实践要点 ｜

这是陆陇其写给三儿子陆宸徵的信，时间没有提及，如果按照前面几封信的时间顺序和县考时间安排来推算的话，大约写于清康熙三十年（1691）冬天。

　　陆陇其在信中主要是给陆宸徵讲述了县考的事情以及他对县考的态度。清代童生试共分三个阶段。一是县试，也就是陆陇其在信中所说的县考，这是童生试第一阶段考试。应试的童生到本县礼房报名，填写姓名、籍贯、年岁、三代履历，并以同考五人互结，复请廪生（秀才）作保。主持考试的为本县县官，试期多在二月。县试分四场或五场进行，各场分别考八股文，考帖诗、经论、律赋等。场终后，出长案，依名次前后录取，将其名单送县儒学署备案，取得参加上一级府试的资格。二是府试，这是童生试第二阶段考试。试期多在四月，经县试录取童生方可参加该县所在府（或直隶州、厅）的考试。报名手续与县试大致相同。考试录取以后，取得参加院试的资格。三是院试，这是由各省学政主持的考试，也是童生试最高阶段。因为主持考试的学政称提督学院，所以叫做院试。经过府试录取的童生可以参加院试。学政于其驻地考试就近各府的应试童生，其余各府则依次分期案临考试。院试分为两场进行，一是正试，二是复试。揭晓名为出案，录取者就是生员。生员分为廪生、庠生、增生、附生等几种，统称秀才。秀才要继续深造读书，被送入府学、县学，叫做进学，也叫入泮，接受教官的月课与考校。

　　陆陇其是久经科举考试考验，考中进士才出来做官的地道的读书人。他以过来人的身份告诉陆宸徵，县考极为简单，不足为惧，"文理稍通者，无有不取，所遗者不过十之一耳"。他提醒陆宸徵不要勾连官府，也不要找人请托，只要把县考当做试金石，顺其自然，轻松应考，考中考不中都好。此外，他还以灵寿和平湖作对比，严词批评了平湖"向来乡绅多纷纷开荐"的不良风气。由此可见，陆陇其为官清廉，化风改俗，确实做了很多事情，值得称赞。

陆陇其教导儿子轻松、端正对待考试的心态，直到现在仍有一定的指导意义。当下，高考、中考，乃至一般的期末考试到来之前，很多考生的家长比考生还紧张，这与陆陇其对待儿子陆宸徵参加科举考试的态度相比有着天壤之别。因此，我们也要学学陆陇其，以平和的心态看待孩子的考试，鼓励他们认真备考、轻松备考，客观看待考试成绩。只要把握住考试机会，考出成绩，考出水平，最终的结果虽然重要，但无论如何，以平常心接受吧。

与用中侄

　　见吾侄札，知为天津靳公①所招，不胜欣慰。靳公居官服政②，极为谨饬③，愚向在都门，熟闻其概况。河台先生④之立德立功，吾辈心殊倾慕，谅其家风必有仿佛，且渠令弟曾与我同城。侄得亲炙⑤之，亦三生之缘结也。

　　但相与之间，必须诚敬，方可为久。训课之法，必导以圣贤路头⑥，如《小学》等书不可不授。与幕友相接，要极和婉之中须有一番主张，不可为所转脚跟也。大概作幕者，自有一种气习，若稍或渐染，便非儒者气象。知吾侄虽有定见，然愚不得不嘱。至于馆政之暇，自家学业，断不可荒废。

　　愚自南旋以来，即谢去世故⑦，舌耕糊口，仍馆席氏。日对古昔圣贤，较之宦途鹿鹿，倍觉绰然⑧自豫。东翁从未识荆⑨，可道我景慕之意，羽便附此不尽。

见到用中侄儿写来的信札，知道你被靳辅先生招去担任幕僚，我感到非常欣慰。靳辅先生居官从政，非常谨慎小心，我从前在京师时，经常听说他的大概情况。河道总督靳辅先生立德立功，我们这些人非常倾慕，想必他的家风必有相似之处，而且他的弟弟也曾与我同城为官。你能亲身受到他的教益，真是三生有幸的莫大福分啊。

但是，你与他相处的时候，必须真诚恭敬，才是长久之计。教训和课试的方法，必须遵循圣贤指定的门路，如《小学》等书就不可以不教授。与靳府幕友交往，在非常的温和委婉之中必须要有自己的一番主张，不可人云亦云，随大流。一般作幕宾的人，自然而然会有一种不良习气，如果稍加沾染，便不是儒者所应该具有的气象。我知道你有自己的主见，但为了你好，还是不得不多叮嘱几句。至于在坐馆之余，你自己的学业，则绝对不可荒废。

我自从辞官回到江南以来，就推去了各种人情世事，靠着担任塾师谋生，继续在常熟席家坐馆。每日读些经典，面对古代圣贤，较之在仕途上的庸碌无为，倍感时间宽裕、心情舒畅。你家东翁从来没有见过我，你可以代我向他致以仰慕之意，信中就说不尽了。

① 靳公：靳辅（1633—1692），字紫垣，辽阳人，隶汉军镶黄旗。清顺治时

为内中书，康熙初自郎中迁内阁学士，康熙十年授安徽巡抚，康熙十六年调任河道总督。靳辅治河继承明朝潘季驯的方法，对黄河水患进行全面勘察，提出对三大河流进行综合整治的详细方案，并积极组织实施，终使堤坝坚固，漕运无阻。康熙二十七年，御史郭琇诬告靳辅治河九年无功，被免职。康熙三十一年十一月逝世，赐祭葬，谥文襄。康熙三十五年，清政府答应江南士民所请，在黄河岸边为其建祠。康熙四十六年，追赠太子太保，赐予骑都尉世职。雍正五年，追加工部尚书，入祀贤良祠。著有《治河方略》一书，为后世治河的重要参考文献。

② 服政：为政，处置政务。

③ 谨饬 (chì)：谨慎小心。

④ 河台先生：河台是河道总督的尊称，此处指清康熙时治河名臣靳辅。

⑤ 亲炙 (zhì)：指亲身受到教益。出自《孟子·尽心下》："非圣人而能若是乎? 而况于亲炙之者乎?"朱子《四书章句集注》："亲近而熏炙之也。"

⑥ 路头：指道路、门路、方向。

⑦ 世故：指世间一切事务。

⑧ 绰然：形容宽裕、富余。

⑨ 识荆：敬辞。原指久闻其名而初次见面结识的敬辞，今指初次见面或结识。

| 实践要点 |

这是陆陇其写给侄子陆礼徵的信，大约写于清康熙三十一年（1692）春天。

陆礼徵，字用中，陆陇其侄子，布衣，参与编著《四书讲义困勉录》《陆陇其年谱》。康熙三十年九月，陆陇其试俸期满，辞官回家，十一月回到平湖家中，常熟席启寓又来邀请他去做塾师。第二年正月，陆陇其赴常熟席家担任塾师。该信即写于他在常熟席家坐馆之时。当时，靳辅起复为河道总督，陆陇其的侄子用中被招入靳辅幕中。陆陇其知道这件事情之后非常高兴，用较多的溢美之词表达了他对靳辅的敬仰之情。陆陇其在信中要求侄子用中依照朱子所编《小学》中的圣贤道理做人做事，"相与之间，必须诚敬，方可为久。训课之法，必导以圣贤路头"，"与幕友相接，要极和婉之中须有一番主张，不可为所转脚跟也"，并要求他"于馆政之暇，自家学业，断不可荒废"，叔侄情深，关爱之心，溢于言表。陆陇其还提到，他辞官回乡后，应邀担任塾师，每天在教书育人之余，阅读儒学经典，与先儒先贤天人交接，"较之宦途鹿鹿，倍觉绰然自豫"，反映了他不在意得官失官，而是要传承圣贤道理的坚定志向。

与李枚吉婿（一）

在吴门^①遇来使，知吾婿欲援近例^②，愚窃以为不可。

朝廷设科取士，三年一举，此正典也。方正之士，莫不由之而进。今科之设，不过为急于功名者，使之稍助军需，亦得一体进取^③，原非所以待豪杰也。吾婿英年有志，前程远大，苟发愤力学，将来凤翥鹏翔^④，何可限量？奈何不以豪杰自待，而甘心出于此耶？

且就吾婿今日所处，又有大不可者。礼为人后者，为其本生父母降期，然服虽降，而一切食稻衣锦^⑤之事，必有不安于心者。盖可降者服，不可降者心也。故考试之事，但当与岁考，不当与科举，秉礼之士莫不皆然。今吾婿期年^⑥虽满，而心丧^⑦未毕，俨然与应举之士角逐于文场，可乎？不可乎？况功名迟速有命，难易亦无一定。苟命应得，虽在千万人中，自当脱颖而出；如其不然，即两人相较，亦有得失，况十五人而中一人，安在其必得耶？即功名未必得，而徒冒不韪，窃为高明不取也。

相爱之深，不觉尽言，惟吾婿熟筹之，幸勿以吾言为迂愚。交盘^⑧尚未完局，秋凉当归，草勒不悉。

在苏州碰到来送信的人，得知你想援引近来形成的惯例，我私下里以为不可以。

朝廷开科取士，三年一届，这是正常途径。方正贤良的读书人，没有一个不是由这个途径做官的。今年这一科是恩科，不过是为了让那些急于功名的读书人，通过捐钱援助军需费用，也能同样得到有所作为的机会，原本就不是给豪杰之士准备的。你年少英才，素有大志，前程远大，只要发奋读书，努力学习，将来如同凤凰和大鹏般振翅飞翔，前途不可限量，奈何不以豪杰之士自我期待，而甘心谋求只有捐钱才有机会的恩科呢？

而且，就你当下的处境来说，还有一个非常重要的原因使你不可以参加科举考试。从礼节上来说，你是父母所生，为本生父母尽孝是理所当然的，虽然孝服已经除去，而一切食稻衣锦的事情，做了之后心里必然不那么安稳。因为丧服可除，内心的悲伤却是难以消除的。因此，在科举考试这件事情上，你可以参加岁末检测的考试，不可以参加获取功名的考试，遵循礼节的读书人没有一个不是这么做的。现在你虽然服丧已满一年，而心里的悲伤还没有消失，煞有介事地和那些应该参加科举考试的读书人一样在考场上角逐，这样做可以吗？何况取得功名的时间早晚自有定数，难易程度也不一定。如果命中应该获得功名，虽然是与千万人同台竞技，自然也会脱颖而出；如果命中注定没有功名，即使是两个人比试，也是一个能考上，另一个考不上，何况是十五个人中取一个，又怎么能说必定会考取呢？既然功名未必能够得到，而徒然去冒天下之大不韪，我私下里以为高明之人是不会这么做的。

因为关爱之深，不知不觉话说得多了点，希望你再仔细筹划筹划，但愿你不要以为我说的话有些迂拙。衙门里面的事情还没交接完毕，秋凉的时候就会回去，这封信草草收尾，言之不尽。

| 简注 |

① 吴门：指苏州或苏州一带。苏州为春秋时期的吴国故地，故称吴门。

② 援近例：援引近来形成的惯例。

③ 进取：指努力上进，力图有所作为。

④ 凤翥 (zhù) 鹏翔：翥，鸟向上飞。形容奋发有为。

⑤ 食稻衣锦：古时候，北方人食稻的机会不多，能经常吃到稻米的人往往是富贵阶层。一直到魏晋南北朝时期，稻米饭都属于"奢侈品"。所以古人将"食稻衣锦"视为"生人之极乐，以稻味尤美故。"

⑥ 期 (jī) 年：一整年。古时候丧服要穿一年，称为期年服。

⑦ 心丧：泛指无服或释服后的深切悼念，有如守丧。

⑧ 交盘：前任卸职时把账目、公物、文书等清点明白，移交给后任。

| 实践要点 |

李枚吉，名铉，字枚吉，金山卫庠生，陆陇其的大女婿。这封信大致写于清康熙十六年（1677）。当年二月，陆陇其因讳盗而被罢免嘉定知县，十二月回到平湖。根据文中内容推测，写信时间是在他落职后继续代理县务，等待下任嘉定知县上任的一段时间里。

陆陇其在信中反复劝说大女婿李枚吉不要捐钱购买科举考试资格，理由有以下几点：第一，正规科举考试是三年一届，"方正之士，莫不由之而进"，而今年的科举考试，"不过为急于功名者，使之稍助军需，亦得一体进取，原非所以待豪杰也"。李枚吉是"英年有志，前程远大"的豪杰之士，不必参加。这是这一科科举考试本身的原因。第二，李枚吉服丧虽然期满，但心丧未满，"而一切食稻衣锦之事，必有不安于心者"，因此，他"但当与岁考，不当与科举"，不适合"与应举之士角逐于文场"。这是李枚吉主观方面的原因。在分析了主客观两方面的原因后，陆陇其指出，"功名迟速有命，难易亦无一定"，这与他在《治嘉格言》中看待科举考试中与不中的宿命论观点是一致的。在这个宿命论的前提下，他又提出："苟命应得，虽在千万人中，自当脱颖而出；如其不然，即两人相较，亦有得失"，何况是"十五人而中一人"。既然没有必然考中的绝对把握，何必去冒天下之大不韪呢？

陆陇其一面摆事实、讲道理，劝说李枚吉，一面激励李枚吉，说他是豪杰之士、秉礼之士、高明之人，既反对李枚吉通过非正常途径进入仕途，又希望他励志好学、前程远大。陆陇其是李枚吉的岳父，他对待女婿李枚吉的态度，和他对待儿子陆定徵、陆宸徵相类似，充分展现了一个长辈的教导和一个岳父的关爱。

与李枚吉婿（二）

旧岁悬望婿辈有高发①北来者，可以一慰契阔，不意竟寂寂也。文教日兴，青年不可不奋志努力读书。读书又当知有向上一途，不可专事俗学。在北方，见吕晚村②所刊《小学》《近思录》最精，曾寻看否？此是晚村病殁③，拳拳④为学者之意，不可不时玩味也。家务虽不能尽摆脱，然要见得此中都是道理，触处皆是此理流行，则不患俗务累人矣。愚在此掣肘⑤事尽多，幸于此看得一二破，心不为所动者，只欲随时随处尽其职分之所当为耳，然正难言之。大计⑥后，傥得免罢黜，亦当寻一脱身计，不能久向劳扰⑦中作生活矣。

诸外孙读书何如？经宜多读，宁迂其途，勿趋捷径。更宜教看《小学》，以正其根脚，不必急急学时文也。今岁江南钱粮蠲免⑧，有田者应推广皇仁，稍宽佃户之一二，庶为不失本心，不识吾婿以为何如？署中俱各平安，勿烦挂念。惟萧然景象日甚一日，无可奉寄，殊为歉然。人归匆匆，不多及。

去年总是盼望着几个女婿中有人能从乡试中脱颖而出，来京师参加会试，顺便过来看看我，聊以慰藉久别之情，不曾料到竟然没有人能成行。当今，文化教育日益兴旺，青年人不可不振奋志气努力读书。读书又应当知道还有奋发向上的路子可走，不可专门从事世俗流行之学。在北方，我看到吕晚村先生所刊的《小学》《近思录》最为精良，你找来读过了吗？吕晚村先生虽已病死，但这些书中蕴涵着他处处为读书人考虑的拳拳之心，不可不时常把玩体味啊。家里的事务虽不能完全摆脱，但要在这些事中看到做人做事的道理："世事洞明皆学问，人情练达即文章。"这些道理明白通晓，便不会被世俗事务所累。我在这边虽然掣肘的事情很多，幸亏对此能够看破一二，心里不为这些杂事所触动，只是随时随地尽职尽责本分做事罢了，不过这些话也是难以说清楚的。大计之后，假使得以免除罢黜，我应当寻找一个脱身之计，不能长久地在劳苦烦扰中生活。

各个外孙读书情况怎么样呢？《四书五经》应该多读，宁可走些远路，也不能走捷径。还应该教他们读《小学》，以奠定基础，不必急着去学八股时文。今年江南地区钱粮减免，有田地者应当推广皇帝的仁德，对待佃户稍微宽松一点，这也是不失本心的做法，不知道你认为如何呢？我这里一切都好，你不用挂念。只是萧然的景象一日甚过一日，没有什么可以寄送给你的，真是很抱歉。送信之人急匆匆要走，别的就不多说了。

① 高发：旧指科举考试合格，被录用。

② 吕晚村：吕留良（1629—1683），字庄生，号晚村，浙江崇德（今属桐乡）人，清初思想家、诗人、时文评论家。清顺治十年应试为诸生，后隐居不出。康熙年间拒绝参加博学鸿词科考试，后为躲避征召，削发为僧。吕留良死后，清雍正十年，因"曾静案"被剖棺戮尸，吕家子孙及门人等或戮尸，或斩首，或流徙为奴，罹难之酷烈，为清代文字狱之首。吕留良著述多毁，现存《吕晚村先生文集》《东庄诗存》等。清康熙十一年夏，陆陇其曾到嘉兴府城拜会吕留良，彼此之间都有相见恨晚之感。此后，陆陇其受到吕留良的影响，更加坚定了"尊朱黜王"的信念，最终成为清廷表彰、入祀孔庙的一代醇儒、理学名臣；而同样倡导"尊朱黜王"的吕留良，却因其强烈的"华夷之辨"及其因国难家难对清廷的深深仇恨，导致他远离朝廷，隐居刻书，不涉政治，最终更因湖南人曾静读了其书之后的食古不化行为而被追究，因此遭遇劫难，剖棺戮尸。两人际遇，大相径庭，值得我们深思和反省。

③ 病殁（mò）：病死。

④ 拳拳：诚挚貌。出自汉司马迁《报任安书》："拳拳之忠，终不能自列。"

⑤ 掣肘：原意指拉着胳膊，比喻有人从旁牵制，工作受干扰。

⑥ 大计：明清两代考核外官的制度叫大计，每三年举行一次。

⑦ 劳扰：劳苦烦扰。

⑧ 蠲（juān）免：免除（租税、罚款、劳役等）。

/

陆陇其于清康熙二十二年（1683）九月补受灵寿知县，康熙二十九年六月离任，在灵寿知县任上将近七年。从"北来""大计"等词语来看，这封信当是写于陆陇其担任灵寿知县期间。据史料记载，康熙二十四年，免江南、江西、山东、山西、湖广等省七十四受灾州县赋税；康熙二十五年，免直隶、江南、浙江、湖广、甘肃等省二十七受灾州县赋税；康熙二十七年，免江南、江西、湖广、云南、贵州等省三十三受灾州县赋税；康熙二十八年，免江南历年积欠的赋税二十余万两；康熙二十九年，免直隶、江南、浙江、甘肃等省三十二受灾州县赋税。从"大计""今岁江南钱粮蠲免"等说法来看，这封信可能写于康熙二十八年。

信中，陆陇其希望大女婿李枚吉振奋志气努力读书，参加科举考取功名。他专门提到了吕留良的刊刻《小学》《近思录》等书，要求李枚吉朝夕阅读，不时玩味，以了解圣贤道理。他在提醒李枚吉"不可专事俗学"的同时，还强调要从世俗事务中见到道理，世事洞明，人情练达，在人情世故中通晓圣贤道理。陆陇其的学问从阅读《四书五经》和体味社会人生中得来，他一方面注重经典阅读，重视圣贤道理的学习体会，另一方面重视社会实践，重视世俗事务的体验感受，把书本上的间接知识和社会上的直接知识结合起来，形成了比较全面的学习观。这一点是值得我们学习和借鉴的，尤其是在校学生，在读书学习之余，更应参加社会实践，实践出真知，实践是检验真理的唯一标准。同时，陆陇其还过问了外孙们的学习状况，要求李枚吉教孩子们"宁迂其途，勿趋捷径"，多读《小学》，打好底子，"以正其根脚，不必急急学时文也"。从几封信中可以看出，陆陇其以身作则，对儿子、女婿、外孙的要求都是读圣贤书，做正经人。有这样的父亲、岳父、外公，真是他们的福分。

陆陇其在信中也提到了他的工作情况和生活状况。对于工作，他说："愚在此掣肘事尽多，幸于此看得一二破，心不为所动者，只欲随时随处尽其职分之所当为耳，然正难言之。"陆陇其清廉耿直，不容于世俗官场，因而举步维艰，仕途艰难。工作上的有些事情，信中难以言明，只能努力做到世事洞明、人情练达，做些只可意会不可言传的暗示了。至于生活，他说："惟萧然景象日甚一日，无可奉寄。"灵寿县太爷任上的陆陇其经济状况依然艰难。陆陇其在给儿子和女婿的每封信中都会提到囊中羞涩，生计艰难，可见经济困难一直困扰着他。陆公如此清廉，又如此困顿，让人不胜感慨。

此外，陆陇其还提到"今岁江南钱粮蠲免"，他希望"有田者应推广皇仁，稍宽佃户之一二，庶为不失本心"，由此可见他的勤政爱民之心。

寄曹星佑婿

　　自去岁八月使者归后，此间即因旱灾，上司往来查勘^①，络绎不绝，钱粮尽行蠲免。今春又复奉上谕放赈，簿书烦杂，日无宁晷^②，屡欲遣人回南，辄复阻滞。不佞^③久处荒城，无一善状^④，硁硁^⑤之性，动与时违。只恃方寸泰然，不以得失动于中，故虽在掣肘中，得免狼狈。看来此道到底难行，惟书生旧业，更觉津津有味。

　　《分年日程》一书，平生所最服膺，故特梓行^⑥，欲学者胸中先知有读书规模，然后以渐加功，倘从前已经蹉跎者，一二年补读一经可也。吾婿试事何如？秋闱在转盼^⑦间，磨砺以须^⑧，斯其时矣。高发北上，过此庶可盘桓。望之，望之！《考亭渊源录》奉还，此书尽有滋味，细阅一番，有益于学问不少。《松阳讲义》，吾婿所见者几篇？今录一部，校对奉寄，望细阅之；即未讲者，亦可类推而见。来札云《养气》《尽心》诸章，今当渐次及之也。刊刻尚未敢轻言，恐有粗疏处，须细加斟酌，方可问世，余俟人归续悉。

自去年八月信使回去以后，这里就因为旱灾，上司往来实地调查，络绎不绝，钱粮也全部减免。今年春上，又奉上谕赈济灾民，账簿文书纷繁复杂，事情繁多杂乱无章，我多次想要派人回平湖，但每回都被阻碍难以成行。我久在荒城，没做过一件好事，且生性浅陋固执，动辄违背时代风气。我自恃心中泰然，不把个人得失放在心上，因此，我虽然经常遭到掣肘，却可以避免狼狈。看来，仕途到底难以行进，唯有读书人所从事的事业，让人更加觉得津津有味。

《程氏家塾读书分年日程》一书，我平生最为佩服，因此特意刊刻发行，希望学者胸中先知道读书的范围，然后逐渐下功夫，假若从前已经蹉跎岁月，也可以用一两年的时间补读一经。你科举考试的事情怎么样了呢？乡试转眼间即将举行，磨快刀子等待时机，这正是你功成名就的时候。中举后北上京师参加会试，可以到我这里来住上些日子。盼望着你来啊，盼望着你来啊！《考亭渊源录》奉还给你，这本书很有滋味，仔细阅读一番，于学问非常有益。《松阳讲义》，你看到的是几篇呢？我现在抄录一部，校对好了寄发给你，希望你仔细阅读；书中没有讲到的《四书》篇章，可以依此类推而得以了解。你来信中所说的《养气》《尽心》等篇章，现在可以逐渐去研读了。刊刻之事，暂时还不敢轻易说出嘴，恐怕书中有粗糙疏漏的地方，必须仔细斟酌，才可以问世，等我回家后再详加补续。

| 简注 |

① 查勘：实地调查，查看。

② 日无宁晷（guǐ）：日晷，亦称日规，照日影测定时刻的仪器。形容事情繁多杂乱。

③ 不佞：用作谦称，我。出自《左传·昭公二十五年》："不佞不能与二三子同心，而以为皆有罪。"

④ 善状：好的事迹。

⑤ 硁（kēng）硁：形容浅陋固执。

⑥ 梓（zǐ）行：指刻版印行。

⑦ 转盼：转眼。比喻时间短促。

⑧ 磨砺以须：磨快刀子等待。比喻做好准备，等待时机。出自《左传·昭公十二年》："摩厉以须，王出，吾刃将斩矣。"

| 实践要点 |

曹宗柱，字星佑，平湖邑庠生，陆陇其的二女婿。这封信是陆陇其给曹宗柱的回信，根据信中"旱灾""放赈""久处荒城"等语以及陆陇其刊刻《程氏家塾读书分年日程》的时间为清康熙二十八年等来推断，此信大致写于康熙二十九年（1690）春，当时，陆陇其正担任灵寿知县。

信中，陆陇其叙述了他在灵寿知县任上的艰难困境以及他的应对态度。清正廉洁、勤政爱民的陆公在信中直言不讳地写道："此道到底难行，惟书生旧业，更觉津津有味。"陆陇其疲于应付各种杂事烦事，承受各种非议，经常遭到排挤，从他的语气中可知，他已经厌烦了做官；但是，他又很矛盾，始终抱着"学好文武艺，货与帝王家"的心态，并不希望子侄女婿放弃举业，反倒希望他们通过科举考试，考取功名，走上仕途，报效家国。因此，他在信中劝说曹宗柱勤加阅读《程氏家塾读书分年日程》《考亭渊源录》和《松阳讲义》等书，希望他"磨砺以须"，参加秋闱，并等待他"高发北上，过此庶可盘桓"。对于学问，陆陇其是谨慎小心的，他的四书学专著《松阳讲义》，已经改过多遍，但他仍不满意，"刊刻尚未敢轻言，恐有粗疏处，须细加斟酌，方可问世"，由此可见他的读书治学态度。

与武修弟

今年正月内，始闻大侄之变，深可痛惜。此最朴实人，天何以使至此！我远在京，不能少申①其意，附代奠些须②，弟可为我备一享祀③，以慰其灵。痛甚，痛甚！

弟今止有两侄，当为其婚姻计，此是目前第一要务，然亦不必心焦，自然水到渠成也。我在京甚多掣肘，未知将来若何。弟明岁馆地，且看我光景如何，再作计较可也。种种黄大自能言之，不多及。

今年正月间，我才听到大侄子去世的事情，深深为他感到心痛惋惜。他是天底下最朴实的人啊，老天爷怎么可以做到这个地步呢！我远在京师，不能稍微表达一下我的意思，附带祭奠一些东西，你可以为我准备一些祭祀物品，以告慰他的在天之灵。悲痛之极，悲痛之极！

你现在只有两个儿子，应当为他们的婚姻大事考虑了，这是目前的第一要务，然而也不必太过心急，自然而然就会水到渠成。我在京师掣肘之事甚多，不知道将来会怎么样。你明年到哪里去坐馆，要看我的前景如何，再做打算。我在京师的种种事情，黄大回去之后会详细说明，我这里就不多说了。

▎ 简注 ▎

╱

① 申：表明，陈述。

② 些须：亦作"些需"。少许，一点儿。

③ 享祀：祭祀。《易·困》："困于酒食，朱绂方来，利用享祀。"

▎ 实践要点 ▎

╱

陆陇其兄弟三人，二弟陆尚桓，早亡，三弟陆履平，字武修，两人的事迹皆无从考证。这封信是陆陇其写给三弟陆履平的，大约写于清康熙三十年（1691），当时，陆陇其正在京师担任监察御史。

陆陇其在信中首先表达了他对三弟家大侄子去世的悲痛心情，希望陆履平替他准备一些祭祀物品，聊以慰藉大侄子的在天之灵。然后，他从"不孝有三，无后为大"的观念出发，提醒三弟要为另外两个侄子的婚姻大事早做准备，同时提醒他也不必太过着急，顺其自然，水到渠成。此外，陆陇其还在信中说了他在京师的艰难困境，可谓是一信一说，悲伤无限。

从陆陇其父亲陆元一辈算起，泖口陆氏家族虽名声显赫，但子孙不旺。陆元兄弟两人，兄长陆灿，明崇祯七年进士，为泖口陆氏家族第一个进士，曾任济南府推官，勤政爱民，颇有政绩。崇祯十二年，因清兵攻破济南，阖家死难，陆氏大宗遂绝。陆元有三子，长子陆陇其，次子陆尚桓，三子陆履平。陆陇其有两子，长子陆定徵，早逝，次子陆宸徵。陆尚桓早逝。陆履平有三子，长子早逝，三子过继给陆尚桓为后。泖口陆家英年早逝的就有陆灿、陆尚桓、陆定徵以及陆履平的长子等三代四人，等到陆陇其去世的时候，家中只有陆宸徵等子侄三人，而且都没有中举，更没有做官，可谓势单力薄，子孙稀薄。从一门两进士且享誉全国，到无人中举后寂寥无名，家道中落速度之快，令人不胜感慨。是不是陆陇其对自己及家人过于严苛，才导致了泖口陆家的快速崛起又极速衰落呢？个中缘由，不得而知。

与叔元旂翁（一）

吾叔归后，诸事日积，又以沿海军工，上台①临县，益加繁扰，苦不可言。钱粮完数寥寥，当此荒月，虽加鞭扑②，终无济事，惟有坐受承差之逼迫而已。南翔③盗案，颇有葛藤，然此有大数④，非侄所忧。时局中事，必不能为，诸友多以为倔强，实非倔强也。解银一事，以往来协助之人未定，故暂令张锦、何瑞原为之。此元非长策，只可权宜一时，俟吾叔来再商之可也。匆匆不能尽言，总望吾叔拨冗⑤即至是荷。恳切，恳切！

今译

元旂叔回去之后，很多事情积攒了下来，又因为修建沿海军事工程，上官来到县里，更加繁杂纷扰，苦不堪言。钱粮完纳人家寥寥无几，这样的荒年，虽然鞭打棍抽，终究也无济于事，只有白白承受肩负职责的逼迫了。南翔发生的盗窃案，里面颇有瓜葛，然而这是命中注定的事情，不是我所能担忧的。以当前的政治局势来看，有些事情不能去做，朋友们以为是我性子倔强，实在不是我倔强啊。解银这件事情，因为往来协助之人还没确定，暂且令张锦、何瑞原负责。这本来就不是长久之策，只是一时的权宜之计，等到元旅叔来了之后再商量吧。匆匆之间难以尽言，总之，希望您百忙之中抽空过来。殷切希望，殷切希望！

| **简注** |

/

① 上台：上司，上官。

② 鞭扑：用作刑具的鞭子和棍棒。亦指用鞭子或棍棒抽打。

③ 南翔：即今上海市嘉定区南翔镇，位于嘉定城区的东南部，扼守上海西北门户，为上海市四大历史名镇之一。

④ 大数：命运注定的事情。

⑤ 拨冗：具有文言色彩的客套话，请对方推开繁忙的工作，抽出时间来（做某件事情）。

| **实践要点** |

/

这是陆陇其在担任嘉定知县期间写给叔叔陆元旅的信。信中写了他任职过程中的艰难情况，如上官到县里督建军事工程、荒年催民缴纳赋税、处置南翔盗案、安排解银人选等等，诸种事情，应接不暇，所以迫切希望陆元旅到县衙来帮忙。

与叔元斿翁（二）

夏间寓魏南归，侄附一信，想已入览。嗣后两次信归，俱匆匆不及作字，然灵寿景象，吾叔必已知其大概矣。此邑接连山右，幸不当冲，钱粮亦少而易完，但地瘠民贫，在真郡三十州县中最为贫苦。又连年荒旱，憔悴不堪，又有协济[①]邻郡之苦。以侄处此，虽简僻相宜，而抚字[②]亦正不易，惟喜上台皆宽仁长者，凡事俱在情理之内，绝不似南中光景。

署中觉人太少，故急欲家眷北来，然路途遥远，须得老成照管，方能放心。侄虽嘱履平弟同来，然渠未曾经历长途，必欲吾叔拨冗一来。侄到此会计[③]一年经费，仅可支持，此番人归，手无一文，北来盘费，未有着落，吾叔可于城中觅主，缓急百金妙甚。家中种种，俱望主裁。凡事经吾叔剖断，侄无不心服。前承吾叔惓惓[④]，为侄蠡斯[⑤]计，最荷至爱。目前匆匆，似难及此，万一有可商量者，并望留神。

威叔、贻孙不及另札，俱乞叱致。吾叔来须乘骡轿，不可惜小费跨骡也，并嘱。

　　夏天柯寓匏南归的时候，我请他带了一封信，想必您已经看过了。之后又有两次让人带信回去，都来不及给您写信，不过灵寿这边的景象，您想必已经知道大概了吧。灵寿县位于太行山以东，幸好不是冲要之地，缴纳钱粮很少而且容易完成，但是该县土地贫瘠，人民贫穷，是真定府三十个州县中最贫穷困苦的县。这几年又连年遭遇旱灾，民众疲惫不堪，又有协助临近府县缴纳钱粮之苦。把我安排在这里，其简单僻静虽然相宜，而安抚体恤百姓确实很不容易，幸运的是上官都是宽厚仁爱的长者，凡事都在情理之中，完全不像在嘉定时的情景。

　　县衙中总觉得人太少，因此特别想要家眷北上前来，然而路途遥远，须得有老成稳重之人沿路照管，才能放心。我虽然嘱托三弟陆履平一同前来，可是他没有经历过长途跋涉，必须叔叔抽空一道前来才行。我到灵寿核算一年所需费用，仅可勉强支撑，这次派人回去，手里没有多余的钱，你们北上前来的盘缠，也没有着落，您可以到城中找寻借用，若能借到百金以应急就太好了。家里的种种事情，还望叔叔您给做主啊。所有的事情，经过您的剖析明断之后，我没有一件不心服口服的。前面承蒙您的诚挚帮忙，为我家儿子说亲，最是体现您的爱护之心。目前这封信也是匆匆写成，似乎很难把事情说清楚，万一有可以商量的地方，希望您留心协助。

　　威叔、贻孙，来不及给他们写信，一并在这里问个好吧。叔叔您来的时候，一定要乘坐骡轿，不要舍不得小钱而骑着骡子前来，在此一并嘱咐您。

① 协济：旧时地方政府按中央命令将所征税款协助其他地方政府的部分。

② 抚字：指对百姓的安抚体恤。

③ 会计：核计，计算。

④ 惓（quán）惓：恳切貌。

⑤ 螽（zhōng）斯：指子孙子众多。《诗·周南·螽斯序》："螽斯，后妃子孙众多也，言若螽斯不妒忌，则子孙众多也。"

| 实践要点 |

这是陆陇其才去担任灵寿知县的时候，写给陆元旂的信。陆陇其在信中描述了灵寿的地理位置和经济状况："地瘠民贫，在真郡三十州县中最为贫苦"，"连年荒旱，憔悴不堪，又有协济邻郡之苦"。其艰难困境可以想见。陆陇其还把他在嘉定任职时的上官和灵寿任职时的上官进行了比较，认为"惟喜上台皆宽仁长者，凡事俱在情理之内，绝不似南中光景"。此处的主要比较对象是江苏巡抚慕天颜和直隶巡抚格尔古德：慕天颜多次贬斥、打击陆陇其，而格尔古德则多次褒扬、举荐陆陇其。两人对陆陇其的态度有着天壤之别，陆陇其贬低慕天颜、赞扬格尔古德也在情理之中。此外，陆陇其还在信中请求陆元旂陪同亲眷一起到灵寿，并请他代为处理家中事务，由此可见陆陇其对陆元旂的信任。

与叔元旂翁（三）

别后不觉已经月，未审吾叔何日抵家，长途不困顿否？悬念，悬念！月余来署中颇无事，惟奉宪檄①催取《县志》甚急，不免拮据。今抄本已告竣，送府付梓，则尚未有期也。钱粮忽遇特恩，蠲免三分之一，欢声遍山谷，时事之最可喜者。守道②竟不起，巡道③以易州一案降调，半月之内两台尽更，殊出意外。偶笔匆匆不尽。

| 今译 |

离别之后已经有一个月的时间，不知道叔叔您何时到的家，长途跋涉是否困顿？非常挂念，非常挂念！这一个月来，衙门中没什么事情，只是奉命催取《县志》太急，不免有些拮据。现在《县志》的抄本已经完工，送到真定府衙门去刊刻发行，那就不知道什么时候才能完成了。灵寿县缴纳钱粮忽然遇到特别的恩典，减免三分之一，欢呼之声遍布山谷，这是当下的事情中最令人惊喜的。守道竟然去世，巡道因为易州一案降级调用，半月之内两位上官尽皆变更，很是出乎

意料。临时动笔写信，匆忙之中来不及说尽。

| 简注 |

①宪檄：旧时称上官所发檄文的敬词。

②守道：清初，布政使下设左右参政、参议，驻守在某一地方，称为守道。

③巡道：清初，按察使下设副使、佥事等，可去分巡某一地方，称为巡道。

| 实践要点 |

　　这是陆陇其在灵寿知县任上写给叔叔陆元旂的信，大致写于清康熙二十五年（1686）。陆元旂把陆陇其家眷护送到灵寿之后，返回平湖，大约走了一个月后，陆陇其写信去询问情况，一是表达感激之情，二是聊聊灵寿政务。信中，陆陇其提到编纂《灵寿县志》，从中可以推测出写信的时间。据史料记载，陆陇其编撰完成《灵寿县志》的时间是在康熙二十五年三月，因此，这封信大致写于这个时间。陆陇其在信中还提到了朝廷减免灵寿赋税钱粮以及守道去世、巡道降级调用等事，一喜一忧，人事纷杂，世事难料，谁人可以料定。

与叔元旂翁（四）

别来忽复经年，吾叔近祉^①如何？悬念，悬念！恒阳^②光景，旧冬几在昏黑中，幸逢新抚到任，气象一新。州县得偷安无事，但民生不辰^③，地方灾祲^④叠见，旧岁水今岁蝗，百计筹持，不能救其万一。至一官之萧条，固无足道也。吾乡景象不知若何？因予馨久病思归，急不能待，此中近状，予老能述之，匆匆不悉。

| 今译 |

离别之后，忽然又过了一年，叔叔您近况如何？非常挂念，非常挂念！久晴不雨，大旱成灾，去年冬天几乎都是在昏沉黑暗中度过的，幸好新任巡抚到任，气象为之一新。州县官员苟且偷安，无事可做，但是民生不得其时，地方灾异频繁出现，去年发大水，今年有蝗灾，虽然我百般筹措，维持民生，也不能拯救极少的一部分民众。至于我做官萧条，前途渺茫，这些没什么好说的。不知我们家乡的情景怎么样？因为予馨久病想要回老家，急得不能再等待了，灵寿这边的

近况，予耄回去会说给您听的，下笔匆匆，不能细说。

① 近祉：祉，福。写信时的祝福问候之语。

② 恒阳：指久晴不雨，大旱成灾。

③ 不辰：不得其时。出自《诗·大雅·桑柔》："我生不辰，逢天僤(dàn) 怒。"

④ 灾祲(jìn)：犹灾异。祲，不祥之气，妖氛。

| 实践要点 |

这是陆陇其在灵寿知县任上写给叔叔陆元旂的信，大致写于清康熙二十六年(1687)。信中，陆陇其提到了新任直隶巡抚到任之后，气象为之一新，以及去年水灾、今年蝗灾等事。据史料记载，治河名臣于成龙(区别于一代廉吏于成龙，史称小于成龙) 于康熙二十五年到二十九年担任直隶巡抚，陆陇在任灵寿知县期间，即在他的管辖之下。据《陆陇其年谱》记载，康熙二十五年，灵寿遭遇水灾；康熙二十六年，蝗虫泛滥，因防治及时，没有酿成蝗灾，但也损失巨大。因此，从信中所说的"新抚到任""旧岁水今岁蝗"等来推断，这封信可能写于康熙二十六年。

与叔元旂翁（五）

吾叔南旋，不觉再易星霜[1]，耿耿[2]何如？此间两年，变态[3]叠出，所遇上台，非臭味之不投，则意见之不合，莫非命也，固无足道。莼鲈之想[4]，时在胸臆，晤期当不甚远。家乡光景如何？北方去岁遭蝗蝻，气象萧条，今岁幸钱粮尽蠲，稍有起色。然此时尚未有雨，二麦[5]可虑，将来又未知作何景状也。署中俱平安，但澹泊[6]之状，比旧更甚耳。威叔闻已选拔，可喜之甚，不及另札，望道意。《县志》并杂刻呈阅，匆匆不悉。

| **今译** |

叔叔您南下回家之后，不知不觉已有两年，心中烦躁，您最近怎么样呢？这两年，事情变化不断出现，所遇到的上官，不是臭味不相投，就是意见不相合，无非是命中注定的，本来就不值一提。思念家乡之情，时常淤积心中，见面的日子应当不远了。老家的情景怎么样呢？北方去年遭到蝗灾，社会景象萧索，百姓生计困难，今年幸好免去全部钱粮，渐渐有些起色。不过这个时候还没有下雨，

大麦、小麦收成值得担忧，将来又不知道会遇到什么情况。衙门中都很平安，但是日常生活状况，比过去更加艰难了。听说威叔已经通过选拔，可喜可贺，来不及另外写信表示祝贺，希望您代我转达。《灵寿县志》和其他书籍，送上供您一阅，写信匆忙，来不及说清楚。

| 简注 |

／

① 星霜：星辰一年一周转，霜每年遇寒而降，因以星霜指年岁。

② 耿耿：烦躁不安，心事重重。

③ 变态：指万事万物变化的不同情状。

④ 莼鲈之想：也作"莼鲈之思"。据《世说新语·识鉴》："张季鹰辟齐王东曹掾，在洛，见秋风起，因思吴中菰菜羹、鲈鱼脍，曰：'人生贵得适意尔，何能羁宦数千里以要名爵！'遂命驾便归。俄而齐王败，时人皆谓为见机。"后来被传为佳话，演变成"莼鲈之思"，也就成了思念故乡的代名词。

⑤ 二麦：大麦、小麦。

⑥ 澹泊：清静寡欲，不追求功名利禄。

| 实践要点 |

／

这是陆陇其在灵寿知县任上写给叔叔陆元旂的信，大致写于清康熙二十七年（1688）。信中，陆陇其诉说了他与陆元旂离别后两年之间的遭遇，重点说了他与上官的关系:"此间两年,变态叠出,所遇上台,非臭味之不投,则意见之不合。"从臭味不投、意见不合等词语中,我们可以看出,陆陇其的处境是非常堪忧的。试想,如果与上官相处不好,他怎么能干得舒心呢,又怎么能得到提拔呢?陆陇其是清初康熙年间官场中清官循吏的代表,但是,当时绝大多数官员做不到他的清廉,也不一定认可他的"尊朱黜王"理念。因此,陆陇其因其清廉行为和学术理念,注定是孤独的,而且很有可能会遭到打击。除了信中所说,历史事实也是如此:魏象枢、陈廷敬等对陆陇其的举荐,多次遭到朝廷的否决,个中原因,不外如此吧。仕途不如意,陆陇其遂有了辞官返乡的想法,所谓"莼鲈之思"是也。此外,他在信中再次提到了经济困难,"署中俱平安,但澹泊之状,比旧更甚耳",由此可知,嘉定诗人所他"有官贫过无官日"确有此事。

与叔元旂翁（六）

旧秋接来札，知吾叔近履佳胜①，一慰远怀。侄浮沉此地，愈久愈困，一官偃蹇②，非关世局，只是学问不长进之故。地方幸去岁钱粮蠲免，民力稍舒，今春觉有起色，将来亦可藉此遂莼鲈之愿矣。嘉邑未完，殊出意外。造船一项，不见移咨③，直抚④必已在赦内，倘有混扰，回之可也。读叔祖两传，简核精确，无可更易。侄意欲待诗学稍进，作一长歌，以志高山之仰，而日来胸次冗杂，未能成章，容续成上正。

| 今译 |

去年秋天接到来信，知道叔叔您近来安好，心里非常欣慰。我宦海浮沉于此，时间越久越觉得困顿，做官困顿，与时局无关，只是学问没有长进的缘故吧。灵寿去年幸好减免了钱粮，民力稍微得到舒缓，今年春天渐渐有些起色，将来也可以借此遂了返乡的心愿。嘉定的事情还没有完，颇出乎意料。造船一事，没有见到移送过来的公文，直隶巡抚必然已经在大赦之内，假使有所混淆干

扰，回了他即可。读过叔祖的两篇传记，言简意赅，精确翔实，没有需要更改的地方。我本想等到写诗水平稍有长进，写一首长诗，用来记录我对叔祖的高山敬仰之情，而近来杂事繁多，心中烦闷，无法成篇，容我写好后呈送给您指正。

| 简注 |

① 佳胜：旧时书札问候、祝颂用语。犹言安好、顺适。宋苏轼《答苏伯固书》："辱书，劳问愈厚，实增感慨，兼审尊体佳胜。"

② 偃(yǎn)蹇(jiǎn)：困顿。

③ 移咨：指移送咨文。咨文，旧时公文的一种，行文不相统属的官署间移文。

④ 直抚：直隶巡抚。

| 实践要点 |

这是陆陇其在灵寿知县任上写给叔叔陆元旂的信，大致写于清康熙二十八年（1689）。信中，陆陇其谈及仕途发展情况和灵寿民生状况。信的结尾之处，陆陇其特别提到："读叔祖两传，简核精确，无可更易。侄意欲待诗学稍进，作一长歌，以志高山之仰，而日来胸次冗杂，未能成章，容续成上正。"在陆陇其的信中，很少谈到诗歌，这是一次特例。从他的信中，我们可以得知：其一，陆陇其是会写诗的，只是他觉得自己的写诗水平有待提高；其二，陆陇其对诗歌是认可的，他以为诗歌可以抒发高山景仰之情；其三，陆陇其写诗是感于事而发，绝不无病呻吟。从现有资料来看，陆陇其流传下来三十余首诗作，尤以《田家行》最佳。摘录如下，与诸君共勉。

田家行

谁云田家苦，田家亦可娱。上年虽遭水，禾黍多荒芜。今年小麦熟，妇子尽足哺。所惧欠官钱，目下便当输。昨夜府檄下，兵饷尚未敷。里长惊相告，少缓自速辜。不怕长吏庭，鞭挞伤肌肤。但恐上官怒，谓我县令懦。伤肤犹且可，令懦当改图。阳春变霜雪，尔悔不迟乎。急往富家问，倍息犹胜无。田中青青麦，已是他人租。闻说朝廷上，方问民苦荼。贡赋有常经，谁敢咨且吁。不愿议蠲免，但愿缓追呼。

与叔元旂翁（七）

去秋人归，匆匆不及作一字。冬春以来，地方有蠲赈^①之事，刻无宁晷。家乡音问，不胜辽阔^②。六月中，到都门，见子展弟，知吾叔近祉佳胜。欣慰，欣慰！侄此番行取^③，出人意外，初欲借此告假回南，而势不容迟，只得勉强到部，且再看光景何如。此时言路甚是烦难，且萧然一身在长安中，亦大费踌躇，不胜进退维谷。如何，如何！种种景象，六符叔归，自能详之不赘。

| 今译 |

去年有人回老家去，时间比较急，来不及写信。去年冬天和今年春天以来，灵寿地方上有免除租税、救济饥贫的差事，一刻也得不到安宁。家乡的讯息，因为隔得太远也得不到。今年六月，我到京师，见到子展弟，知道叔叔您一切安好。我心里非常安慰，非常安慰！我这次行取，非常出乎意料，当初本想借着余国柱的弹劾告假回家，而今形势容不得我有所延迟，只能勉强到吏部验到，看看情况再做决定吧。眼下的御史言官之职责非常繁杂困难，而且我孑然一身独自在京师，也大费踌躇，难以承受进退维谷的困境。该怎么办呢，该怎么办呢！我在京师的种种景象，六符叔回去之后，自然会对您详说，我就不再赘述了。

| 简注 |

① 蠲赈：亦作"蠲振"。免除租税，救济饥贫。

② 辽阔：遥远。

③ 行取：明制，地方官知县、推官，科目出身三年考满者，经地方高级官员保举和考选，由吏部、都察院协同注拟授职，称为行取。优者授给事中，次御史，再次各部官职。清初沿袭，并规定三年一次，各省有定额，雍正之后逐渐废弃。

| 实践要点 |

这是陆陇其在监察御史任上写给叔叔陆元旂的信，大致写于清康熙二十九年（1690）。当年二月，陆陇其带队赈济灵寿灾民，从巡抚那里听说余国柱弹劾他的事情，因而有了辞官返乡的念头；五月，左都御史陈廷敬推荐他到京师任职；六月，陆陇其到京，赴吏部验到；九月，到畅春园觐见康熙皇帝，后补任为四川道监察御史。从"勉强到部，且再看光景何如""此时言路甚是烦难"等语句推断，这封信可能写于陆陇其担任监察御史之后。信中写了他这一年来的大致状况，以及他想辞官回乡又难以离开官场的复杂矛盾心情。

与叔元旆翁（八）

家眷回南时，有一札呈吾叔，想已入览。十月终旬，文端叔到京，接吾叔手札，知近祉佳胜，深慰远怀。

侄数年来菀鲈之想时刻在胸。一番行取，初意或可稍展所见，不意目前时局处处棘手。吾叔阳城有待①之言，固属老成之识，然恐不若孙绰②之遂初更为高妙也。如何，如何！

《松阳讲义》尚属草本，乃蒙付梓，恐迂愚之说未必能行，徒费吾叔一番经营也。所寄刻本中多差字，想系传写之讹，特托思远弟校对，尚未能尽。前三儿带归一本，乃侄所自校，可取一对，改正为妙。有脱落字句者，不妨双行补入。承命率作一序，亦殊不文，聊志其大略耳，并呈上。叔祖至行，时时在念，因不敢草率属笔，只管蹉跎，心境稍闲，即当有以报命。匆匆不多及。

今译

家眷南下返乡的时候，有一封信寄给您，想必您已经读过了。十月下旬，文端叔到京师来，收到您的来信，知道您一切安好，我心里感到很欣慰。

我数年来时刻想着要辞官返乡。这次行取，最初的念头是想要施展平生所见，想不到目前时局处处都很棘手。您"阳城有待"的说法，固然是老成稳重的看法，恐怕还是不如孙绰遂其初愿更为高妙啊。如之奈何，如之奈何！

《松阳讲义》还是草本，就承蒙您刊刻发行，唯恐书中的迂拙说法未必能行得通，白白耗费您的一番辛苦筹划。您寄来的刻本中有很多错别字，想来是传抄过程中以讹传讹的缘故，我特意委托思远弟校对，未能全部校对出来。前段时间，三儿陆宸徵带了一本《松阳讲义》回去，这是我亲自校对的，可以拿来做个比照，改正讹误才好。书中有脱落字句的地方，不妨双行补入。承您之命写了一篇序言，也是颇不成文，聊以记录一下大概情况吧，一并寄给您。叔祖卓绝的品行，我时时放在心上，因而不敢草率动笔，只能任由时间蹉跎，等到心境稍微闲适，就按照您的要求去写。匆匆忙忙，来不及多说了。

简注

① 阳城有待：阳城，古称获泽，隶属于山西省晋城市，位于山西省东南端，地处太岳山脉东支，中条山东北，太行山以西，沁河中游的西岸。清康熙、雍正年间，阳城与陕西韩城、安徽桐城同为文化发达之乡，在泽州府所辖五县中文风

最高，赢得了"名列三城，风高五属"的美誉。"阳城有待"出自东汉末年古文经学大师荀爽寓居阳城的典故。据史料记载，荀爽出身东汉望族"颍川荀氏"，为荀子第十二世孙、东汉名士荀淑第六子。他自幼聪敏好学，潜心经籍，刻苦勤奋，汉桓帝在位时曾被太常赵典举为至孝，拜郎中，对策上奏见解后，弃官离去。为了躲避第二次党锢之祸，他隐遁汉滨达十余年，专以著述为事，先后著《礼》《易传》《诗传》等，号为"硕儒"。期间，荀爽在《贻李膺书》中说，"知以直道不容于时，悦山乐水，家于阳城"，以此来表明心志。黄巾起义爆发后，党禁解除，荀爽相继被举荐，但都未应命。董卓专权时，强征荀爽为官。他在九十三日内，接连升至司空，位列台司。荀爽见董卓残暴，便暗中与司徒王允等谋除董卓。但在举事前，荀爽便于初平元年病逝，享年六十三岁。"阳城有待"指的是暂时隐居，以等未来施展才华的机会。

② 孙绰：字兴公，东晋玄言诗人。中都（今山西平遥）人，后迁会稽（今浙江绍兴）。孙绰曾任临海章安令，在任时写过著名的《天台山赋》。他善书博学，是参加王羲之兰亭修禊的诗人和书法家。

| 实践要点 |

这是陆陇其在监察御史任上写给叔叔陆元旂的信，大致写于清康熙二十九年（1690）。信中，陆陇其再次表达了自己一直以来的想要辞官返乡的意愿。同时，他也提到，开始出任监察御史的时候，他还希望做些事情，施展平生所学，凭着一腔热血上了《畿辅民情疏》《论湖南巡抚夺情疏》《请速停保举永闭先用疏》等奏疏；然而，时局艰难，他遭到了同僚的排挤和上官的厌弃，处境艰难，处处棘手。因此，他引用荀爽、孙绰的典故，来表达自己辞官返乡的强烈意愿。

陆陇其在信中着重讲述了《松阳讲义》的事情。他认为陆元旗刊刻发行的《松阳讲义》"尚属草本"，"恐迂愚之说未必能行"，而且"刻本中多差字"。为此，他请陆思远认真校对，还让陆宸徽带回一本他亲自校对的手抄本《松阳讲义》，用于校对陆元旗刊刻本，并写了一篇序言，介绍《松阳讲义》的成书过程和思想内容。

此外，他再次提到了叔祖（陆元旗父亲）的卓绝品行，表达了自己不敢草率动笔书写传记或墓志铭的想法，请求陆元旗原谅，而待他"心境稍闲，即当有以报命"。

与叔元旂翁（九）

两接吾叔手札，知起居佳胜，深慰远怀。《一隅集》《松阳讲义》复累吾叔，尤觉无谓，不知可稍偿刻赀①，不至大折②否？《讲义》止此一百十余章，无续做者。盖此只是完灵寿一局，原不必其全也。刻成，幸寄数部到京是荷③。侄在都门，终日鹿鹿④，无一善状，时事甚难，言路恐不可久居。如何，如何！

今译

再次接到您的信，知道您一切安好，我感到很欣慰。再次因《一隅集》《松阳讲义》劳累您，我觉得没有什么意思，不知卖书所得是否可以稍微偿还刊刻的费用，不至于大赔本？《讲义》只有一百一十余章，没有续写的。这是我在灵寿县学授课的讲义，原本就不必全面。刻成之后，如有幸寄数部到京师来，那就太感谢您了。我在京师，终日碌碌无为，没有干成一件好事，时事非常艰难，监察御史之职恐怕不会长久担任下去。如之奈何，如之奈何！

① 刻赀（zī）：刊刻的费用。

② 大折：大赔本。

③ 是荷：指对受到的帮助或恩惠表示感谢。多用于书信的末尾。

④ 鹿鹿：碌碌，平平庸庸，无所作为。

| 实践要点 |

这是陆陇其在监察御史任上写给叔叔陆元旂的信，大致写于清康熙三十年（1691）。陆陇其在信中表达了对陆元旂刊刻《一隅集》《松阳讲义》的感谢，并就《松阳讲义》没有讲解《四书》所有篇章作了说明。陆陇其担任监察御史之后，正道直行，在夺情、捐纳等事情上得罪了权贵，自知将不容于朝廷，因此有了"时事甚难，言路恐不可久居"的判断。

与叔元旂翁（十）

初夏人归，有一札呈上，想已入览。侄以不能随众①，于六月中几遭奇祸②，虽蒙宽免③，而势甚可畏。目前又未敢便告假，不意世局之险至此，然只是听命，无他法也。嘉定有未完二件，一系边海城垣核减银，一系河工解费。问之部中，此二案内俱拖迟未完。若到原籍来催，照前回复可也，望吾叔留神。姚亲翁在京，并无他举动，已有南归之意，并闻，余不悉。

| 今译 |

初夏有人回去，有一封信带给您，想必您已经看过了。我因为不能依从多数人的意见，在六月中几乎遭受使人不测、出人意料的灾祸，后来虽然得到赦免，然而形势非常让人畏惧。目前的情况下，我又不敢随便请假，没想到世局竟然这么险恶，我只能听天由命，别无他法。嘉定还有两件事没有完成，一是边海城垣核减银两，二是河工所费银两。我询问过相关部门，这两件事情都是拖延下来没有完成的。若是有关方面到老家来催问，您把我说的话说给他们听即可，希望您多留神。姚家亲翁在京师，并没有其他的举动，已经有了南下返乡的意思，一并告知，其他的就不多说了。

/

① 随众：从众，依从多数人的意见。

② 奇祸：使人不测、出人意料的灾祸。

③ 宽免：从宽减免或赦免。

| 实践要点 |

/

这是陆陇其在监察御史任上写给叔叔陆元旂的信，大致写于清康熙三十年（1691）。陆陇其信中写道："侄以不能随众，于六月中几遭奇祸，虽蒙宽免，而势甚可畏。"据《陆陇其年谱》记载，康熙三十年五月，京师大旱，康熙皇帝命大臣直陈利弊，陆陇其献三议：其一，编审人丁，宜痛除积弊；其二，积欠钱粮宜急豁免；其三，捐纳保举宜急停止。六月，陆陇其上《请速停保举永闭先用疏》，后令九卿会同陆陇其议奏，满人官员请改议，陆陇其不从。因议论捐纳一事，陆陇其得罪了满人权贵，差点被发配东北蛮荒之地，后康熙皇帝因为他是言官，法外开恩，陆陇其得以豁免，奉命巡视北城。八月，陆陇其被御史弹劾不称职。九月，陆陇其辞官出京，十一月抵家，终于圆了他的"莼鲈之思"。

与叔元旂翁（十一）

中秋虞山①馆归，匆匆即去，未得图晤。《讲义》稿本，校毕呈上，但目下未能料理②纸张。如何，如何！序文不必另刻，附数行于目录后，用此体甚觉古雅③，不识吾叔以为何如？今并写一式呈上，种种晤悉不一。

今译

中秋节的时候，我从常熟席家回来，在家待了几天就匆匆赶了回去。《松阳讲义》的稿本，我已校对完毕，现交给您，只是眼下没有用于刊刻的纸张。如之奈何，如之奈何！序文不必另外刻了，在目录之后附上数行，用这种体例觉得非常雅致而有古典风味，不知您以为如何？现在一并写上交给您，其他种种想要说的话就不一一写了。

简注

① 虞山：虞山为江苏省常熟市境内的一座山，横卧于常熟城西北，北濒长

江，南临尚湖，因商周之际江南先祖虞仲（即仲雍）死后葬于此而得名。此处代指常熟。

② 料理：整理、处理。

③ 古雅：雅致而有古典风味。

| 实践要点 |

／

这是陆陇其在辞官返乡后写给叔叔陆元旂的信，大致写于清康熙三十一年（1692）。据《陆陇其年谱》记载，陆陇其于康熙三十年十一月返乡之后，常熟席启寓又来邀请他前去担任私塾先生；第二年正月，他应邀赴常熟席家担任塾师。当年中秋节，陆陇其匆匆返家一次，未能和陆元旂见面，这封信就是因为没能见上，有许多话要交代才写的。信中，陆陇其说了校对《松阳讲义》的情况，并对如何刊刻该书提出了自己的看法。

与曾叔祖蒿庵翁（一）

　　一身远出，幼子无知，所恃者师保得人耳。临行匆匆，言不能尽，想太翁亦不待言而知其意也。

　　舟中细思"一齐众咻"①之义，觉得"咻"字情状万千，愈思愈觉可畏。非必有意引诱，然后为咻；凡亲友来者，或语言粗鄙，或举止轻率，一入初学耳目，便是终身毒药。故有心之咻犹有限，无心之咻最无穷。此孟子所以必欲置之庄岳。然庄岳势不易得，惟恃一齐人之辞严义正，能使众咻辟易②，望风而靡③，则潇湘、云梦尽成庄岳矣。

　　舟行吴江道中，半日闷郁。思至此，又不觉欣然慰也。至于户外之事，惟有一静。仲书"夬履，贞厉"之占，切中其病，高明如见。晤时，幸时提撕④此意，内无咻而外无夬，千里远怀，便可坦然矣，惟太翁留意。

一个人出门远行，幼子年少无知，所依靠的只有找到合适的老师。临行之时匆匆忙忙，没有把话说完，想必太翁不用等到我说明就知道我的意思了吧。

我在船中仔细思考"一齐众咻"的意思，觉得"咻"字有万千种情状，越想越觉得可畏。不一定必须是有意引诱，然后才是"咻"；凡是亲戚朋友前来，或是语言粗鄙，或是举止轻率，一旦进入初学者的耳中和眼中，便是终身的毒药。因此，有心之"咻"影响有限，无心之"咻"贻害无穷。这是孟子之所以一定要将他放到庄岳等闹市区的原因。不过庄岳等闹市区势必不容易得到，只有依靠一个齐国人的义正言辞，才能使众多楚国人的喧闹消失，使他们望风而逃，那么潇湘、云梦等地则都成为庄岳了。

所乘之船行到吴江上，这半天都很郁闷。想到这些，又不知不觉感到欣然安慰了。至于户外的事情，只讲究一个"静"字。仲书"夬（guài）履，贞厉"的占辞，正好切中此病，其高明如同亲见。见面之时，希望时常提醒这些意思，在内没有人喧闹，在外没有人决裂，则虽然离家千里，心中亦可以坦然了，希望太翁多留意家中情况。

① 一齐众咻（xiū）：咻，喧闹。一个人教导，众人吵闹干扰。比喻学习环境不好，干扰很大。出自《孟子·滕文公下》："孟子谓戴不胜曰：'子欲子之王之善

与？我明告子。有楚大夫于此，欲其子之齐语也，则使齐人傅诸？使楚人傅诸？'曰：'使齐人傅之。'曰：'一齐人傅之，众楚人咻之，虽日挞而求其齐也，不可得矣；引而置之庄岳之间数年，虽日挞而求其楚，亦不可得矣。子谓薛居州，善士也。使之居于王所。在于王所者，长幼卑尊皆薛居州也，王谁与为不善？在王所者，长幼卑尊皆非薛居州也，王谁与为善？一薛居州，独如宋王何？'"

② 辟易：退避，引申为消失。

③ 望风而靡：见到对方的威势就服服帖帖。形容畏惧之状。

④ 提撕：教导；提醒。

实践要点

这是陆陇其写给曾叔祖陆蒿庵的信，大致写于清康熙二十二年（1683）。信中，陆陇其除了请陆蒿庵关照家中事务之外，还用"一齐众咻"的典故，详细说明了子女的教育问题。陆陇其认为，"非必有意引诱，然后为咻"，即使是无意之中的"语言粗鄙""举止轻率"等等，一旦被初学者听到看到，便是"终身毒药"。因此，他提出"有心之咻犹有限，无心之咻最无穷"的观点，特别强调学习环境对读书人的影响，请陆蒿庵一定要关照好他的三儿子陆宸徵。

此外，陆陇其还提到了临行之前占卜的"夬履，贞厉"一卦。"夬履，贞厉"是《周易》第十卦第五爻的爻辞，意为保护自己脚的鞋子都断裂了，继续走下去会有很大的困难。他以此来警醒自己，希望自己能够做到"内无咻而外无夬"，如此就能够坦然面对未知的仕途了。

与曾叔祖蒿庵翁（二）

六月初二到京，部例，急选与大选①不同，文书必自勋司而转功司，自功司而达选司，②有二十余日之担搁③，非一日便可投供④也。选司题覆⑤，又有一月工夫，总之补期在九月矣。初意欲改教职，部中无此例，只得听其自然。但将来做法甚难，诸君子之期望，亦最难副，十分小心。犹或庶几倘得一世俗所谓美缺，家中人切不可以为喜，望太翁居常时时提醒此意。

在京师，自觉纷华盛丽不能动此心，颇浩浩落落。但时一念及稚子愚蠢，未有知识，辄不能不搅扰⑥于中。未知近来读书何如？侄孙意惟欲其精熟，不欲其性急。太翁可取《程氏分年日程》，细体古人读书之法，使之循序渐进，勿随世俗之见方妙。《周礼》《礼记》，俱宜令其温习，一季得一周，庶能记得。侄孙幼时温书，皆一月一周也，《左传》诸书，迄今犹能成诵，皆当时温习之功。惟太翁留神馆中，凡有不便，不妨直言，不比在别家也。

惟有一事，意中欲望太翁之裁节者。向在家时，屡欲言之，踌躇中止。到路上思之，不言毕竟是客气，非所以待太翁也，敢一陈之。烟之为物，从古所无，明季始有之，吴梅村以为妖，见于《绥寇纪略》中。侄孙见今之大贤君子，无吃此者，盖皆知其非佳物也。太翁留心正学，而嗜好偶同于流俗，何难一举而绝之？一则见克己之勇，一则免火烛之虞，一则后学无效尤之弊，一举而三善备焉。不识太翁不以为妄言否？便中⑦草附，不能尽悉，临楮⑧依依。

| 今译 |

六月初二到京，吏部惯例，急选与大选不同，文书必须从稽勋司转到考功司，再从考功司到文选清吏司，中间要耽搁二十天左右的时间，不是一天就可以提供的。文选清吏司题本奏覆皇上，又要等一个月的时间，总之，补任职务的时间要在九月份了。当初的想法是改为教职，吏部回复说没有此例，只能听命于上，顺其自然了。但是将来的事情很难做，诸位亲朋好友的期望也很难实现，我必须十分谨慎小心。如果有幸得到一个世俗所谓的肥缺，家里人务必不可以此为喜事，希望您平日经常提醒他们。

来到京师，自己感觉到繁华富丽不能让我动心，颇感胸怀坦荡，落落寡合。不过一想到家中稚子愚昧无知，总是不能不被搅扰其中。不知道他近来读书怎么样？我只是希望他读书精熟，不想他性子太急。您可以拿来《程氏家塾读书分年日程》，仔细体认古人的读书方法，让他循序渐进，不要听从世俗之见就好了。《周礼》《礼记》，也可以让他温习起来，一个季度读一遍，差不多就能记住了。我年幼的时候温书，都是一个月读一遍，《左传》等书，至今还能背诵，都是当年温习功课的功劳。您多留心一下私塾里面的情况，凡是有不合适的地方，不妨直言，在我这里，不比在别人家。

有一件事情，想要您裁决。以前在家时，多次想说，犹豫再三，还是没说。走在路上，我反复思量，不说毕竟还是太客气了，不是对待您的正确方法，现在就说给您听吧。烟这个东西，古代是没有的，明朝末年才开始传入中国，吴梅村先生把它看作是妖物，参见《绥寇纪略》一书。我见当今的大贤君子，没有吃烟的，大概都知道这不是好东西吧。您留心正学，而嗜好偶尔和流俗之人相同，一下子就戒掉有什么难的呢？一来可以让人看到您克服自己嗜好的勇气，二来又能免去火烛的忧虑，三来还不让后辈学子有效法吸烟的弊端，一举而三得。不知您是否可以不把我说的话当做胡言乱语？忙里抽闲草草写了这封信，不能把情况全都说清楚，对着信纸心里很是不舍。

简注

① 急选与大选：明清时期的吏部铨选官吏制度。清制，凡内外文官缺出，京官自郎中以下，地方官自道员以下，除另有规定者外，均归吏部选补，每月一

次，分单月选及双月选。双月大选、单月急选，初授官及考定升降归双月大选，改授、改降、丁忧、候补归单月急选，统称月选，所选之官称月官。

② 勋司、功司、选司：中国古代六部制下吏部的组成机构。吏部掌管全国官吏的任免、考课、升降、调动等事务。明清时期，吏部下设文选清吏司、验封司、稽勋司和考功司四司。司的长官为郎中，副长官为员外郎，其属官有主事、令史、书令史等。文选清吏司掌考文职之品级及开列、考授、拣选、升调、办理月选。验封司掌封爵、世职、恩荫、难荫、请封、捐封等事务。稽勋司掌文职官员守制、终养、办理官员之出继、入籍、复名复姓等事。考功司掌文职官之处分及议叙，办理京察、大计。

③ 担搁：亦作"担阁"，耽搁，迟延。

④ 投供：清制，候选官员将得选缺时，按吏部规定日期报到，亲笔书写履历单，呈交吏部文选司，以待铨选，称投供。其亲笔书写的履历单称为亲供。

⑤ 题覆：明清时期六部向皇帝进呈的一种公务文书。意谓题本奏覆。多用于回答垂询。

⑥ 搅扰：扰乱，骚扰。

⑦ 便中：指方便的时候。

⑧ 楮（chǔ）：纸的代称，多指信笺。

| 实践要点 |

这是陆陇其写给曾叔祖陆蒿庵的信，大致写于清康熙二十二年（1683）。信

中，陆陇其叙说了他赴吏部谋求起复的经过和吏部的办事流程，表达了他当官不求富贵，但求心安理得的心愿。陆陇其在信中还提到了幼子陆宸徵的读书问题，他说："侄孙意惟欲其精熟，不欲其性急。"希望陆蒿庵采取《程氏家塾读书分年日程》的做法，教导陆宸徵循序渐进、一季一周阅读《周礼》《礼记》等儒家经典，免得成为流俗之人。

此外，陆陇其还委婉地劝谕陆蒿庵戒烟。他首先说了烟的来源和名人对烟的看法，以此来提醒陆蒿庵，烟不是中国原有的，而且被一些名人看作是妖物，还是少吸为好；其次，他以当时大贤君子和流俗之人的做法，来提醒陆蒿庵，大贤君子是不吸烟的，流俗之人才吸烟；再次，他列举了戒烟的好处，"一则见克己之勇，一则免火烛之虞，一则后学无效尤之弊"，对己、对物、对人，一举而三得，可谓真知灼见。

与曾叔祖蒿庵翁（三）

　　到京三月，家信未通，心甚悬悬。八月十七始接得闰月中信，喜不可言。侄孙已经投供，但部中新例，急选不论项款，惟以文书到部日为先后。而近来教官、县丞两项，捐升知县者，闻改归单月，侄孙名次在七十人外，补期尚遥遥矣。冬末春初，或作南归计，亦未可定，尚在徘徊也。家中百事都放不下，所恃以宽其内顾之忧者，惟以学生子付太翁耳。明岁不敢另具约，奉教自应如旧。侄孙教子之念，与他人异，功名且当听之于天，但必欲其为圣贤路上人，望时时鼓舞其志气，使知有向上一途。

　　所读书不必欲速，但要极熟。在京师见一二博学之士三礼①、四传②烂熟，胸中滔滔滚滚，真是可爱。若读得不熟，安能如此？此虽尚是记问之学③，然必有此根脚，然后可就上面讲究。圣贤学问，未有不由博而约者。《左传》中事迹驳杂，读时须分别王伯、邪正之辨。《注疏》④《大全》⑤，此两书缺一不可。初学虽不能尽看，幸检其易晓者，提出指示之，庶胸中知有泾渭。冬天日短，应嘱其早起，夜间则又不宜久坐。欲其务学，又不得不爱惜其精神也。

闻家乡米价甚贱，此最是喜信。季飞叔侄近况何如？晤时，并希致人处境不佳，只有和平一法，怨尤之气，减得一分，有一分受用也。

| 今译 |

来到京师已经三个月，与家中没有书信往来，心里非常挂念。八月十七日才接到闰月中的来信，高兴之情自不必说。我已经投供，但吏部有新的规矩，急选不论是项目和款式，只是以文书到达吏部的日期先后为准。而近日以来教官、县丞两类官员，捐纳升任知县的，听说改为单月，我的排名在七十人以外，补任的时间遥遥无期。今年冬末或明年春初，或许就要做回到南方的打算，不过也不一定，尚且还在徘徊。家中诸事都放心不下，我所赖以宽慰内顾之忧的，只有把陆宸徵托付给您了。明年不敢另外发出邀约，请您仍然照旧教授弟子。我教育儿子的想法，和他人不一样，功名之事应当听天由命，但是一定要把陆宸徵培养成为圣贤的同路人，希望您时常鼓舞激励他，让他知道还有向上一路可以走。

读书不必速度太快，但是一定要精湛纯熟。我在京师，见到一些博学之士，三礼、四传背得滚瓜烂熟，说起来滔滔不绝，胸中自有丘壑，真实可爱至极啊。如果读得不纯熟，怎么能够有如此表现呢？这些虽然只是记诵书本，以资谈助或应答问难的学问，然而学问必须要有基础，然后才可以进一步探究。圣贤学问，没有一门不是广博而简约的。《左传》中事迹驳杂，阅读的时候应当明辨其中的王伯、正邪之区分。《十三经注疏》《四书讲义大全》这两本书，缺一不可。初学者虽然不能全部看明白，希望您从中选出明白易晓者，提出来指示给他，让他心中知道有泾有渭。冬天白昼短，应该嘱咐他早些起床，夜里又不适合久坐。虽然希望他读书进学，但又不得不爱惜他的精神。

听说家乡粮米很便宜，这是最让人欣喜的消息。季飞叔侄最近怎么样呢？见面的时候，有些事情导致他们的处境不是很好，只有心态平和才是正当方法，埋怨责怪的想法，只要减少一分，就会有一分的效用。

简注

① 三礼：儒家经典《周礼》《仪礼》《礼记》的合称。中国古代礼乐文化的理论形态，对礼法、礼义作了最权威的记载和解释，对历代礼制的影响最为深远。

② 四传：亦称"四书"，儒家经典《论语》《孟子》《大学》《中庸》的合称。

③ 记问之学：只是记诵书本，以资谈助或应答问难的学问。指对学问尚未融会贯通，不成体系。出自《礼记·学记》："记问之学，不足以为人师，必也其听语乎！力不能问，然后语之。语之而不知，虽舍之可也。"

④《注疏》：注，对经文字句的注解，又称传、笺、解、章句等；疏，对注

的注解，又称义疏、正义、疏义等。注、疏内容关乎经籍中文字正假、语词意义、音读正讹、语法修辞，以及名物、典制、史实等。此处指《十三经注疏》。

⑤《大全》：对某一部或某几部儒家经典的全部篇章的讲解。此处指《四书讲义大全》。

| 实践要点 |

这是陆陇其写给曾叔祖陆蒿庵的信，大致写于清康熙二十二年（1683）。信中，陆陇其讲述了他在京补选的情况，自认为"补期尚遥遥矣"；其实，陆陇其在当年九月就补授灵寿知县，还是算快的，和他之前预计的差不多。陆陇其在信中着重提到了陆宸徵的学习情况。他希望陆蒿庵"时时鼓舞其志气，使知有向上一途"，让陆宸徵成为"圣贤路上人"。陆陇其以其在京师的见闻提出，"所读书不必欲速，但要极熟"，并说："此虽尚是记问之学，然必有此根脚，然后可就上面讲究。"他还请陆蒿庵教导陆宸徵阅读《十三经注疏》和《四书讲义大全》等儒家经典及其注疏，"检其易晓者，提出指示之"，使陆宸徵"胸中知有泾渭"，同时"分别王伯、邪正之辨"。接着，陆陇其再次强调读书要劳逸结合，"冬天日短，应嘱其早起，夜间则又不宜久坐。欲其务学，又不得不爱惜其精神也。"可怜天下父母心，陆陇其的爱子之心，天地可鉴啊！

附录
一

与赵生鱼裳旂公

　　七夕时，适苦①疟疾，故《尊篇》久留未归，兹同《康斋集》②暨《龟山通纪》③一并奉到。细看康斋文字，大抵返躬克己之意居多。明初儒者，一派真实工夫，真不可及。但康斋于格致上微觉未足，故其议论尚少发明，而行事亦时有未满人意处。方之薛④、胡⑤，不无高下焉。

　　近来昆仲所用何功？虽举业上不得不着力，但必使字字从身心上体贴⑥出来，则举业无非圣学矣。日记一编甚好，读书如此留心，方不是俗学。但判断前人犹易，磨勘⑦身心为难耳。

| 今译 |

　　七夕前后，刚巧得了疟疾，因此《尊篇》留在我这里好长时间尚未归还，现在同《康斋集》《龟山通纪》等一起送到。仔细看吴与弼先生的书，大体来说还是躬行仁爱之道、克制自己欲望的意思居多。明初的儒者，崇仁学派有真实工

夫，我们真是比不上。但是，吴与弼先生在论述格致上略微觉得有些不足，因此他的议论还缺少自己的独特主张，而且其行事也时有不让人满意的地方。吴与弼先生与薛瑄先生、胡居仁先生相比，并非没有高下之分。

最近你们兄弟在读什么书啊？虽然应对科举考试不能不用力，但是必须让你读过的每个字都能从身心上领会出来，那么科举考试也无非就是圣贤学问了。日记一编非常好，读书这么用心，才不会沦为世俗流行之学。不过评判前人是非还算容易，反复琢磨自己的身心就难了。

| 简注 |

① 苦：疾病。

②《康斋集》：明吴与弼著。吴与弼（1391—1469），字子傅，号康斋，明江西崇仁（今江西崇仁）人，崇仁学派创立者，著名理学家、文学家、教育家。在清代黄宗羲的《明儒学案》中，《崇仁学案》位列第一，吴与弼是《崇仁学案》第一人，显示了吴与弼在明代学术思想界的重要地位。吴与弼重求心得，不事著述，故其著作不多，主要有语录体《日录》一卷，今有明崇祯刻本《康斋文集》十二卷流传于世。

③《龟山通纪》：宋杨时著。杨时（1053—1135），字中立，号龟山，宋福建将乐（今福建将乐）人，著名理学家、文学家。熙宁九年进士，历官浏阳、余杭、萧山知县，荆州教授、工部侍郎、以龙图阁直学士专事著述讲学。先后学于程颢、程颐，同游酢、吕大临、谢良佐并称"程门四大弟子"。又与罗从彦、李侗

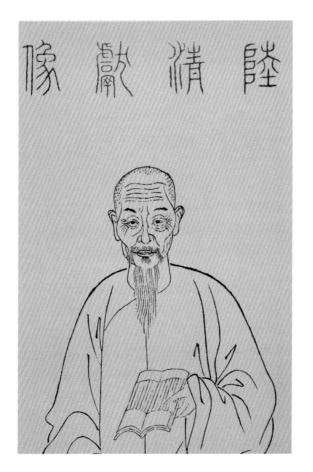

陆陇其像（一）

陆陇其像（二）

平湖市新埭镇泖河村三鱼堂陆陇其坐像

我前有三信寄歸一寄柯寓貶一寄沈仲謀一寄席家人想必俱到在京甚安好但時時掛念家中不知汝近日光景如何左傳讀到何處了須要曉得其中意味不可呆讀

如讀齊桓晉文的事便要思何事是桓文好處何事是桓文不好處要將四書經上道理去斷他方纔有益如不明句當細問

先生日間溫書工夫不可闕每晨宜早起不可太晏夜間宜早收拾不當久坐久坐恐過勞非愛惜精神之道即非善讀書者也家中第一要防火燭我前字中已詳之想大家必能留心也至囑

七月初七字付宸徵

陆陇其书信手札（一）

聚首数月忽又言別耿耿何如吾

叔來後益多制肘雖盜案米價似有可徵倖之機

然正未知何如一身悠悠在波浪中後此利鈍

揔非人所能逆睹所賴惟孟夫子臧氏之子兩

語為一服消憂散耳人回匆匆不能盡悉容

續音

叔大人尊前

姪龍其頓首

陆陇其书信手札（二）

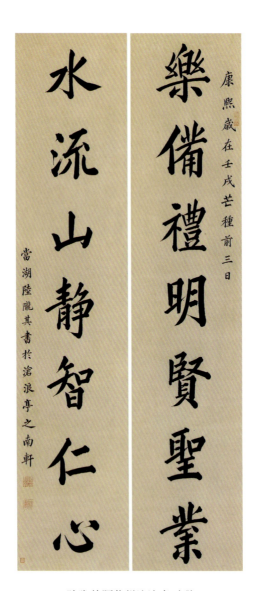

水流山静智仁心

樂備禮明賢聖業

康熙歲在壬戌芒種前三日

當湖陸隴其書於滄浪亭之南軒

陆陇其题苏州沧浪亭对联

泖河村"天下第一清廉"石刻

泖河村一代醇儒牌坊和乾隆御制碑文

泖河村陆氏三鱼堂

三鱼堂外景

三鱼堂和水上警署外景

泖河村尔安书院稼书学堂

尔安书院外景

并称"南剑三先生"。晚年隐居龟山，学者称龟山先生。杨时一生精研理学，特别是他"倡道东南"，对闽中理学的兴起，建有筚路蓝缕之功，被后人尊为"闽学鼻祖"。他著述颇多，主要有《礼记解义》《庄子解》《二程粹言》《龟山集》等。

④ 薛：薛瑄（1389—1464），字德温，号敬轩，明山西河津（今山西万荣）人，著名理学家、文学家，河东学派的创始人，世称"薛河东"。明永乐十九年进士，官至通议大夫、礼部左侍郎兼翰林院学士。明天顺八年去世，赠资善大夫、礼部尚书，谥文清，故后世称其为"薛文清"。隆庆五年，从祀孔庙。薛瑄在北方开创了"河东之学"，门徒遍及山西、河南、关陇一带，蔚为大宗。其学传至明中期，又形成以吕大钧兄弟为主的"关中之学"，其势"几与阳明氏中分其盛"。清人视薛学为朱学传宗，称之为"明初理学之冠""开明代道学之基"。高攀龙认为，明代学脉有二：一是南方阳明之学，一是北方薛瑄朱学。可见其影响之大。著有《薛文清公全集》四十六卷。

⑤ 胡：胡居仁（1434—1484），字叔心，号敬斋，明江西余干（今江西余干）人，著名理学家。胡居仁是吴与弼的弟子，乃明初诸儒中坚守朱子学之最醇者。胡居仁为学注重体验和持守，一生致力于"敬"，以"敬"为存养之道，强调"静中有物"，静中自有主宰，即"有主"。他认为，心性修持中，"有主"是关键，主宰是"操持""持守"的功夫，使"心存处理即在"。胡居仁淡泊自处，自甘寂寞，远离官场，布衣终身。讲学之余，笔耕不辍，勤于著述，有《胡文敬公集》《易象抄》《易通解》《敬斋集》《居业录》及《居业录续编》等书行世。

⑥ 体贴：细心体会、领悟。

⑦ 磨勘：反复琢磨；钻研。

这是陆陇其写给弟子赵凤翔（字鱼裳）、赵慎徽（字斾公）兄弟的信，大约写于清顺治十七年（1660），当时陆陇其在松江朱泾周孟韬家做塾师。信中，陆陇其提到了宋杨时与明吴与弼、薛瑄、胡居仁等著名的程朱派理学家。他大力赞赏以吴与弼为首的崇仁学派理学家"真实工夫，真不可及"，而后指出吴与弼"于格致上微觉未足，故其议论尚少发明，而行事亦时有未满人意处"，因此，吴与弼不如薛瑄、胡居仁。从这简短的论述中，我们可以得知，陆陇其熟知并认可吴与弼、薛瑄、胡居仁等理学家，尤其赞赏薛瑄、胡居仁等坚守朱子学的理学家。陆陇其还在信中提醒赵氏兄弟："虽举业上不得不着力，但必使字字从身心上体贴出来，则举业无非圣学矣"，希望他们能够明白并领悟、践行圣贤道理。

与周好生

两月之内，再遭家变[1]，此实生平积愆[2]，天降大罚，复何言哉！惟有痛自刻责，庶天其厌祸[3]。

偶书二语，置坐右云："老大始知气质驳，寻思只是读书粗。"以此当韦弦[4]，即以此代祈禳[5]，但恐粗处未能尽知，驳处未能尽见。惟兄有以教之。兄处淡漠，奉老亲，此乃人生不易得之境。上天所以笃厚兄者甚至，岂弟所可望耶！研田[6]远不如近，必不得已，则亦无可如何者也。陆学师札奉上，此公素闻其方正，前在玉峰，承其枉顾[7]，因弟先解维[8]，不及一晤，觐候见时可一致意。弟归期当在望[9]后，岁内当图至武塘，种种俱俟晤时悉之。

| 今译 |

两个月之内，再次遭遇家人去世，这实在是因为平生造孽太多，所以上天降下严厉的惩罚，又有什么好说的呢！我只有痛心疾首，严加责备，也许上天会停

止降下灾祸。

偶然写了两句话，放在座位的右边："年龄大了才知道气质驳杂，想来想去只是因为读书太粗。"以这两句话来警示自己，也用这两句话来代替祈禳，但是恐怕粗糙之处不能全部知道，驳杂之处不能全部见到。希望兄台教教我。兄台处世淡泊，孝敬年老的双亲，这是人生不易达到的境界。上天因此厚待兄台达到极点，难道是我可以期望的吗？坐馆，远的不如近的，若真有迫不得已的理由，那么也就无可奈何了。陆学师的信奉上，一向听说这位先生为人方正，从前在玉峰的时候，承蒙他屈尊来看望我，因为我乘坐的船先开走了，来不及见上一面，等到相见的时候请转达我对他的敬意。我回去的日子应当在十五以后，年内应当会计划到武塘去看望兄台，种种情况等到见面的时候再一一说吧。

| 简注 |

/

① 家变：家里人去世。

② 积愆（qiān）：指多罪咎。

③ 厌祸：停止降下灾祸。

④ 韦弦：比喻外界的启迪和教益。用以警诫、规劝。出自《韩非子·观行》："古之人目短于自见，故以镜观面；智短于自知，故以道正己。故镜无见疵之罪，道无明过之怨。目失镜则无以正须眉，身失道则无以知迷惑。西门豹之性急，故佩韦以自缓；董安于之心缓，故佩弦以自急。故以有余补不足，以长续短，之谓明主。"

⑤ 祈禳（ráng）：指行使法术解除面临的灾难。

⑥ 研田：以田喻砚，把读写看作耕作。此处指坐馆。

⑦ 枉顾：屈尊看望。

⑧ 解维：解开缆索。指开船。

⑨ 望：月圆，农历每月十五日前后。

| 实践要点 |

这是陆陇其写给好友周梁（字好生，浙江嘉善人）的信，大约写于清康熙二十一年（1682）。据《陆陇其年谱》记载，清康熙二十一年九月，陆陇其长子陆定徵亡故；十月，长媳曹氏也亡故。因此，陆陇其在信中说："两月之内，再遭家变。"陆定徵生于清顺治十七年二月，亡于清康熙二十一年九月，年仅二十二岁。陆陇其在陆定徵身上倾注了很多的心血，他的英年早逝对陆陇其打击很大，这在陆陇其《告长子定徵文》中有明确表达。陆定徵死后不到两月，妻子曹氏忧思过度，因病而亡。陆陇其在五十三岁的时候，接连失去大儿子和大儿媳，晚年丧子，可谓莫大的伤痛。因此，他大声疾呼："此实生平积愆，天降大罚，复何言哉！惟有痛自刻责，庶天其厌祸。"为此，陆陇其写了两句话作为座右铭："老大始知气质驳，寻思只是读书粗。"从这两句话中可以看出，陆陇其把家人接连去世看作是"气质驳"，而把原因归结为"读书粗"，以此来提醒自己更加认真阅读经典，知晓圣贤道理。信中，陆陇其认为周梁"处淡漠，奉老亲"是人生不容易达到的理想境界，表达了他对周梁的敬意，以及他想去看望周梁的计划。

答周好生

　　五月初，接台札，始悉去冬风波情状，兼知尊体平复，深慰远怀。承谕处逆境之难，某于《子路问成人章》①讲义，略敷衍②及之，似可玩味。今岁读辛复元③书，并熊敬修④《学统》，备载前贤壁立千仞之概，悠悠宇宙，固不乏人，吾辈不可自外也。《一隅集》何足辱广老之盛心⑤，恐翻刻校阅，又增贤者一分逆境。如何，如何！若《松阳讲义》，则正须斟酌，万万未可授梓。夏秋间，因呈送学台又校订一番，改易数处，容面时奉正也。孚九青年志向便能如此，可谓良友。此间别来无他事，惟今岁旱灾异常，民生甚艰，已经题请，得旨量蠲，稍救万分之一耳。平山公于七月中丁艰⑥，谢事⑦亦无大亏空，目下便可回籍也。便羽匆匆，不能多及，统候续音。

｜　今译　｜

　　五月初，接到您的来信，才知道去年冬天所发生的纠纷的情况，同时知道您身体也已康复，深感安慰。承谕身处艰难困苦的逆境，我将《子路问成人章》讲义中的相关内容略微发挥了一下，让他觉得其中有值得把玩体味的地方。今年读辛全先生的书，以及熊赐履先生的《学统》，上面完整记载着前代圣贤壁立千仞的概况，天地悠悠，宇宙苍茫，固然不会缺乏仁人志士，我们自己也不能置身事外啊。《一隅集》何以承受广老深厚美好的情意，恐怕翻刻校阅出来之后销量不会太好，又会给他增加一些实际困难。如之奈何，如之奈何！即使是《松阳讲义》，也需要字斟句酌，万万不可轻易刊刻发行。夏秋之间，我因为要送给提督学政，又校订了一次，改正了好多处，等我们见面时再请你指正。孚九年纪轻轻的就能有这样的志向，真实良友啊！这期间没有别的事情，只是今年旱灾特别厉害，已经题请朝廷，得到旨意酌量减免赋税钱粮，稍能拯救极少的一部分灾民罢了。平山知县在七月中旬丁忧，辞职之后也没有多大亏空，眼下便可以回到原籍了。写得匆忙，不能多说，等候您的早日回信。

| 简注 |

/

①《子路问成人章》：《论语·宪问》中的一章。原文："子路问成人。子曰：'若臧武仲之知，公绰之不欲，卞庄子之勇，冉求之艺，文之以礼乐，亦可以为成人矣。'曰：'今之成人者何必然？见利思义，见危授命，久要不忘平生之言，亦可以为成人矣。'"译文：子路问怎样做才是一个完美的人。孔子说："如果具有臧武仲的智慧，孟公绰的克制，卞庄子的勇敢，冉求那样多才多艺，再用礼乐加以修饰，也就可以算是一个完人了。"孔子又说："现在的完人何必一定要这样

呢？见到财利能想到义的要求，遇到危险能献出生命，长久处于穷困还不忘平日的诺言，这样也可以成为一位完美的人。"

② 敷衍：铺陈发挥。

③ 辛复元：辛全，生于明万历年间，卒于明崇祯年间，字复元，号天斋，绛州城内（今山西新绛）人，明代理学家，绛阳学派领袖，著有《养心录》《四书说》《五经管窥》等。

④ 熊敬修：熊赐履（1635—1709），字敬修，号素九，别号愚斋，湖广汉阳府孝感（今湖北孝感）人，清初理学名臣。清顺治十五年进士，历任翰林院检讨、国子监司业、弘文院侍读、秘书院侍读学士、国史院学士、翰林院学士兼经筵讲官、武英殿大学士兼刑部尚书等、东阁大学士兼吏部尚书。熊赐履曾四任会试考官，并任修撰《圣训》《平定朔漠方略》《实录》《方略》《明史》总裁官，著有《经义斋集》十八卷、《闲道录》三卷、《学统》五十六卷、《澡修堂集》十六卷等。

⑤ 盛心：深厚美好的情意。

⑥ 丁艰：即丁忧。亦称丁家艰。指遭逢父母丧事。

⑦ 谢事：辞职，免除俗事。

| 实践要点 |

/

这是陆陇其写给好友周梁（字好生，浙江嘉善人）的信，大约写于清康熙二十三年（1684）。据《陆陇其年谱》记载，康熙二十三年七月，朝廷委任陆陇其代为署理平山县事。可知，此信应当写于该年。信中，陆陇其提到他阅读辛全、熊赐履等程朱派理学家的著作，深感其中"备载前贤壁立千仞之概"，因而发出了"悠悠宇宙，固不乏人，吾辈不可自外也"的豪迈誓言。陆陇其认为他于康熙十三年编纂的八股诗文选集《一隅集》"何足辱广老之盛心，恐翻刻校阅，又增贤者一分逆境"，至于他康熙二十四年在灵寿县学中讲解《四书》的部分篇章集结而成的《松阳讲义》，"正须斟酌，万万未可授梓"，一方面体现了他对待学问谦虚谨慎的态度，另一方面也是他对待朋友真诚负责的表现。

与席生汉翼汉廷

科场一时未能得手，此不足病，因此能奋发自励，焉知将来不冠多士？但患学不足，不患无际遇也。

目下用功，不比场前要多作文，须以看书为急。每日应将《四书》一二章，潜心玩味，不可一字放过。先将白文自理会一番，次看本注，次看《大全》，次看《蒙引》，次看《存疑》，次看《浅说》。如此做工夫，一部《四书》既明，读他书便势如破竹①，时文不必多读而自会做。

至于诸经，皆学者所当用力，今人只专守一经，而于他经则视为没要紧，此学问所以日陋。今贤昆仲当立一志，必欲尽通诸经。自本经而外，未读者宜渐读，已读者当温习讲究，诸经尽通，方成得一个学者。

然此犹只是致知②之事，圣贤之学，不贵能知，而贵能行。须将《小学》一书，逐句在自己身上省察，日间动静，能与此合否。少有不合，便须愧耻，不可以俗人自待。在长安中，尤不宜轻易出门，恐外边习气不好，不知不觉被其引诱也。胸中能浸灌③于圣贤之道，则引诱不动矣。切望，切望！尊公先生不及另札，祈一致意。

科举考试一时没有取得成功，这也不是什么坏事，如果因此而能自我激励，奋发向上，谁又知道将来不能考取第一名呢？只需担心自己学问不够，不必担心没有时运。

眼下用功，不像科举考试之前一样要多做八股文章，而应以读书为紧迫之事。每天应当将《四书》读上一两章，潜心阅读，研习体味，不可放过其中的任何一个字。先将《四书》原文领会一番，其次阅读《四书章句集注》，接着阅读《四书大全》，然后阅读《四书蒙引》，接着阅读《四书存疑》，最后阅读《四书浅说》。按照这样的顺序去做，一部《四书》即已通晓明白，再读其他的书就会势如破竹，八股时文没有必要多读，自然而然就会了。

至于《五经》，读书人都应当下功夫，现在有人只是专门固守一经，而对于其他的经则觉得没什么要紧，这是他们的学问所以日渐浅陋的原因。如今，你们兄弟要立下一个志向，必须要通晓全部《五经》。除了自己首选的一经之外，还没读过的各经也要逐渐去读，已经读过的要时常温习研究，《五经》全部通晓，才算得上是一个做学问的人。

然而，这些还只是致知层面的事情，圣贤的学问，不单单是重在能够知道，还重在能够践行。必须将《小学》一书，逐字逐句在自己身上反省观察，每天的起居作息，能不能和《小学》里面所说的意思合上。稍有不合的地方，便应当感到羞耻，不能把自己当作一般俗人看待。你们住在京师，尤其不应该轻易出门，恐怕外面社会风气不好，不知不觉就被坏风气所诱惑了。如果心中能够浸渍圣贤道理，就不会被诱惑所动摇。殷切期望，殷切期望! 你们父亲那边我就不另外写信了，请转达我对他的敬意。

/

① 势如破竹：势，气势，威力。形势就像劈竹子，头上几节破开以后，下面各节顺着刀势就分开了。比喻作战或工作节节胜利，毫无阻碍。出自《晋书·杜预传》："今兵威已振，譬如破竹，数节之后，皆迎刃而解。"

② 致知：达到完善的理解。出自《礼记·大学》："欲诚其意者，先致其知；致知在格物。"南宋朱熹注："致，推极也；知，犹识也。推极吾之知识，欲其所知无不尽也。"明王守仁谓"致"即行，以论证其"致良知"和"知行合一"。

③ 浸灌：浸渍，熏陶。

| 实践要点 |

/

这是陆陇其写给弟子席汉翼、席汉廷兄弟的信。席汉翼、席汉廷，常熟席启寓二子，陆陇其的弟子。席启寓 (1650—1702)，字文夏，号约斋，江苏苏州人，曾任工部虞衡司主事，清初著名藏书家、刻书家。清康熙十七年三月，陆陇其应邀席启寓家做塾师。此后，陆陇其除做官和丁忧外，曾多次应邀到席家做塾师，与席启寓及其二子席汉翼、席汉廷结下了深厚的情谊。

这封信写于席启寓担任工部主事期间，其时陆陇其正担任灵寿知县。信中，陆陇其就如何读书治学，提了三点意见：其一，阅读《四书》，应当仔细认真，"每日应将《四书》一二章，潜心玩味，不可一字放过"，还应当遵循"先将白文自理会一番，次看本注，次看《大全》，次看《蒙引》，次看《存疑》，次看《浅说》"的顺序，由浅入深、循序渐进，等到《四书》读得滚瓜烂熟，全部弄明白、搞清楚了，"读他书便势如破竹，时文不必多读而自会做"。其二，不可专守一经，应当"尽通诸经"，"自本经而外，未读者宜渐读，已读者当温习讲究"，只有做到"诸经尽通"，才能成为一个真正的学者。其三，要做到践履笃实，知行合一，"圣贤之学，不贵能知，而贵能行。须将《小学》一书，逐句在自己身上省察"，看看"日间动静，能与此合否。少有不合，便须愧耻，不可以俗人自待"。在此，陆陇其提出了如何读书，如何践行书中的圣贤道理，其中的真知灼见，尤其是"不贵能知，而贵能行"的观点，当下尤其显得重要。

答席生汉翼汉廷（一）

读近作甚快，虽间有出入，然大体都在范围中。熟之而已，无他法也。所望者，要将圣贤道理身体力行，不要似世俗只作空言耳。《小学》不止是教童子之书，人生自少至老，不可须臾①离，故许鲁斋②终身敬之如神明。《近思录》乃朱子聚周、程、张四先生之要语，为学者指南，一部《性理》，精华皆在于此。时时玩味此二书，人品学问自然不同。外，《六谕集解》系此间新刊，虽为愚民而设，然暇时一览，亦甚有益。相去辽远，时切依依，但贤昆仲能以圣贤自期待，便如终日觌面③也。

今译

读近代人的作品非常快，虽然偶尔有些出入，不过大体都在圣贤所框定的范围中。读书一事，熟能生巧，没有别的办法。我所希望的就是要你们将圣贤道理身体力行，不要像世俗中人那样只说不做。《小学》不只是教导小孩子的书，人的一生从年少到年老，不可有片刻时间离开，因此，许衡先生终其一生都把《小学》

奉若神明。《近思录》是朱子集周敦颐、程颐、程颢、张载四位先生的重要话语而成，是学者学习理学的指南，一部《性理大全》，精华全在于此书之中。时时研习体味这两本书，人品学问自然会与众不同。此外，《六谕集解》是此地新刊印的读物，虽然是用来教化普通老百姓的，然而闲暇的时候拿来读读，也是很有好处的。我与你们距离遥远，时常想念你们，不过只要你们兄弟能够以圣贤自期，便如同终日相见了。

| 简注 |

① 须臾：表示一段很短的时间，片刻之间。

② 许鲁斋：许衡（1209—1281），字仲平，号鲁斋，谥文正，封魏国公，河内（今河南焦作）人。忽必烈（即元世祖）为亲王时，许衡任京兆提学，于关中大兴学校；元世祖即位后，担任中书省议事、中书左丞、集贤大学士兼国子祭酒、资善大夫等，与刘秉忠等定朝仪官制，为元统治者策划"立国规模"。许衡主持元初国学，以儒家六艺为国学内容，对汉蒙文化融合和交流，起过一定作用，对程朱理学的传播和朱陆合流有一定影响。著有《鲁斋遗书》等。

③ 觌（dí）面：见面，当面。

| 实践要点 |

这是陆陇其写给弟子席汉翼、席汉廷兄弟的信，写于陆陇其担任灵寿知县期间。信中，陆陇其希望兄弟二人继续"以圣贤自期"，身体力行圣贤道理。陆陇其在信中还特别强调了《小学》和《近思录》两本书，他说："《小学》不止是教童子之书，人生自少至老，不可须臾离，故许鲁斋终身敬之如神明。《近思录》乃朱子聚周、程、张四先生之要语，为学者指南，一部《性理》精华皆在于此。"由此可见，在陆陇其的心目中，《小学》《近思录》的地位是何等的崇高，这也间接说明了陆陇其对朱子的崇敬。陆陇其"尊朱辟王"的思想，既与他受到张履祥、吕留良等人的影响有关，更是他在学习和实践中亲身体会得来的。儒家经典《四书》对陆陇其的影响最大，除此之外，就属朱子《小学》和《近思录》了。

答席生汉翼汉廷（二）

前月寄来闽中詹先生太极、河洛、洪范诸解，细读，深服其察理之精。今日能留心此种学问，便非寻常人，且一以朱子为宗①，尤见趋向②之正。至于处处鞭策学者，不空谈理数③，尤后学所当服膺④也。不佞方鹿鹿簿书⑤，未敢率尔作序，其中有一二欲商量者，谨录于左，便中可一请正。

| 今译 |

上个月，你们寄来闽中詹先生对《太极》《河洛》《洪范》等诸篇的讲解，仔细阅读之后，非常佩服他观察道理的精细。今天，还能留心此种学问，便不是一般的人，而且他全部以朱子学说为根本，尤其可以见到他治学方向之正确。至于诸篇中处处鞭策读书人，不空谈义理和象数，尤其是晚辈后学应当铭记在心的。我现在整日忙碌于官署中文书簿册，不敢随便作序，其中有一两处可商量的，现将我的一些看法写在下面，方便的时候请你们一一指正。

① 宗：根本。

② 趋向：朝某个方向发展。

③ 理数：义理和象数。

④ 服膺：铭记在心。

⑤ 簿书：官署中的文书簿册。

| 实践要点 |

╱

这是陆陇其写给弟子席汉翼、席汉廷兄弟的信，写于陆陇其担任灵寿知县期间。信中，陆陇其表达了对闽中詹先生所作的《太极》《河洛》《洪范》诸篇讲解的佩服之情，特意指出詹先生"一以朱子为宗，尤见趋向之正"，以表达他捍卫朱子学的坚定信念。

答席生汉翼汉廷（三）

　　三载不晤，时切惓惓[①]，未识尊公先生近况何如？顷[②]使来，得阅近作，充满流动，比旧时功夫大进，不胜雀跃。以此入场，不难搴鳌弧[③]而上也。但在热闹处，最宜谨慎。

　　稍有不安命之说进者，须立定脚跟，万万不可随意。贤昆仲身家重大，不比他人，宁可学成而未遇，一毫微倖[④]不得。此是利害关头，不但是理欲分涂处也。慎之，慎之！至都门交游错杂，亦须胸有主张，伊尹所谓"逆于汝心，必求诸道""逊于汝志，必求诸非道"二语当书绅[⑤]。总之，离亲远出，以谨身[⑥]为第一义，功名次之。至嘱，至嘱！

　　愚留滞荒城，无一善状，大约今冬当作南归计。使旋率复不悉。

　　三年没有见面，心里不时地思念你们，不知道你们父亲近来怎么样呢？不久前信使到来，我得以看到你们的近作，文中充满流动气息，相比以前功夫大为长进，禁不住欣喜雀跃。以这样的水平去参加科举考试，不难一马当先，拔得头筹。但是在喧闹繁盛的地方，最应当小心谨慎。

　　稍微听到一些不安于宿命的说法，必须要立定脚跟，万万不可麻痹大意。你们兄弟身家重大，不是他人可比的，宁可学成而没有考中，一丝一毫的侥幸也不应该有啊。这是利益与损害的紧要关头，不单单是天理和人欲的分殊之处。小心谨慎啊，小心谨慎啊！至于京师交游错综复杂，你们也必须做到心中有数，先贤伊尹所说的"逆于汝心，必求诸道""逊于汝志，必求诸非道"（《尚书·商书·太甲下》）两句话，应当牢牢记住。总而言之，离家远出，应当以整饬自身为第一要义，功名次之。一定要记住，一定要记住！

　　我滞留在灵寿，没做过一件好事，大约在今年冬天就要打算回南方去了。信使要急着回去，写得不是很全面。

① 惓（quán）惓：深切思念，念念不忘。

② 顷：刚才，不久以前。

③ 搴（qiān）蝥（máo）弧：搴，夺取；蝥弧，春秋诸侯郑伯旗名，后借指

军旗。夺取军旗，此处指在科举考试中一马当先，拔得头筹。

④ 徼倖：同"侥幸"。

⑤ 书绅：把要牢记的话写在绅带上。后亦称牢记他人的话为书绅。出自《论语·卫灵公》："子张书诸绅。"邢昺疏："绅，大带也。子张以孔子之言书之绅带，意其佩服无忽忘也。"

⑥ 谨身：整饬自身。

| 实践要点 |

这是陆陇其写给弟子席汉翼、席汉廷兄弟的信，写于陆陇其担任灵寿知县期间。信中，陆陇其肯定了兄弟二人作文水平的大幅度提高，"充满流动，比旧时功夫大进"，鼓励他们在即将到来的科举考试中取得好的成绩。陆陇其在信中反复提醒席氏兄弟在京师要"谨慎"，如"但在热闹处，最宜谨慎"，"万万不可随意"，"一毫徼倖不得"，"慎之，慎之"，"离亲远出，以谨身为第一义，功名次之"等，并以先贤伊尹的名言"逆于汝心，必求诸道；逊于汝志，必求诸非道"教导席氏兄弟务必小心谨慎，遵循圣贤之道。此中可见为人师者对爱徒的关爱之心。

附录二

与各乡绅劝戒赌

谨启，某学疏才短，生长南方，未谙北土情形。承乏①兹邑，入境以来，见地瘠民贫，礼教废弛，蹙②焉内伤。求所以抚字③之方，教化之术，使家给人足，风清俗美，不知何道而可。恭惟④诸老先生年台，一方表率，利弊必素知之。苟有益于民生，有裨于风俗，切实可行者，伏祈详悉指示，勿吝谠言⑤。陇其将奉以周旋，或可稍逭⑥尸素，皆高明之赐也。

至不佞亦有刍荛⑦之言，望诸君子之采择者，敢并陈之。如赌博一事，实民间大害，然而有司不能禁也，禁之其心必不服，何也？

彼见乡绅士大夫皆聚而为之，而有司所禁者，独此蚩蚩⑧之民，宜其心不服也。夫移风易俗，必自贵者始，诸老先生年台中，高明远见者，自能洞烛此理，不待下吏之言。或有向来习惯，以为此游戏之事，无伤大体，不知愚民因而视效，开盗贼之源，成恶薄之俗，皆此游戏为之。且士大夫家一有此风，子弟慕效，因而荡废祖业、败坏家门者，恒必有之。是非特一方之害，亦本家剥肤^⑨之灾也。诗、书中滋味甚长，何可为此？伏冀俯采鄙言，互相戒勉，以为民法。礼让之风，既敦于上，则酖毒^⑩之害，自去于下，茕茕者将不待禁而自止矣。统祈垂鉴不宣。

| 今译 |

各位，我才疏学浅，生长于江南，不熟悉北方的风土人情。有幸出任灵寿知县，自到任以来，见到灵寿土地贫瘠，民众贫困，礼教废弛，急得我内心悲痛。我想寻求安抚体恤百姓的方法，社会道德教化的手段，让灵寿百姓家给人足，风清俗美，不知道怎么做才可以。诸位老先生，都是一方的表率，各方面的利弊想必一直以来都是清楚的。如果有益于民生，有助于风俗，切实可行的话，请不吝赐教，详细指示，不要吝惜正直之言。我将按照你们的说法去运转县政，或许可以稍微免除一下尸位素餐的尴尬，如果有所收效，都是各位的恩赐啊。

至于我这个割草卖薪的乡下人说的话，希望诸位君子能够将同意采取选择的一并陈述出来。比如说赌博这件事情，实在是民间的大祸害啊，然而主管部门不能禁止，如果强行禁止，他们心里必定不服，这是为什么呢？

他们见到那些乡绅士大夫都聚集起来赌博，而主管部门严厉禁止的，只是那些普通民众，这么做他们心里怎么会服气呢？移风易俗，必然从地位高的人开始，诸位老先生都是高明而有远见的人，自然能够洞见其中的道理，不用等到下面的人去说。或许向来的习惯，认为赌博是游戏，无伤大雅，不知道普通百姓因而仿效，便会开启偷盗抢劫的源头，养成恶劣浅薄的风俗，都是这个游戏造成的。而且，士绅人家一旦有了赌博风气，子弟必然会纷纷效仿，因而那些祖业荒废、门风败坏的人家，便会常有出现。因此，赌博不单单为害一方，而且会让参与赌博的人受到伤害。诗、书中滋味很长，读书人可以多读读书，何必去参与赌博呢？我希望你们采纳我的鄙陋言论，互相戒止、勉励，让普通百姓遵循。礼让的风气既然出自上位者，毒酒之害自然就会从下面去除，普通民众将不用等到主管部门严厉禁止就会自动停止了。就说这些吧，留作鉴戒的话就不公开说了。

| 简注 |

① 承乏：指暂任某职的谦称。出自《左传·成公二年》："敢告不敏，摄官承乏。"

② 蹙（cù）：急迫。

③ 抚字：抚养，对百姓的安抚体恤。

④ 恭惟：出于讨好对方的目的而去称赞、颂扬。

⑤ 谠（dǎng）言：正直之言，慷慨之言。

⑥ 逭（huàn）：免除。

⑦ 刍（chú）荛（ráo）：割草采薪之人。出自《诗·大雅·板》："先民有言，

询于刍荛。"《毛诗故训传》："刍荛，薪采者。"

⑧ 蚩 (chī) 蚩：敦厚貌；无知貌。出自《诗经·卫风·氓》："氓之蚩蚩，抱布贸丝。"《毛诗故训传》："蚩蚩者，敦厚之貌。"朱熹《诗经集传》："蚩蚩，无知之貌。"

⑨ 剥肤：灾祸已迫其身。出自《周易·剥》："剥床以肤，切近灾也。"

⑩ 酖 (zhèn) 毒：酖，同"鸩"。指毒酒，用毒酒害人。

| 实践要点 |

在《与各乡绅劝戒赌》一文中，陆陇其以退为进，首先写了他对灵寿的第一感觉"地瘠民贫，礼教废弛"；为此，他遍求"抚字之方，教化之术"，努力想使灵寿变得"家给人足，风清俗美"；因此，他希望灵寿乡绅提供"有益于民生，有裨于风俗，切实可行者"的意见和建议；他还表示，如果有，他将"奉以周旋"。四个方面，一环扣一环，显示出了他娴熟的人情世故和高超的写作技艺。之后，陆陇其进入正题，希望诸位乡绅带头戒赌，他写了两点理由：其一，"移风易俗，自贵者始"，如果士绅聚众赌博，普通民众也会仿而效之，导致"开盗贼之源，成恶薄之俗"，造成社会危害；其二，"上梁不正下梁歪"，士大夫家一旦有了赌博风气，"子弟慕效，因而荡废祖业、败坏家门"，以致家族败落。因此，他希望士绅带头戒赌，"互相戒勉，以为民法"。

崇明老人记

　　吾家某，于九月廿六日，在洙泾周我园家，与云间佳士王庆孙同席。庆孙述曾至崇明县中，见有吴姓老人者，年已九十九岁，其妇亦九十七岁矣。老人生四子，壮年家贫，鬻子[①]以自给，四子尽为富家奴。及四子长，咸能自立，各自赎身娶妇，遂同居而共养父母焉。

　　卜居[②]于县治之西，列肆共五间：伯开花米店，仲开布庄，叔开腌腊，季开南北杂货。四铺并列，其中一间，为出入之所。四子奉养父母，曲尽[③]孝道。始拟膳每月一轮，周而复始，其媳曰："翁姑老矣，若一月一轮，则必历三月后，方得侍奉颜色[④]，太疏。"拟每日一家，周而复始，媳又曰："翁老矣，若一日一轮，则历三日后，方得侍奉颜色，亦疏。"乃以一餐为率，如早餐伯，则午餐仲，晚餐叔，则明日早餐季，周而复始。若逢五及十，则四子共设于中堂，父母南向坐，东则四子及诸孙辈，西则四媳及诸孙媳辈，分昭穆[⑤]坐定，以次称觞献寿，率[⑥]以为常。

老人饮食之所，后置一橱，橱中每家各置钱一串，每串五十文。老人每食毕，反手于橱中随意取钱一串，即往市中嬉，买果饼啖之。橱中钱缺，则其子潜补之，不令老人知也。老人间⑦往知交游，或博弈，或樗蒲⑧。四子知其所往，随遣人密持钱二三百文，安置所游家，并嘱其家伴输钱于老人。老人胜，辄踊跃持钱归，老人亦不知也。亦率以为常，盖数十年无异云。

老人夫妇至今犹无恙。其长子年七十七岁，余子皆颁白⑨。孙与曾孙约共二十余人。崇明总兵刘兆以联表其门，曰："百龄夫妇齐眉⑩，五世儿孙绕膝。"洵不诬也。

康熙二十二年十月十六日，某为子备述庆孙之言，矍然不胜景仰赞叹，因援笔而记之，以告世之为人子者。

我于九月二十六日，在朱泾周我园家，和松江德才兼备的文士王庆孙同坐一席。庆孙说了他在崇明县，见到有个姓吴的老人，已经九十九岁，他的妻子也已九十七岁。这老人生了四个儿子，因壮年时家境贫困，所以卖掉儿子来活命，四个儿子都做了有钱人家的奴仆。四个儿子长大后，都能自立，各自赎了身，娶了媳妇，便一同居住着供养父母。

他们住在县衙的西面，房屋共五间：长子开花米店，次子开布店，三子开腌腊店，四子开南北杂货店。四个铺子并列着，当中一间，是进出的地方。四个儿子奉养父母，极尽孝道。最初打算每月一轮，轮流着供养膳食，媳妇们说："公公婆婆年纪大了，如果一月一轮，那必须经过三个月，才能再次服侍他们，次数太少。"后来又想每天一家轮流，媳妇们又说："公公婆婆老了，如果一天一轮，必须三天后才可再服侍他们，也间隔太久。"于是限定一餐轮流一家，譬如早饭在大儿子家吃，那中午就在二儿子家吃，晚饭在三儿子家吃，明天的早饭便在四儿子家吃，这样轮流转着吃饭。如果逢到五和十那天，那就四个儿子一同把酒食放在中堂，父母向南坐，东面是四个儿子和孙子们，西面四个媳妇和孙子媳妇们，依据长辈小辈的辈分，分左右坐定，然后逐次劝酒祝寿，这样已成了习惯。

在老人饮食之处的后面，放一口壁橱，壁橱里每家各放一串钱，每串五十文。老人吃罢了饭，反手在壁橱里随便拿一串钱，就到街上去游玩，买些水果、糕饼吃。壁橱中缺了钱，儿子们便私自补足，不让老人知道。有时，老人到朋友家去下棋，或赌钱。四个儿子知道了，便派人偷偷拿两三百文钱，放在老人所游玩的人家，并且告诉那家人假装输给老人。老人胜后，常常很快乐地把钱拿回来，他自己也不知道。这样也成了习惯，大概几十年没有变过。

老人夫妇俩至今还很健康。大儿子已经七十七岁了，其他三个儿子头发也都花白了，孙子和曾孙共有二十多人。崇明总兵刘兆把一副对联贴在他家门上给予表彰："百龄夫妇齐眉，五世儿孙绕膝。"这是实际发生的事。

康熙二十三年十月十六日，我给你讲述了庆孙说过的话，禁不住产生景仰之情，赞叹不已。所以，我用笔记了下来，告诉世上那些做儿女的人。

简注

① 鬻（yù）子：卖掉儿子。

② 卜居：选择住处。

③ 曲尽：委婉地、想方设法地尽到、做到。

④ 颜色：原指脸色、面容。侍奉颜色，犹如说当面侍奉、承欢。

⑤ 昭穆：古代的宗庙次序，始祖庙居中，以下父子（祖、父）按次序递为昭穆，左为昭，右为穆。此处指辈分的次序。

⑥ 率：遵循。

⑦ 间（jiàn）：有时。

⑧ 樗蒲（chū pú）：古代博戏。类似于后世的掷骰子。

⑨ 颁白：同"斑白"。头发花白。

⑩ 齐眉：比喻夫妻相敬相爱。《后汉书·梁鸿传》载，梁鸿每天做工回来，妻子为他端上饭菜，不敢仰视，只是把托盘举起，比齐眉毛。

实践要点

《崇明老人记》是陆陇其的散文代表作，题目是"崇明老人记"，说的却是崇明老人的四个儿子如何孝敬父母的事情，旨在褒扬老人的四个儿子。崇明老人的四个儿子都出身奴仆，一番奋斗自立后，虽算不上大富大贵，对父母却尽责尽孝，使父母老有所养、老有所乐。

陆陇其《崇明老人记》有些类似于陶渊明《桃花源记》，给世人描绘了一幅儒家所倡导的美好生活景象。《桃花源记》写的是世外桃源，只可想象，不可实现。《崇明老人记》写的是现实生活，只要按照儒家教导的"父慈子孝，兄友弟恭"用心去做，虽然有一定难度，但是在条件成熟的情况下还是能够做到的。

陆陇其除了在其家训著作《治嘉格言》中教人孝悌外，还通过文学的方式，以《崇明老人记》等来教人孝悌。相比《治嘉格言》，《崇明老人记》更加容易让人接受，该文虽朴实无华，却感情真挚自然，是清代散文中难得的佳作。

钱子辰字说

　　钱子子辰，初名枢。一日，有志于圣贤之学，奋然曰："吾恶夫向者之不闻道①也。"因改其名曰民，而请字于余，且问学焉。余告之曰：子何以改名为哉？自古圣贤，岂皆生而闻道者耶？盖亦有始为庸人，一旦发愤而力学者矣。方其未学，则人闻其名而忽之贱之，及其既学，则人闻其名而重之敬之。名不变而闻其名者变矣，何以改为哉？然吾闻之，新沐者必弹冠，新浴者必振衣②。惟恐其旧染之污也。子辰志于学而改其名，是亦弹冠、振衣之意也。

　　且业已改之矣，然则③请改其名，而仍其字，可乎？子辰曰：吾初之名枢，而字子辰也，盖取北辰天枢之义。今改其名，而仍其字，毋乃名与字不协乎？

　　余曰：何为其不协哉？夫圣人之道，始乎卑，极乎高；始乎迩，极乎远。其为道，不过君臣、父子、夫妇、长幼、朋友；其教人用力之方，不过学、问、思、辨、笃行；其修于身也，不过忠信笃敬、惩忿窒欲、迁善改过；其处事而接物也，不过曰"正其谊不谋其利，明其道不计其功"，"己所不欲，勿施于人"，"行有不得，反求诸己"。初无高远难行之事、杳冥昏默不可知之理，而造其极，则至于位天地、育万物。是故卑者，高之基也；迩者，远之则也。今夫天下之卑且迩者，莫如"民"，而高且远者，莫如"辰"。子辰诚审乎"民"之义，则守其庸言庸行，循循乎规矩之中，而勿躐等。以进诚审乎"辰"之义，则以圣神为必可学，以参赞④为不足异，而勿半涂而废始⑤乎？"民"终乎"辰"，圣学备矣。《中庸》曰"夫妇之愚，可以与知"，则"民"之谓也；及其至也，"察乎天地"，则"辰"之谓也。《论语》曰"下学而上达"，"下学"者，"民"之谓也；"上达"者，"辰"之谓也。子辰勉之哉！

| 今译 |

/

　　钱先生子辰，原名枢。有一天，忽然有志于圣贤之学，激情奋发地说："我痛恨自己以前没有领会圣贤道理啊。"于是改名为民，请我给他取个字，同时来向我请教怎么治学。我告诉他说：你为什么要改名呢？自古圣贤，难道是一生下来就领会圣贤道理了吗？有的圣贤，一开始的时候也是庸俗之人，一旦醒悟就会发愤图强、着力读书治学。在他治学还没有成就的时候，人们听到他的名字会忽视它、轻视它，等到他学问有成，人们听到他的名字就会尊重它、恭敬它。名字没有变，而听说的这个名字的人改变了，为什么要改名字呢？我听说，才洗过头发的人，须要弹一下帽子；才洗过澡的人，须要整理一下衣服。唯恐旧的污秽沾染了身子。子辰有志于学，而要改名，是弹帽子、振衣服的意思吗？

既然已经改了，改了名，还用以前的字，可以吗？子辰说：我原名为枢，字子辰，取自北辰天枢的意思。现在改了名，仍然用以前的字，莫非是要名和字不协调吗？

我说：什么是名和字不协调呢？圣人之道，开始的时候是卑贱的，最终是很高尚的；开始的时候是很近的，最终是很远的。圣贤之道，不外乎君臣、父子、夫妇、长幼、朋友；圣贤教人读书治学的方法，不过是学、问、思、辨、笃行；修身，不过是忠信笃敬、惩忿窒欲、迁善改过；处事接物，不过是“正其谊不谋其利，明其道不计其功”，“己所不欲，勿施于人”，“行有不得，反求诸己”。开始的时候，没有高远、难行的事情，没有幽暗莫测、虚无寂静让人不可测知的道理，而等到发展到极致，就可以与天地同、化育万物。因此，卑贱者是高尚者的基础，近是远的前提。现在天下卑贱而且近的，没有比得上“民”的，高尚而且远的，没有比得上“辰”的。你真正知道“民”的意义，那就要守着“民”所蕴含的庸言庸行，读书治学循规蹈矩，不要一蹴而就。等你真正知晓“辰”的意义，那就知道圣贤道理必须要学，天地参赞化育也不会觉得奇异，不要半途而废。从“民”出发到达“辰”，圣贤道理就在其中。《中庸》说“愚笨的夫妇，可以让他们开启智慧”，说的就是“民”；等到到达极致，“可以俯察仰观天地万物”，那就是

"辰"了。《论语》说"下学人事而上达天命","下学人事"说的就是"民","上达天命"说的就是"辰"。子辰要努力啊!

① 闻道: 领会圣贤道理。

② 新沐者必弹冠,新浴者必振衣: 沐,洗头发; 浴,洗身上。弹冠,掸去帽子上的灰尘,整冠; 振衣,抖衣去尘,整衣。出自《楚辞·渔父》:"新沐者必弹冠,新浴者必振衣。"王逸《楚辞集注》:"去尘秽也。"

③ 然则: 连词,用在句子开头,表示"既然这样,那么……"或"虽然如此,那么……"。

④ 参赞: 指人与天地自然间的参与和调节作用。

⑤ 半涂而废始: 即半途而废,比喻做事情有始无终。

| 实践要点 |

陆陇其在《钱子辰字说》中讲解了名与字的关系及其背后蕴含的深意。钱民,原名枢,字子辰。钱民闻道之后发奋读书,将原名"枢"改为现名"民",同时也想把字"子辰"改掉。枢与子辰联系在一起,取自"北辰天枢",寓意深远,很有内涵。改名之后,就成了"钱民,字子辰",他自己觉得很别扭,因此来请教陆陇其。陆陇其认为,"名民,字子辰",搭配在一起,很契合儒家的进学道路,不

需要改。于是，陆陇其洋洋洒洒四百言，大讲了一通道理。他认为，"卑者，高之基也；迩者，远之则也。今夫天下之卑且迩者，莫如'民'，而高且远者，莫如'辰'"，"'民'终乎'辰'，圣学备矣"。他希望钱民继续使用"子辰"为字，按照《论语》《大学》等儒家经典的教导，由卑到高，由近及远，知晓圣贤道理，学做圣贤同路人。

读朱子白鹿洞学规

朱子《白鹿洞学规》[①]无诚意、正心之目，而以处事、接物易之，其发明[②]《大学》之意，可谓深切著明[③]矣。盖所谓诚意、正心者，非外事物而为诚、正，亦就处事、接物之际而诚之、正之焉耳。故《传》释"至善"，而以仁、敬、孝、慈、信为目。仁、敬、孝、慈、信，皆因处事、接物而见者也。圣贤千言万语，欲人之心意范围[④]于义理之中而已，而义理不离事物。明乎《白鹿洞学规》之意，而凡阳儒阴释[⑤]之学，可不待辨而明。夫子告颜渊"克己复礼"，而以"视听言动"实之，其即朱子之意也夫[⑥]！

| 今译 |

朱子《白鹿洞书院学规》没有诚意、正心条目，而是用处事、接物来替换，它阐明《大学》的意思，可以说是深刻而显明啊。所谓诚意、正心，不是在处事、接物以外要做到诚、正，而是在处事、接物之际需要做到诚、正。因此，朱子《四书章句集注》解释"至善",以仁、敬、孝、慈、信等为条目。仁、敬、孝、慈、信,都是在处事、接物中才得以体现出来的。先圣先贤千言万语,都是想要让人的"心"和"意"限制在义理之中,而义理又离不开处事、接物。只要明白《白鹿洞书院学规》中的意思,凡是所有的阳儒阴释的学说,不用等到辨析就能明白了。孔子告诉颜渊"克己复礼",而用"视听言动"来践行,这就是朱子的意思啊!

| 简注 |

①《白鹿洞学规》:朱子所著《白鹿洞书院学规》。

② 发明:启发、阐明。

③ 深切著明:深刻而显明。出自《史记·太史公自序》:"子曰:'我欲载之空言,不如见之于行事之深切著明也。'"

④ 范围:限制。

⑤ 阳儒阴释:表面上阐述儒家学说,暗地里在宣传佛家观点。形容表里不一。出自王夫之《张子正蒙注·序论》:"故白沙起而厌弃之,然而遂启姚江王氏阳儒阴释、诬圣之邪说;其究也为刑戮之民,为阉贼之党,皆争附焉。"

⑥ 也夫:语气助词。表感叹。

| 实践要点 |

白鹿洞书院在今江西省九江市境内,位于庐山五老峰南麓后屏山下,唐李渤读书其中，养一白鹿自娱，人称白鹿先生。因此地四山环合，俯视似洞，由此得名。南唐升元年间（937—943），白鹿洞正式辟为学馆，亦称"庐山国学"，后扩为书院，与湖南的岳麓书院、河南的嵩阳书院和应天书院并称为"四大书院"。朱子，即朱熹（1130—1200），字元晦，号晦庵，别号紫阳，祖籍徽州婺源（今江西婺源），北宋以来理学之集大成者，著名理学家、政治家、教育家。南宋淳熙六年（1179），朱子知南康军（治所在今江西九江），重建庐山白鹿洞书院，聚徒讲学。这是他一生中振兴理学、开创和健全书院制度的一块重要的里程碑。淳熙六年至八年，朱子任职于南康军期间，为兴复白鹿洞书院主要做了以下几件事：重建院宇、筹措院田、聚书、立师、聚徒、订学规（即《白鹿洞书院学规》，又称《白鹿洞书院揭示》）、立课程等。朱子兴复白鹿洞书院，是中国教育史上的重要事件，对后来书院的发展、学校的建设有着重大影响。

《白鹿洞书院学规》是朱熹为了培养人才而制定的教育方针和学生守则。它集儒家经典语句而成，便于记诵。首先，它提出了教育的根本任务，是让学生明确"义理"，并把它见之于身心修养，以达到自觉遵守的最终目的。其次，它要求学生按学、问、思、辨的"为学之序"去"穷理""笃行"。再次，它指明了修身、处事、接物之要，作为实际生活与思想教育的准绳。《读朱子白鹿洞学规》是陆陇其读了《白鹿洞书院学规》之后有感而写的短文，文中着重讲述了心意限制在义理之中，而义理又离不开事物，因此，诚意、正心蕴含在处事、接物之中，"盖所谓诚意、正心者，非外事物而为诚、正，亦就处事、接物之际而诚之、正之焉耳"，"仁、敬、孝、慈、信，皆因事处物而见者也"。陆陇其写这篇短文的目的在于让人们明晰阳明心学是阳儒阴释，以此"尊朱辟王"，光大正学。

跋读书分年日程后

　　《读书分年日程》三卷，元程畏斋①先生依朱子读书法②修之，以示学者。朱子言其纲，而程氏详其目，本末具而体用备，诚由其法而用力焉，内圣外王之学在其中矣。

　　当时曾颁行学校，明初诸儒读书，大抵奉为准绳③，故一时人才虽未及汉、宋之隆，而经明行修④，彬彬⑤盛焉。及乎中叶，学校废弛，家自为教，人自为学，则此书虽存，而由之者鲜矣。卤莽灭裂⑥，无复准绳，求人才之比隆前代，岂不难哉？今国家尊崇正学，诸不在朱子之术者，皆摈不得进；而羽翼朱学之书，以次渐行，学者始知有此书。然旧板漶漫⑦，不胜鲁鱼亥豕⑧之讹，读者病焉。余故较而梓之，有能由是兴起，且以此建白⑨于上，依朱子贡举⑩议，鼓励天下读书之士尽由是法，则人才其庶几乎？

《程氏家塾读书分年日程》三卷，元代大儒程端礼先生依照朱子读书法编撰而成，用来告诉读书人如何读书治学。朱子说了读书法的大纲，程端礼先生详细列出了读书法的篇目，本末具备，体用齐全，如果按照这个方法来用功读书，内圣外王的诸般学问就都在其中了。

当时，这本书曾颁行学校，明初诸儒读书，大都把它奉为准则，因此，明初人才虽然比不上汉代、宋代那么兴盛，诸儒通晓经学，品德端正，文质兼备，繁盛一时。等到明代中叶，学校废弛，各家在自家家塾中教导子弟，各人以自己的准则去做学问，这本书虽然还留存于世，遵照它去做的却很少了。做事草率粗疏，不再有原则，想使人才和前代一样兴盛，岂不是很难了吗？当下，国家尊崇正学，各种不在朱子学术范围内的，都予以摈弃，不让它们进入学校；羽翼朱子学的各种书籍，按照次序逐渐刊行，读书人才知道还有这本书在。然而，旧的刻板模糊不清，经常会出现一些鲁鱼亥豕的错误，让读者诟病。我因此重新校对刊行，希望这本书能因此而兴起，并且拿这本书来向朝廷提出建议，依照朱子对科举考试的看法，鼓励天下读书人都按照这个方法去读书，那么人才鼎盛的情况或许可以出现吧？

| 简注 |

① 程畏斋：程端礼（1271—1345），字敬叔、敬礼，号畏斋，庆元（今浙江

宁波鄞州）人。15 岁时能记诵《六经》，晓析大义，治朱子之学。累任建平、建德县教谕，台州路、衢州路教授等，生徒甚众。后以将仕郎、台州路儒学教授致仕归里，郡守王元恭礼请为师。著有《程氏家塾读书分年日程》《春秋本义》《畏斋集》等。

② 朱子读书法：朱子读书法是宋代理学家朱熹的学生汇集他的训导概括归纳出来的，共六条：循序渐进、熟读精思、虚心涵泳、切己体察、着紧用力、居敬持志。朱子读书法集古代读书法之大成，是我国古代最为系统、最具影响的读书法。

③ 准绳：喻言行所依据的原则或标准。

④ 经明行修：经明，即明经，指通晓经学的要旨；修，完好，端正。指通晓经学，品德端正。出自东汉班固《汉书·王吉传》："左曹陈咸荐骏贤父子，经明行修，宜显以厉俗。"

⑤ 彬彬：文质兼备貌。出自《论语·雍也》："质胜文则野，文胜质则史，文质彬彬，然后君子。"何晏《论语集解》："彬彬，文质相半之貌。"

⑥ 卤莽灭裂：形容做事草率粗疏。

⑦ 漶漫：模糊不清。

⑧ 鲁鱼亥豕：把"鲁"字错成"鱼"字，把"亥"字错成"豕"字。指书籍在撰写或刻印过程中的文字错误。现多指书写错误，或不经意间犯的错误。

⑨ 建白：提出建议或陈述主张。

⑩ 贡举："贡"指贡士，《礼记·射义》："古者天子之制，诸侯岁献贡士于天子。""举"指乡举里选。古时地方官府向帝王荐举人才，有乡里选举、诸侯贡士之制，至汉始合贡、举为一，而合称"贡举"。明、清则泛指科举制度。

或曰：学者天资不同，敏钝各异，岂必皆如程氏所谓看读百遍，背读百遍乎？曰：中人以下，固不待言，若生知、学知之人，而用困知①之功，不更善乎？况生知、学知者有几人耶？

　　或曰：明初纂《四书五经性理大全》，采诸儒之说备矣。蔡虚斋②、林次崖③、陈紫峰④之徒，又推《大全》之意，各自著书，为学者所宗矣。今《程氏读经日程》，又必取古注疏、《朱子语类》、《文集》，及诸儒之解释而钞之、而读之、而玩之，不可省乎？《朱子纲目》一书，治乱得失昭然矣。程氏又必取温公《通鉴》，及司马迁、班固、范祖禹、欧阳修之史而参之，不亦烦乎？曰：《纲目》犹《春秋》也，温公《通鉴》及迁、固诸家之史，犹鲁史旧文也。鲁史旧文不存，学者不能尽见圣人笔削⑤之意，故言《春秋》者至于聚讼⑥。今《通鉴》及迁、固诸家之史具在，参而观之，而紫阳笔削之妙愈见，是乌可以不考乎？永乐时纂《大全》，当时承宋儒理学大明之后，虽胡、杨、金、萧未为升堂入室⑦之儒，而所采取者，无非濂、洛、关、闽之微言，蔡、林诸儒又从而发明之，固皆有功学者之书也，然其缺略疏漏者亦有矣。幸而朱子之全书具存，诸家之解释未尽湮没，溯而考之，以补《大全》之阙，不亦善乎？至于古注疏，则固汉、唐千余年间学者之所讲求，程朱之学，亦从此出而益精焉耳。虽曰得不传之学于遗经，然非郑康成、孔颖达之流阐发于前，程朱亦岂能凿空⑧创造耶？故程朱之于古注疏，犹孔子之于老、彭也。幸而其书尚存，不至如夏、殷之无征，是亦不可以不考也。

| 今译 |

有的人说：读书人天资各自不同，敏锐迟钝也有差异，难道必须都要如同程先生所说的要阅读一百遍，背诵一百遍吗？我回复说：中等资质以下的人，就不用说了，如果是生而知之、学而后知之的人，而采用在不断克服困难中学到知识的方法，不是更好吗？况且，生而知之、学而后知之的人有几个人呢？

有的人说：明初编纂《四书大全》《五经大全》《性理大全》，采集的诸位大儒的学说已经比较完备了。明代蔡清、林希元、陈琛等人，又推究《性理大全》的意思，各自著书立说，成为读书人宗奉的对象。现在的《程氏家塾读书分年日程》，又一定要取古人的注疏、《朱子语类》、《文集》，以及诸儒的解释而抄写、阅读、把玩，不能省略一些吗？《朱子资治通鉴纲目》一书，治乱得失的道理昭然若揭。程先生又要求读司马温公的《资治通鉴》，以及司马迁《史记》、班固《汉书》、范祖禹《唐鉴》、欧阳修《新唐书》等相互参阅，不也是很杂乱吗？

我回复说：《朱子资治通鉴纲目》犹如《春秋》，司马温公《资治通鉴》以及司马迁、班固等人所著的史书，犹如是鲁国史书原文。鲁国史书原文没有留存下来，读书人不能全部见到圣人孔子删改著述的本意，因此解说《春秋》的诸家众人争辩，是非难定。现在《资治通鉴》以及司马迁、班固等人的史书还都存在，参照阅读，朱子删改著述的妙处就愈显得精妙了，难道可以不拿来作为参考吗？永乐年间，朝廷编纂《性理大全》，当时承接宋儒理学的形势大好，虽然胡广、杨荣、金幼孜、萧时中等人不是学问造诣很深的大儒，然而他们采纳的学说，无非是周敦颐、程颐、程颢、张载、朱熹等人的精微言论，蔡清、林希元等人又在此基础上有所阐发和说明，这些都是有功于读书人治学的书，然而其中欠缺、省略、疏忽、遗漏的地方也是有的。幸而朱子的全集还留存于世，诸位大儒的解释说明著作也还没有全部湮没无闻，对它们进行追溯考察，用来补全《性理大全》的缺憾，不也是很好吗？至于古代的注疏，固然汉、唐一千余年之间历代儒家学者所讲求的章法，二程、朱子的学说，也是从这里面延伸出来而更加精湛罢了。虽然说是可以从古人遗留的经书中得到没有流传下来的学问，然而如果没有郑玄、孔颖达等先儒在前面阐发说明，二程、朱子又怎么能凭空无据地创造出来呢？因此，二程、朱子对于古人的注疏来说，好比是孔子对于老子、彭祖啊。幸好他们的著作还留存于世，不像夏、商两代那样没法考证，因此，我们不可以不考察清楚啊。

| 简注 |

① 困知：在不断克服困难中学到知识。

② 蔡虚斋：蔡清（1453—1508），字介夫，号虚斋，明晋江（今福建晋江）人。31岁中进士，累官至南京吏部文选司郎中、江西提学副使，著名理学家，著有《易经蒙引》等。

③ 林次崖：林希元（1482—1567），字茂贞，号次崖，福建同安县（今福建厦门翔安）人。明正德十二年进士，曾任大理寺丞、钦州知府，著名理学家，著有《易经存疑》《四书存疑》《更正大学经传定本》等。

④ 陈紫峰：陈琛（1477—1545），字思献，号紫峰，福建晋江人。明正德十二年进士，曾任刑部山西司主事、南京户部云南司主事、南京吏部考功郎中，著名理学家，著有《四书浅说》等。陈琛是蔡清的高徒，一生大多时间都在从事理学的教育和研究，捍卫和发展了朱熹学说，与张岳、林希元同为明代后期最有代表性的福建朱子学者。

⑤ 笔削：笔，书写记录；削，删改时用刀削刮简牍。指著述。出自《史记·孔子世家》："至于为《春秋》，笔则笔，削则削，子夏之徒不能赞一辞。"

⑥ 聚讼：众人争辩，是非难定。

⑦ 升堂入室：升，登上；堂，厅堂；室，内室。古代宫室，前为堂，后为室。比喻学习所达到的境地有程度深浅的差别，后来多用以赞扬人在学问或技能方面有高深的造诣。出自《论语·先进》："由也升堂矣，未入于室也。"

⑧ 凿空：开通道路、凭空无据、穿凿等。

或曰：然则学者所当读之书，尽于程氏所编乎？程氏以前诸子百家之书，程氏而后诸儒之书，亦有当读而玩者乎？曰：程氏特言其切而要者耳，书固不尽是也。先秦之时，若《国语》《战国策》，以至老、庄之道德，荀卿之言学，管、韩之论治，孙、吴、司马之谈兵，虽皆驳而不纯，儒者亦当知其梗概。汉以后，若扬雄、董生、王通之书，虽未及洛、闽之精，而亦往往为先儒所取，固当择而读也。然程氏而后，若薛文清①之《读书录》、胡敬斋②之《居业录》、罗整庵③之《困知记》、陈清澜④之《学蔀通辨》，皆所以辨学术之得失；邱琼山⑤之《大学衍义补》，所以明政事之源委，是皆羽翼经传之书，不可不深考也。宋、元以来之治乱，则有若成化之《续纲目》、薛方山⑥之《续通鉴》。有明一代，未有成书，而其时政得失，杂见于诸家之记载者，亦不可不知也。

或曰：然则穷年累月于章句之中，不近于支离、博而寡当⑦乎？且世益远而书益多，后之读者，不愈难乎？曰：一代卓然不可磨灭之书，固不多有；其他纷然杂出之书，随出随没。惟患读之无法耳，不患其多也，亦惟谨守是编之法而已。以读书为支离，是固近年以来阳儒阴释之学，非我所敢知也。

是编之法，非程氏之法，而朱子之法也；非朱子之法，而孔孟以来教人读书之法也。舍孔孟读书之法，而欲学孔孟之道，有是理哉？

| 今译 |

有的人说：那么，读书人需要读的书，全部都在程先生所编的书中了吗？程先生以前诸子百家的书，程先生以后诸位大儒的书，也有应当阅读并把玩体味的吗？我回复说：程先生特别说明他指出的是深切而关键的书，要读的当然不止这些。先秦时期的《国语》《战国策》，以及老子、庄子讲述道德的书，荀子谈论劝学的书，管仲、韩非子论述社会治理的书，孙武、孙膑、司马穰苴谈论兵法的书，虽然都驳杂而不精纯，儒家读书人也应当知道它们的梗概。汉代及以后，扬雄、董仲舒、王通等人的书，虽然不如二程、朱子精纯，也往往会为先儒所取，也应当选择一部分来阅读。程先生以后，比如薛瑄《读书录》、胡居仁《居业录》、罗钦顺《困知记》、陈建《学蔀通辨》等书，都是用来辨析学术的得失；邱濬《大学衍义补》，阐明政事的原委，都是羽翼儒家经传的著作，不可不深入考察。宋、元以来的治和乱，则有成化年间的《续纲目》、薛应旂的《续通鉴》等。整个明代，没有成为专著的，议论时政得失，杂见于各种记载中的篇章，也不可不知道。

有的人说：那么，穷年累月的沉浸在章句之中，不会近乎支离破碎、学问丰富而却不得要领吗？而且，时间越往后书就越多，后面的读书人，不就更加觉得困难了吗？我回复说：能称得上是一代卓然不可磨灭之书的，原就不可多见；其他的纷繁杂出的书，出现以后就随之淹没了。只需忧患没有好的读书方法，不要忧患书太多，也就是要谨守这本书中所说的方法。认为读书是支离破碎，这是近年以来兴起的阳儒阴释的学说，对此，我不好随便下结论。

这本书中所讲的读书方法，不是程先生的方法，而是朱子的方法；也不是朱子的方法，而是孔孟以来教人读书的方法。舍弃孔孟的读书方法，而想要去学习孔孟之道，有这样的道理吗？

| 简注 |

① 薛文清：薛瑄（1389—1464），字德温，号敬轩，明河津（今山西万荣）人，著名理学家、文学家，河东学派创始人，世称"薛河东"。薛瑄为明永乐十九年进士，官至通议大夫、礼部左侍郎兼翰林院学士。明天顺八年去世，赠资善大夫、礼部尚书，谥号文清，故后世称其为"薛文清"。隆庆五年，从祀孔庙。

② 胡敬斋：胡居仁（1434—1484），字叔心，号敬斋，明江西余干（今江西余干）人，著名理学家。胡居仁是吴与弼的弟子，明初诸儒中坚守朱子学之最醇者。胡居仁为学注重体验，注重持守，一生致力于"敬"，以"敬"为存养之道，强调"静中有物"，静中自有主宰，即"有主"。他认为，心性修持中，"有主"是关键，主宰是"操持""持守"的功夫，使"心存处理即在"。胡居仁淡泊自处，

自甘寂寞。他远离官场，布衣终身。讲学之余，笔耕不辍，勤于著述，著有《胡文敬公集》《易象抄》《易通解》《敬斋集》《居业录》及《居业录续编》等书行世。

③ 罗整庵：罗钦顺（1465—1547），字允升，号整庵，泰和（今江西泰和）人，著名理学家，明代"气学"代表人物之一。明弘治六年进士科探花，官至南京吏部尚书，后辞官，隐居乡里专心研究理学。在明代中期，罗钦顺是可以和王阳明分庭抗礼的大学者，时称"江右大儒"。著有《困知记》《整庵存稿》《整庵续稿》。明嘉靖二十六年卒于家，年八十三，赠太子太保，谥文庄。

④ 陈清澜：陈建（1497—1567），字廷肇，号清澜，东莞（今广东东莞）人。明嘉靖七年中举人，曾任福建侯官县教谕、江西临江府学教授，编校《十三经注疏》。

⑤ 邱琼山：邱濬（1421—1495），字仲深，琼山（今海南海口琼山）人，明代理学家、史学家、文学家，历任翰林院编修、国子监祭酒、礼部尚书、文渊阁大学士、户部尚书兼武英殿大学士，死后追赠太傅，谥号"文庄"。邱濬好学，过目成诵，史称"三教百家之言，无不涉猎"。著有《大学衍义补》《五伦全备记》等。

⑥ 薛方山：薛应旂（1500—1575），字仲常，号方山，明代武进（今江苏常州武进）人，明朝理学家、藏书家，明嘉靖十四年进士，曾任慈溪知县、南京吏部考功司郎中、浙江提学副使。刻印古籍数十种，如《六朝诗集》《四书人物备考》《宪章录》等。

⑦ 博而寡当：即博而寡要。指学识丰富，但不得要领，或学问繁琐，实用不大。出自《史记·太史公自序》："六艺经传以千万数，累世不能通其学，当年不

能究其礼，故曰：博而寡要，劳而少功。"

清康熙二十八年（1689）九月，陆陇其刊刻元代大儒程端礼《程氏家塾读书分年日程》，并做跋语，也就是这篇《跋读书分年日程后》。《程氏家塾读书分年日程》传承了朱子循序渐进、熟读精思、虚心涵泳、切己体察、着紧用力、居敬持志的读书法，并按照朱子"明理达用"思想，纠正"失序无本，欲速不达"之弊，详载读经、学习史文等程序；注意教学程序，重视功底训练，强调经常复习、考查，成为家塾详细教学计划。当时，国子监颁此书于郡邑学校，明代诸儒也奉为读书准绳。清代陆陇其刊刻流播，对当时及后来家塾、书院、儒学均有影响。

陆陇其在文中提到，"旧板漶漫，不胜鲁鱼亥豕之讹，读者病焉"，因此，他才重新校对并刊刻发行，"依朱子贡举议，鼓励天下读书之士"。陆陇其采取一问一答的方式来撰写文章。他模仿他人提了四个问题，并一一作了解答。其一，是否每个读书人都需要做到程端礼提倡的"看读百遍，背读百遍"？对此，陆陇其认为，读书人不论材质如何，从不断克服困难中学到知识，才是最好的选择。其二，程端礼要求读书人在《四书大全》《五经大全》和《性理大全》之外，"必取古注疏、《朱子语类》、《文集》，及诸儒之解释而钞之、而读之、而玩之"；在《朱子资治通鉴纲目》之外，要求读书人"必取温公《通鉴》，及司马迁、班固、范祖禹、欧阳修之史而参之"，他这样做有必要吗？对此，陆陇其以为，《性理大全》等书有所遗漏，可以用朱子全书中的篇章"以补《大全》之阙"，而且，二程、朱子的学问不是凭空得来，阅读古人的注疏，有益于学问的长进和理解的加深。其三，程端礼在书中开列了读书人的必读书目，除了他列的这些，还有值得"读而玩"的吗？陆陇其认为，除了儒家经典和宋代大儒著作，老、庄、荀、管、韩、孙、吴、司马等先秦诸子，扬雄、董仲舒、王通等人的著作，薛瑄、胡居仁、罗钦顺、陈建、邱濬、薛应旂等人的论著，以及杂见于各种文集中讨论时政得失的论文，都值得读书人阅读、把玩。其四，程端礼提倡的章句阅读方法是否不利于学习？越到后来书越多，读者该怎么选择？对此，陆陇其认为，"一代卓然不可磨灭之书"不可多得，"以读书为支离"是阳儒阴释的学说，没有必要去讨论。文章最后，陆陇其说："是编之法，非程氏之法，而朱子之法也；非朱子之法，而孔孟以来教人读书之法也。"因此，他倡导读书人采取书中的读书方法，以"孔孟读书之法"学"孔孟之道"，才会有所成就。

翁养斋教子图跋

　　客有持养斋翁君《教子图》请跋者，展而阅之，奇松怪石，出没烟霞。而翁君挟①四子，徜徉②其间，左图右书，顾盼③自得，洵人间乐事。宜乎轩冕④之士皆咏歌而叹美之。然我不知翁君之所以教子者如何也。夫教之途至杂，而其收功不一。无论溺于佛老，汩于词章，荡其心而不可以为教。即《五经四书》，人谁不读？然有读之而得其精英，出则泽润⑤生民，处则名垂天壤；亦有读之而得其糟粕，借以猎取富贵，而未尝真知圣贤之道，熙熙攘攘⑥于名利之中，为世之蠹而已。翁君诚分别以示其子，使之出乎此，勿出乎彼。取舍既定，然后日就而月将⑦焉。则今之挟一编，咿唔松石间者，行当为祥麟威凤⑧，光耀宇宙，而兹图洵足羡也矣。

| 今译 |

　　有个朋友拿着翁养斋先生的《教子图》让我来写跋，我打开来看，只见图

上奇松怪石，烟霞出没。翁先生携同四个儿子，陶醉于其中，左边是图，右边是书，左顾右盼，怡然自得，实在是人间之乐事也。难怪那些高官显贵之人都会咏歌而赞美他。然而，我却不知道翁先生是拿什么来教导儿子的。教育之道，纷繁复杂，收效也不一样。无论是沉溺于佛老，还是沉没于词章，摇动人心的就不能用来教导儿子。即使是《四书五经》，有几个人没读过呢？然而，有人读过之后，得到其中蕴含的精华，出来做事就会恩泽普施于天下万民，居家授徒也会名垂天地之间；也有人读过之后，只得到了其中的糟粕，借以获取荣华富贵，而没有真正知晓圣贤道理，人来人往，济济于功名利禄之中，只是世上的蠹虫而已。翁先生果真把这两点分别告诉他的儿子，使他们出于此，而不要出于彼。取舍既然已经决定，然后每天都会精进一点。那么，今天携带一编，在松石间读书，其行为应当是当世之高人，其光辉足以照耀宇宙万物，这张图实在是让人羡慕啊。

| 简注 |

/

① 挟：携带。

② 徜徉：陶醉于某事物当中。

③ 顾盼：环视，左顾右盼。多形容自得。

④ 轩冕：原指古时大夫以上官员的车乘和冕服，后引申为借指官位爵禄，又指国君或显贵者，泛指为官。

⑤ 泽润：恩泽普施。

⑥ 熙熙攘攘：熙熙，和乐的样子；攘攘，纷乱的样子。形容人来人往，非

常热闹拥挤。出自《史记·货殖列传》："天下熙熙，皆为利来；天下攘攘，皆为利往。"

⑦ 日就而月将：每天都靠近一点，形容精进不止。出自《诗经·周颂·敬之》："日就月将，学有缉熙于光明。"

⑧ 祥麟威凤：指麒麟和凤凰，古代传说是吉祥的禽兽，只有在太平盛世才能见到。后比喻非常难得的人才。

| 实践要点 |

陆陇其从《翁养斋教子图》上翁养斋先生带着四个儿子，在烟霞出没的奇松怪石下读书的场景，在达官贵人的一致赞扬声中，发出了"我不知翁君之所以教子者如何也"的疑问。他认为，"教之途至杂，而其收功不一"，如果是沉溺于佛老、词章之中，就很容易让人心智动摇，所以不能那些来教导子弟；即使是儒家经典《四书五经》，也要讲究正确的教导方法，因为"有读之而得其精英，出则泽润生民，处则名垂天壤"，也有的人"得其糟粕，借以猎取富贵，而未尝真知圣贤之道，熙熙攘攘于名利之中，为世之蠹"。那么，怎样做才正确呢？陆陇其认为，首先是要在左顾右盼、怡然自得的情境中，把读书做人的道理和子弟说清楚，"使之出乎此，勿出乎彼"。如此，"取舍既定，然后日就而月将焉"。孔子说："知之者不如好之者，好之者不如乐之者。"只有以获取知识为乐趣的读书人才能获得书中的圣贤道理。陆陇其对《翁养斋教子图》的解读大概落脚于此吧。

自箴铭

洪范^①六极^②，弱^③居其一。所贵读书，变化气质。当断不断^④，尔自贻戚^⑤。

| 今译 |

《洪范》中说的"六极"，懦弱是其中之一。我所看重的是阅读儒家经典，改变人的气质。该作出决断的时候不能决断，就会自己给自己带来烦恼。

| 简注 |

① 洪范：《洪范》，《尚书》篇名。"洪"的意思是"大"，"范"的意思是"法"。"洪范"即统治大法。旧传为箕子向周武王陈述的"天地之大法"，是商代贵族政权总结出来的统治经验，阐发了一种天授大法、天授君权的神权行政思想。这对形成中国古代占统治地位的政治哲学理论，以及以王权和神权为核心的中央集权的理论，具有决定性的影响。在行政准则、行政方式和决策方式等方面，《洪范》

也作出一系列阐述，对后世有深远影响。今人或认为系战国后期儒者所作，或认为作于春秋时期。

② 六极：指六种极凶恶之事，一是短命夭折，二是疾病，三是忧愁，四是贫穷，五是丑恶，六是懦弱。出自《洪范》："六极：一曰凶短折，二曰疾，三曰忧，四曰贫，五曰恶，六曰弱。"孔颖达《五经正义》："六极，谓穷极恶事有六。"

③ 弱：懦弱。

④ 当断不断：该作出决断的时候不能决断，借以形容遇事犹豫不决。

⑤ 贻戚：指留下烦恼。

| 实践要点 |

陆陇其的这则《自箴铭》包含三层意思：第一层，"洪范六极，弱居其一"，这是提醒自己遇事不可懦弱，要有勇气，勇往直前。第二层，"所贵读书，变化气质"，这是提醒自己勤奋读书，读书可以改变气质，知识可以改变命运。第三层，"当断不断，尔自贻戚"，这是提醒自己要果断，当断不断，反受其乱。勇敢、果断是人的良好品德，读书是人的良好习惯，如果能做到这三点，自然会有所成就。

座右铭

生者待汝养，死者待汝葬，天下后世待汝治。汝无
或①轻尔身，以徇②无涯之欲③而丧厥志。

| 今译 |

生者等着你来抚养，死者等着你来下葬，天下后世等着你来治理。你不要轻视你自己，以致顺从无尽的欲望而丧失自己的远大志向。

| 简注 |

① 无或：不要。

② 徇（xùn）：顺从，曲从。

③ 无涯之欲：无尽的欲望。

陆陇其的这则《座右铭》重点在于提醒自己不要妄自菲薄，同时也要限制欲望，如此才能实现远大志向。

附录二

清史稿·陆陇其传

　　陆陇其，初名龙其，字稼书，浙江平湖人。康熙九年进士。十四年，授江南嘉定知县。嘉定大县，赋多俗侈。陇其守约持俭，务以德化民。或父讼子，泣而谕之，子掖父归而善事焉；弟讼兄，察导讼者杖之，兄弟皆感悔。恶少以其徒为暴，校于衢，视其悔而释之。豪家仆夺负薪者妻，发吏捕治之，豪折节为善人。讼不以吏胥逮民，有宗族争者以族长，有乡里争者以里老；又或使两造相要俱至，谓之自追。征粮立挂比法，书其名以俟比，及数者自归；立甘限法，令以今限所不足倍输于后。

　　十五年，以军兴征饷。陇其下令，谓"不恋一官，顾无益于尔民，而有害于急公"。户予一名刺劝谕之，不匝月，输至十万。会行间架税，陇其谓当止于市肆，令毋及村舍。江宁巡抚慕天颜请行州县繁简更调法，因言嘉定政繁多逋赋，陇其操守称绝一尘，才干乃非肆应，宜调简县。疏下部议，坐才力不及降调。县民道为盗所杀而讼其仇，陇其获盗定谳。部议初报不言盗，坐讳盗夺官。十七年，举博学鸿儒，未及试，丁父忧归。十八年，左都御史魏象枢应诏举清廉官，疏荐陇其洁己爱民，去官日，惟图书数卷及其妻织机一具，民爱之比于父母，命服阕以知县用。

　　二十二年，授直隶灵寿知县。灵寿土瘠民贫，役繁而俗薄。陇其请于上官，与邻县更迭应役，俾得番代。行乡约，察保甲，多为文告，反覆晓譬，务去斗很轻生之习。二十三年，直隶巡抚格尔古德以陇其与兖州知府张鹏翮同举清廉官。

二十九年，诏九卿举学问优长、品行可用者，陇其复被荐，得旨行取。陇其在灵寿七年，去官日，民遮道号泣，如去嘉定时。授四川道监察御史。偏沅巡抚于养志有父丧，总督请在任守制。陇其言天下承平，湖广非用兵地，宜以孝教。养志解任。

三十年，师征噶尔丹，行捐纳事例。御史陈菁请罢捐免保举，而增捐应升先用，部议未行。陇其疏言："捐纳非上所欲行，若许捐免保举，则与正途无异，且是清廉可捐纳而得也；至捐纳先用，开奔竞之途：皆不可行。更请捐纳之员三年无保举，即予休致，以清仕途。"九卿议，谓若行休致，则求保者奔竞益甚。诏再与菁详议，陇其又言："捐纳贤愚错杂，惟恃保举以防其弊。若并此而可捐纳，此辈有不捐纳者乎？议者或谓三年无保举即令休致为太刻，此辈白丁得官，踞民上者三年，亦已甚矣；休致在家，俨然搢绅，为荣多矣。若云营求保举，督抚而贤，何由奔竞；即不贤，亦不能尽人而保举之也。"词益激切。菁与九卿复持异议。户部以捐生观望，迟误军需，请夺陇其官，发奉天安置。上曰："陇其居官未久，不察事情，诚宜处分，但言官可贷。"会顺天府尹卫既齐巡畿辅，还奏民心皇皇，恐陇其远谪，遂得免。寻命巡视北城。试俸满，部议调外，因假归。三十一年，卒。

三十三年，江南学政缺，上欲用陇其，侍臣奏陇其已卒，乃用邵嗣尧，嗣尧故与陇其同以清廉行取者也。雍正二年，世宗临雍，议增从祀诸儒，陇其与焉。乾隆元年，特谥清献，加赠内阁学士兼礼部侍郎。

著有《困勉录》《松阳讲义》《三鱼堂文集》。其为学专宗朱子，撰《学术辨》。

大指谓王守仁以禅而托于儒，高攀龙、顾宪成知辟守仁，而以静坐为主，本原之地不出守仁范围，诋斥之甚力。为县崇实政，嘉定民颂陇其，迄清季未已。灵寿邻县阜平为置冢，民陆氏世守焉，自号陇其子孙。

四川道监察御史陆先生陇其行状

[清] 柯崇朴

贯嘉兴府平湖县华亭乡二十四都巽字圩。

曾祖锡允，妣姚氏。祖瀍，妣李氏。父元封，文林郎，妣钟氏、曹氏，赠孺人。

先生讳陇其，初名龙其，后改今讳，号稼书，姓陆氏。裔出唐宰相宣公，世为浙之平湖人。宋季有靖献先生正，以学行闻于时。元初，程文海至江南访求贤材，以正与张伯淳荐，正独不起。寻又与刘因同征，固辞不应，隐居著书，详见邑旧志。靖献曾孙宗秀，明永乐末以贤良征，仁宗引见于便殿，奏对称旨，以疾辞，赐钞币还。正统中，倾粟麦赈饥，敕旌"尚义"。子珪，景泰中出谷千数以赈饥者，再赐爵迪功郎。自后子孙繁衍，科第贵盛，孝义雍睦，迄今以礼法甲邑中。迪功孙溥为丰城县丞，尝督运，夜过采石，舟漏，跪祝曰："舟中一钱非法，愿葬鱼腹。"漏忽止。旦视之，则水荇裹三鱼塞之，人以为盛德之祐。溥子东，始迁居泖上，筑堂名三鱼。今先生文稿率称"三鱼堂"者以此。东四世孙瀍，先生祖也。瀍长子灿，崇祯甲戌进士，济南府推官，戊寅岁被兵，城陷，阖门殉难，今祀于乡贤。第三子元，先生父也，邑庠生，以先生贵，敕封文林郎，继室曹，实生先生。

先生端重静默，聪颖过人。儿时封公授以《左氏传》，稍有芟节，先生举所芟尽读之，诘朝暗诵，不遗一字。后授六经子史，辄上口成诵。少长，励志圣贤之学，专意洛、闽诸书，尝点勘《四书大全》，参以《蒙引》《存疑》《浅说》之要，而一折衷于朱子；每读一句必反覆玩味，俟其贯通。其于科举之业、功名之会，泊如也。先生少食贫，尝授徒嘉善，馆席一楼下，楼久就圮，先生作《危楼文》以见志。有李氏欲延之，托友道意。先生曰："我固愿往，但馆谷不可有加，使我有以谢主人。"其审义利，决取舍，一介不与、一介不取之节，素所树立固如此。顺治丙申，补邑弟子员，寻食饩。康熙丙午，举于乡。庚戌，成进士。需次里居，则益肆力于学，凡程朱之文集、语录以及有明诸儒之书，莫不咀其精英，抉其瑕疵。至于嘉、隆以后阳儒阴释改头换面之说，亦皆悉究其微而尽烛其蔀。于是居敬穷理，履仁蹈义，粹然一出于正矣。

乙卯，授嘉定县知县。嘉定滨海大邑，土高乏水，民多逐末，以故城居者少，而富商钜室散处市镇，武断暴横，相沿成俗。富者竞奢丽，贫者舞刀笔，喜事健讼。又夙有饶裕名，旅客图润囊橐者，往来如织，胥役土豪倚为奸利，不可方物，号称难治。地不产米，漕粮例任之他邑，而输其折色，故征银倍于他邑，积逋动以万计，令率坐是落职。先生至，叹曰："民不输赋，大率以贫也。其所以贫，风俗为之也。比如少年以游冶伤其元气，力不能服劳，为父兄者，禁其游冶，则元气自复。不禁而予以饮食，抑末也。今且不为饮食而又督过之，则官与民俱病，固其所耳。"故其治一以锄豪强、抑胥吏、禁奢靡、变风俗为主。

大贾汪姓者，素结交长吏，横行邑中。先生莅任，适其仆估卖薪者妻，卖薪者来控。先生命拘汪仆，匿弗出，益遣役捕之，讯得其实，以妻还卖薪者。汪大恐，令所识探意，先生曰："人无不可自新，苟为善即善矣。汪平日所为我知之，若毋犯我，自新未晚。"汪感泣，果不敢有犯。市镇少年数十为朋，以拳勇殴击为豪用，细民畏苦之。先生尽廉得其名，遇有控者，责而械于门，时时劝谕之，视其情色果悔，则释。不匝月，其党悉解散。民有告其子不孝者，讯之果然，即泣出自讼曰："我德薄，无以化汝，令汝父子至此。"因委曲晓譬，娓娓逾时，其父泣，其子亦泣，乃慰而遣之。大场镇民有兄贫，称贷于弟，不应，辄舁弟物以去。弟贿巡检司以盗报。先生怒曰："是可以为盗乎！"讯之，乃其弟妇翁所为，遂痛惩之。因呼其弟曰："彼兄也，乃听妇翁谓兄盗，不悌也。"责之。又呼其兄曰："汝为长，贷弟，弟不应而径取之，陷汝弟不悌，是汝不友也。"亦责之。咸感服而退。俗素浇，父子兄弟不相顾恤者日见告，自后遂无一来控者。先生折狱不甚拘于律，听断时孝悌忠信之言不绝于口，和平恻怛，以至情相感动，使人心悦而诚服，有耻而且格。逾年后，讼者亦绝少，案牍几废。惟上官以他邑事属讯者日至。孔子谓听讼不难，使无讼为难，先生殆庶几焉。

嘉邑胥役向以千数，先生至官未几，易业自去者过半。盖邑所辖地广而事剧，势不能不多役，先生惟输解上官乃遣役，绝不令至民间。有不获已，则戒其需索酒食。役心服先生洁己爱民，莫不恪守其戒。民亦信先生之爱己，常不待役至，先期而赴。地虽广，不啻臂指；事虽剧，率咄嗟而办。故多役为无用，而相率自化。

吴俗尚侈靡，邑尤甚。富室宴会，穷极华缛，倡优糅杂，费以百十计，贫者转相仿效，至有方丈对客，而爨下乏薪粟者。婚丧皆盛鼓吹，酒食稠叠，以多费相夸胜。衰绖醉倒，不以为怪。博弈游手献笑觅食之辈，多于四民，谓之"清客"。市井子弟，日遨游街肆，以布衣为耻。用是财益匮乏，逋赋日积。先生痛禁饬之，恳切教戒，且以身先。俗乃一变，稍稍知礼法，贱惰游，啬衣食，急赋税，催科不迫督而自集矣。前此催科者，惟事敲扑，贫民业窘于输，而一遇限期偿杖，钱又数倍。先生至，为立甘限法，令应输者自限输若干，届期及半即得宥，以故绝不用杖而输者争至。在任二年，逋尾绝少，惟接征前任者止十一二。先生之意，欲更休养一二年，使给足好义，决不尚有逋赋，然竟以此不获于上官。

先生始至时，巡抚为广宁马公，有廉名，颇爱重先生。静宁慕公继之，亟称先生治行，略嫌其儒术迂缓。丙辰，上允晋抚议，暂抽市肆钱一年佐饷，例不及巷舍。先生如例造册报征，慕公不悦，疏言："时方多事，该令当列侍从，从容讽议，非应变材。"部议遂引材力不及例，降二级调用。嘉民大骇，罢市，日号巡抚门乞留。巡抚不自安，为再具疏请复。未及下而先生又以盗案落职矣。

盗案者，邑民张与汪姓者以小隙讦讼，汪赴理，夜遇盗，伤归，谓其弟曰："张遣杀我。"言讫而绝。汪弟遂以仇杀控。先生疑小隙无杀人者，而张亦不似杀人者。汪以不刑讯张，大哭于庭。先生乃以实报，谓是盗是仇，未敢遽定，俟缉获凶犯定拟。而一面遣捕役缉之。寻获真盗七人，谳上，部议以先生初不直指为盗，疑有讳匿，引例革职。而不知先生固从命案勘出盗案，非原词称盗而讳之为仇杀也。人谓先生盍辨诸？则曰："是咎诚在我，邑有盗，长吏固宜罪。且夜半杀人于路，果仇亦盗也。而我不能断，议黜不枉，奚辨为。"嘉邑益大震。耆老士绅悉诣督抚为辨，卒莫省。里民扶老携幼，堵塞街市，为先生呼冤。以薪粟馈者麇至，号泣请受，先生尽慰而遣之。即胥吏与僮宜幸其速去者，亦无不涕泗沾臆，委巷悉架枋结彩燃烛，额手以送。远乡之民，各刻木为位，旌幢鼓吹迎归以祠者日数辈，凡两月乃已。四方人士竞为诗文以传之，汇为《公归集》。邑有陈生者，老矣，未尝与先生相识，特蠲修脯授诸梓。至今邑人言及先生，皆泣数行下，谓建县五百年所未有也。

适诏举博学鸿辞，同郡工部吴公准庵遂以先生名荐，会丁父忧，不果应试。蔚州魏公环极晋总宪，首抗章言先生冤；再疏举廉吏十八，县令居其二，一即先生也。奉旨复原官。先生虽被荐复职，服阕后雅存誓墓之志，徘徊再三，郡县敦迫乃起。又素怀秉铎之志，且慨当世任教职者多非其人，赴部时欲求改选教授，邀诸生之有志者而训之。铨部以方奉特旨，不便改授而止。

癸亥冬，补灵寿县知县。灵于真定最为硗瘠，易患水旱。迫近畿辅，多徭役。俗强悍善斗，少讼而轻生。先生曰："民富而后可以教。轻生之习，禁令尤严，然未尽绝者，民贫而不知义也。嘉定可使富而不及为，灵邑又非嘉定比，奈何！"力言于上官，非大恤民力不可。时派运上供石灰骡车，灵以五辆，视他邑独多，前令争之不能得。民以病告，先生首以为请，至以去就争，乃得更代。

邑北负太行，南滨滹沱，不毛之土十三而赢，顺治、康熙间，两奉旨尽蠲其征。后以言者复申隐地处分之例，州县畏罪，稍有首报。由是倚山濒河之地，间可耕获者亦相戒不敢垦。先生揭示遍晓，谓："荒地虽系瘠壤，岂无略可播种、收升合之利为糊口计者。尔民或虑一行播种，便当起科，所入不足以完税，利有限而害无穷。然朝廷决不与尔民争此些须之利，尔民但耕种勿虑。"于是渐有辟者。先生在任七年，竟无一亩首报。灵邑额丁万四前有奇，例五年一编审，必增数十丁。至先生审丁，反亏额一千五百有奇。盖前此为令者以滥额为功，逃亡死绝不敢复除，而摊派包赔之累日甚。先生谓如是，是驱之使逃也。具以实闻上官，且曰："裕课之道，惟有爱恤穷民，使渐充足，逃亡日少，则国课日增。若目前形势，实难就筋力疲尽之民责其无缺也。"适巡抚于公咨访利弊，先生遂条陈六事，略曰：

职静观今日之时势，百病之源起于民贫。非无忧民之吏怀恫瘝乃身之志，而民卒不免于冻馁者，拘于法而无如何也。得君如宪台，可为民请命于法之外矣。敢略陈一二，以备采择。

一曰缓征宜请也。自古税敛，必俟稼穑登场，而后上供可办。向以兵饷之故，正月开征，有余者尚可勉强支吾，不足者势必转贷。所入不足以偿债，何论仰事俯育？所以闾阎日穷，逃亡日多，地亩日荒。今四方宁谧，司徒不至告匮，若可通融，总计以上年拨剩之银暂抵本年春夏之饷，俟秋成催解以补库额，一转移间而民力以纾矣。

一曰垦荒宜劝也。朝廷屡下劝垦之令，而报垦者寥寥，非民之不愿垦也。地土瘠薄，荒熟不常，一报开垦，转盼六年起科。所垦之地，已枯为石田，荡为波涛，而所报之粮，一定而不可易。所以小民视为畏途，听其荒芜而莫之顾。窃谓此等荒地，原与额内地不同，与其稽查太严，使民畏而不敢耕，孰若稍假有司以便宜，使得以熟补荒。如新垦复荒者，听有司查他处新垦地补之，其荒粮即与除免。其已垦成熟者，请宽至十年起科。民不畏垦之累，自无不踊跃于垦矣。

一曰水利当兴也。垦田在兴水利，古人沟洫之制，随时修理，故不觉其烦费。今以久湮久塞之河道，一旦欲疏，势难猝办。然屡年以来，议濬议赈，所费不可胜数。与其蠲赈于既荒之后，何如讲求水利于未荒之前。宜通查所属州县水道，何处宜疏通，何处宜堤防，约长阔若干，工费若干，汇成一书，进呈御览。请司农度钱粮之赢绌，以次分年举行。以一时言之，虽若不免于费；以久远言之，比之蠲赈，所省必百倍。

一曰积谷宜广也。功令最重积谷，然止蠲输一途。在富饶之邑，犹可鼓舞劝输，若山僻疲罢如灵寿者，虽悬旌励之典，其谁能应? 当稍为通融。如荒地可开垦者，许有司设法募人开垦，收其所入贮仓备赈，勿责其起科。一切河淤地亩，虽已入粮，原非额内者，许其量留。吏员应纳银者，许其入谷，不必起解。牙帖杂税新增者，编审人丁溢额者，悉许留本地方积谷。诸如此类，推广行之，庶几疲罢之邑，皆可有谷以救灾荒。至于在仓之谷，宜听有司酌量支放，先发后报。平时出陈易新，听从其便，勿因不肖之侵欺而尽掣贤者之肘，则民庶有赖矣。

一曰存留宜酌复也。自兵兴之际，将存留款项尽行裁减，由是州县掣肘，私派公行，不可救止，百弊皆起于此。康熙二十年渐次奉复，然尚有应复而未复者。加衔役犯赃之律甚严，而书办之工食独不复。不知此辈能枵腹而奉公乎? 抑将舞文弄法，以为仰事俯育之赀也。心红纸张、修宅家伙，州县必不能免。既奉裁革，不知天下有司皆能蠲俸自备乎? 抑或责之铺户、派之里下者也? 上司过往下程中伙杂支供应，州县必不能无。既奉裁革，不知上官之临州县，皆能自备供应、自发价值乎? 抑或不能不藉赀于地方也? 在主计者，惟知复一项则费一项之金钱，不知裁一项则多一项之掣肘。掣肘之害，层累而下，总皆小民受之。小民疲罢逃亡，其害仍自国家受之。

又其一则谓审丁之不宜求溢额也。且曰果有丁盛而额溢者，宜命有司留为积谷之用，不必入额。遇有逃亡绝户，即以此补之。其无溢而有缺者，得报上蠲免。或不肖有司，无缺而捏作有缺，则自有纠劾之典在。

总之，宽一分在州县，即宽一分在穷民。上之搜求于州县者无余地，则州县之搜求于穷民者亦无余地。不肖者固乐于搜求，贤者亦不能不搜求，而民之涂炭日增日益矣。

末又言：一切刑名钱谷，务持大纲而止，无益烦文，俱宜省去。如钱谷毫忽之差，可以即行改正者，无庸驳诘；刑名案件，明白显易之事，可以即行完结者，无庸提解。多一番驳诘，则多一番需索；多一番提解，则多一番拖累：吏胥所深喜，而小民所深苦也。

先生所陈，皆筹画久大之谋，非徒为一时补救之术，真有如于公所称许者。

己巳夏，大旱，无麦。秋大风、陨霜，禾尽槁。奉旨蠲免钱粮，发帑金兼支仓粟赈济，灵邑贮谷仅二百石有奇，而饥民核有二万三千八百余名口，奉拨帑金三千两。先生躬为部署，驱驰山谷，夜以继日，而府檄以限单至，不许逾额。先生不顾，卒尽散之，几欲责令先生赔补，仅而得免。

先是，甲子夏，两江总制于公薨于任，上临朝痛悼，问九卿詹事科道："今天下清廉官如于成龙者有几人？"于是九卿等以直隶巡抚格尔古德、部郎范承勋、苏赫、江南学道赵仑、扬州知府崔华、兖州知府张鹏翮、灵寿知县陆陇其对。时虽未即擢用，然七人者，后多至大官，有声名，上固已心识之矣。及莅灵一年，巡抚格公荐先生清操饮冰，爱民如子，题请擢用。

庚午夏，科道员缺，上面谕部院官各举所知。于是工部尚书张公敦复、左都御史陈公说岩、兵部右侍郎李公厚庵、礼部右侍郎王公昊庐交口论荐，遂奉俞旨行取。先生念灵邑频年饥馑，未有起色，正供犹恐不支，而杂税泛徭未尽除减，将永为民累，业当谢事，乃于数日内尽为申请。首乞缓征；又乞房地税向系垫解，不可为常，势必仍派里下，题请量减；又乞上司供应久奉全裁，宜永远革除；又乞将贮仓米谷不时借放饥民。巡抚于公报曰："以谢事之时，为灾黎起见，真仁人君子爱民至意。"临行，邑民哭送者数万，竖碑志遗爱如去嘉定时。

是年秋，补四川道试监察御史。遂上疏曰："臣官畿辅，久知畿辅之民情。边山一带，荒多熟少，自昔为然。康熙十二年以后，军兴紧急，杂派繁多，民困滋甚。赖皇上加意抚绥，禁止私派，不惜蠲赈，鸠鹄之民，仅延残喘，然言乎家给人足，则尚未也。臣观自古丰亨之治，皆非一日而成，惟皇上常持此勤恤之心，期之以积久，勿责效于旦夕。恩已厚而不嫌更厚，心已周而不厌更周，则家给人足，庶乎可望。至目前所当议者，上年畿辅荒旱，实异寻常。虽间有未被灾之处，亦不过稍有升合，差胜于被灾者耳。初奉上谕，二十八年及二十九年上半年钱粮尽行蠲免，后因部议分别不准概蠲，百姓甚苦。抚臣不得已，题请带征。虽今岁秋收稍稔，既征其新，复征其旧，恐非积贫之民所能堪也。"盖先生任灵寿时，征粮地九百三十余顷，未被灾地止七十余顷；后又以汇册失开秋灾地三百余顷，虽奉全蠲，其实止半，致圣恩不得下究，故首疏言之。

未几，湖广总督以抚臣在任守制请，举朝颇右之。先生上疏曰："臣办事衙门闻九卿科道会议湖南巡抚于养志在任守制一事，昌言其不可者固有其人，而依违不断者比比而是，臣窃怪之。此明白显易之事，有何可疑，而依违若是？夫治天下之不可不以孝，易明也。在任守制，非所以教孝，易明也。天下正当承平之时，湖南又非用兵之地，无藉乎在任守制，易明也。皇上以孝治天下，在廷诸臣沐浴于皇上孝治之中久矣，何难一言直断其不可耶？且臣不知议者以养志为何如人。其非贤者耶，则固不当使之在任守制矣。如其诚贤者耶，则必不肯在任守制矣。在督臣代为题请，或从爱惜人材起见，然臣以为使之解任全孝，正所以深爱惜之。况皇上一日所行，天下万世奉为法程者也，若使一抚臣因督臣题请而留，皆将援此为例，其不思侥倖夺情者鲜矣。名教自此而弛，纲目自此而坏。此端一开，关系非浅。至于湖南一省之人是则是效，不复知有父母，又无足论矣。"寻有旨，如先生言。

辛未夏，上以久旱，谕诸臣协同会议，直陈利弊，先生遵上三议：其一言直隶被灾，带征钱粮当急豁免；一言直隶编审人丁，宜求均平；一言蠲纳保举之法，断宜停止。皆切中时弊。既又上疏曰："夫蠲纳一事，原非皇上所欲行，不过因一时军需孔亟，不得已而暂开。复恐其贤愚错杂，有害百姓，故立保举之法以防之，虑深远矣。近复因大同、宣府运送草豆，并保举而亦许蠲焉，则与正途无复分别。且保举所重，莫重于清廉，故督抚保举，必有清廉字样方为合例。若保举可以蠲纳，则是清廉二字可蠲纳而得也。此亦不待辨而知其不可矣。若夫蠲纳先用之人，大抵皆奔竞躁进之人。故多一先用之人，即多一害民之人，此又待辨而知其不可者矣。臣更有请者，臣窃见近日督抚于蠲纳之员，有迟之数年，既不保举又不参劾者，不知此等官员果清廉乎？抑或在清浊之间，未可骤举骤劾乎？夫既以蠲纳出身，又不能发愤自励，则其志趣卑陋，甘于污下可知。使之久踞民上，其荼毒小民不知当何如？故窃以为不但保举之蠲纳急当停止，而保举之限期更当酌定。伏乞敕部查一切蠲纳之员，到任三年而无保举者，即行开缺，听其休致。庶吏治可清，选途可疏，而民生可安。"及奉旨同往会议，又献议力争，曰："蠲纳一途，实系贤愚错杂，恃保举一线可防其弊。今若并此一线而去之，得与正途一体升转，国体之谓何，恐未可云无疑也。虽有次年三月停止之期，然待次年三月停止，则此辈无有不蠲纳者矣。澄叙官方之大典，岂不荡然扫地乎！此臣请速停保举之蠲，似难无庸议者矣。至于设立保举而不定限期，则不肖之员多因循一日，百姓多受累一日。即云设立限期，反生营求之弊，此在督抚不贤明诚有此，若督抚贤明，何处营求？臣不敢谓天下必无一贤明督抚也。即使督抚不贤，亦必不能尽蠲纳之人而保举之。此臣请定保举限期一议，似亦难无庸议者也。"时大兵草豆需运甚急，计臣方恃蠲纳一项以济国用，当轴者亦颇以为便。治标治本，各持一见，与先生既相水火，而富室储赀，日夜俟开例，希进者相率弹冠，不啻饥渴，即诸臣以蠲纳进者，内外都有。先生于疏议中痛诋斥之，由是都人士大哗。部议以先生拘执资格，致蠲纳之人犹豫观望，迟误军需，饰虚词，紊政事，负言官之职，拟革职谪奉天安插。于是朝野有识之士，莫不代为叹息扼腕。时庶常张君昺向欲从先生受教未果，至是，恐遽失之，即日执贽为弟子，而先生曾无几微见于颜面，泰然处之。将促装就道，顾上心知其无他，特原宥之，俾仍旧职。

是年冬，试俸满，遂从改调归。论者以先生持论太严，进言太骤，致丛众怒，席不暇暖以去；使稍和平委曲，相时而动，其所树立殆未可量。然枉尺直寻，未有不至枉寻直尺者也。故宁直道而三黜，必不枉道以徇人，从古圣贤道理如是。先生惟知秉义以自处，守正而不渝，利害得失，岂所计哉！先生既归，屏居泖口，足迹不一至城市。闭户食贫，读书课子。茅屋数椽，不蔽风雨，布衣蔬食，泰如也。

先是，先生嘉定罢归，工部席君启寓相延至家，至是复恳延先生。先生欣然往，与学徒论制举业，踽踽若故寒士。凡是就正者，必为之阐明义理，辨晰精微。诲人不倦，先生有焉。在馆一年，貌加腴，色加晬，人方谓先生涵养自然，中和备至。天必将以其身任明道之责，成继往开来之功，其年寿正未有艾。孰意腊月馆归，偶感寒疾，一日遽卒。四方学者闻之，莫不痛伤泣下，悼丧其师，而嘉定之民，相率至先生祠哭吊者，踵相接也。

先生于世俗嗜好，一无所留意，惟济人利物之念，不释顷刻。未第时，语及民生困穷，风俗浇薄，必愀然于色。两为县令，尝以程明道"一命之士，存心利物"之言，横于胸中。及任御史，侃侃正言，直声震天下。遭遇圣明，庶几一展其志。而在外既不得志于上官，在朝复不见采于当轴。特立独行，几陷大戾，赖上恩得释。再起再踬，卒不究其用以死，惜哉！先生之学，绳尺考亭，以居敬穷理为要。谓穷理而不居敬，则玩物丧志，而失于支离；居敬而不穷理，则将扫见闻，空善恶，其不堕于佛老，以至于师心自用，而为猖狂恣睢者，鲜矣。自有明中叶姚江倡良知之说，鼓动一时，而圣人下学上达之法所以为规矩准绳者，尽决裂破坏，邪说诐行蜂起，蔑礼法，放名教，人心大坏，而国运随之，陷溺之害，至今而未已。故为今之学者，必尊朱子而黜阳明，然后是非明而学术一，人心可正，风俗可淳。尝著《学术辨》三篇。又与河南汤宗伯潜庵、山西范进士彪西书，往复辨论。夫白沙、阳明之病，今世学者亦类能知而言之。至于泾阳、景逸，固宗程、朱，固斥陈、王，而谓偏于主静，近于禅学，是非先生深入阃奥，辨析秋毫，岂能为此极论哉。先生在灵寿时，率五日一至学宫，集诸生讲四子书，谆谆于义理邪正之辨，汇为《松阳讲义》百余篇。而其言曰："今之为世道计者，必自羞乞墦，贱垄断，辟佛老，黜阳儒阴释之学始。"一编之中，三致意焉，其卫道之心可谓严且切矣。

先生天性孝友，迎养封公于嘉署，定省温清，备极肫朴。以奉荐入都，不获视含敛为恨，孺慕哀泣，几不欲生。居丧不作佛事，服阕犹不忍肉食。至于友爱兄弟，虽堂从如一，教之若严师，恤之若慈母，欢好无间。祖殡未举，独任之，不以及诸弟。亲戚无后者，辄为之殡。少壮时能饮酒不乱，后以仲弟有酒过，遂绝饮，冀以化之。未几而仲弟殁，先生遂终身不饮。居常容止虑敬，一言一动，皆有法度。坐必端正，立不跛倚，行必正以庄，语必徐以简，燕居斋如若对严宾。事无钜细，皆极诚敬，自少至老无惰容。率性自然，不由勉强。人谓其恭而安。家故贫，及登仕籍，贫益甚，人所不堪，先生绝不为意。衣足以蔽体，食足以充腹，不辨美恶。祁寒盛暑，不炉不扇。宾客往来，披襟忘倦，倾所有具鸡黍。前辈讲学之书，未经见者，辄贳衣易之，虽脯粟不继，不顾也。先生性情谦谨和厚，善气袭人，虽告戒僮仆，亦煦煦若子弟。及辨正学术，分别是非，则反覆痛快，不少回护。至于民生之休戚，政事之得失，忠爱迫切，尤抗言极陈，不暇顾忌，坐是与世龃龉，但以戆直结九重之知，终以激烈来众口之怨。而至于事后，则虽嫉先生者又未尝不心服其言而谅其心也。

先生为令时，上官有欲招致门下者，坚执不允，用是失欢。又尝以公事至都门，政府欲一见之，接渐而行。即魏公环极荐先生于朝，亦不先自私谒，其履蹈不苟又如此。

先生雅不喜以辞章自鸣，然经史淹贯，义理粹精，其发为文章，皆昌明博大，纯正有体。有德者必有言，非世之绮章绘句夸多斗靡者比也。所著述有《灵寿县志》《松阳讲义》及《评选国策去毒》五十篇。手定先正《一隅集》，已刊行。其箧中所遗有《问学录》一编、《日钞》二十卷；尚有语录若干、文集若干，方在汇辑，俱未授梓。

先生生于明崇祯庚午十月十八日，卒于康熙壬申十二月二十七日，年六十有三。配朱氏，封孺人。子二：长定徵，娶曹氏，先卒。次宸徵，娶王氏，初继仲弟，先生未卒前一日，命季弟以其子继，而宸徵仍为先生后。女二，长适太学生金山李铉，次适太学生平湖曹宗柱。抚仲弟之女一，适太学秀水张金城。宸徵寝处苫块，心志瞀乱，不能撰次先生行事。家复清贫，即兆宅之卜，亦尚有待。而二三戚友暨及门之士，惟恐先生之嘉言懿行日久而渐有遗忘，因属崇朴为状。

崇朴自惟识见卑陋，词理荒浅，不足以传先生之万一。顾尝历览史传，大凡理学著称者未必尽娴治术，循良表异者未必悉励纯修，故儒林、循吏，分途各见，求其大成无憾者，惟朱子能全之，惟先生克继之。盖先生之学，朱子之学也。先生之志，朱子之志也。故先生之宰嘉定、宰灵寿，仁育义正，吏畏民怀，即朱子知潭州、知南康之治理也。先生条奏三疏，直陈三议，勤恤民隐，历官方，即朱子经筵劄子、便殿奏劄之议论也。先生之筮嘉定，擢拜台中，俱甫一年，旋遭罢斥，即朱子登第五十年，仕于外者仅九考、立朝才四十日之出处也。至朱子正心诚意之奏辄尝称善，先生《孝道为万事之本》一疏亦荷允行，总以忠诚恳恻，上邀主眷，亦无弗同者。卒之直道不容，忌之者众，虽有推之之力，终不敌挤之之工。然其所可挤者，身也，不可挤者，道也。所以朱子之道愈远而愈光，则先生之道历久而后显，理有必然，无所疑者。失今不传，其何以明当时，信后世？故不敢辞避。辑录见闻，述其世系爵里出处之详，与夫学问、政绩、言论、行事之大，以俟当世大人君子，志之墓石，载之国史，以垂不朽。谨状。

康熙三十二年四月内阁中书舍人同郡后学柯崇朴状。

平湖陆氏家训

[明] 陆　杲

　　四民之业，士农工商；孝弟忠信，人道之纲。业非四民，即为游惰；人去四端，即为非类。故不孝不弟，不可以为子；不忠不信，不可以为人。凡我子姓，有官职者，以正直忠厚为本，以公廉仁恕为心，谦恭勤慎，节用爱民，忠贞体国，翼翼小心。居田里者，畏法度，谨赋役，勤学好问，修己乐群，孝养父母，勤俭守分。或服田力穑，或经营商贾，或医卜、训蒙、佣书、工书，虽为小艺，亦可自给。毋游荡赌博，毋嗜酒宿娼，毋争斗犯上，毋欺骗良善，毋交游非人，毋好兴词讼，毋惰误官粮，毋负赖租债。其或下流无耻，辱及先人，苗裔不明，自犯徒配者皆不得入祠与祭。凡我子孙，能钦遵高皇帝圣谕者，即为良民善士；能恪守祖宗家训者，即为孝子顺孙。呜呼！从善如登，从恶如崩，善恶萌于一念，相悬不啻千里，戒之哉！勉之哉！不肖杲，每入祠拜祭，未尝不追念我祖宗纯德积累，启我后人。恒恐我后人弗克仰承，凛凛是惧。乃虔告于祖考，谨采遗言，撮要旨，缉成《家训》一章，愿与诸父兄子弟共相遵勉，以永前休。杲不胜幸甚。

　　靖献八世孙杲谨述。

图书在版编目（CIP）数据

陆陇其家训译注 /（清）陆陇其著；张猛，张天杰
选编、译注 . —上海：上海古籍出版社，2019.11
（中华家训导读译注丛书）
ISBN 978-7-5325-9386-6

Ⅰ . ①陆… Ⅱ . ①陆… ②张… ③张… Ⅲ . ①家庭道
德—中国—清代 ②《陆陇其家训》—译文 ③《陆陇其家
训》—注释 Ⅳ . ① B823.1

中国版本图书馆 CIP 数据核字（2019）第 234903 号

陆陇其家训译注（全二册）

（清）陆陇其　著

张猛　张天杰　选编、译注

出版发行　上海古籍出版社
地　　址　上海瑞金二路 272 号
邮政编码　200020
网　　址　www.guji.com.cn
E-mail　guji1@guji.com.cn
印　　刷　启东市人民印刷有限公司
开　　本　890×1240　1/32
印　　张　16.75
版　　次　2019 年 11 月第 1 版　2019 年 11 月第 1 次印刷
印　　数　1—2,100
书　　号　ISBN 978-7-5325-9386-6/G·717
定　　价　79.00 元

如有质量问题，请与承印公司联系